计算机技能大赛实战丛书
职业教育新课程改革教材

网络操作系统
（Windows Server 2008）

何　琳　主　编

電子工業出版社
Publishing House of Electronics Industry
北京 • BEIJING

内 容 简 介

本书以实际工作应用场景为背景，分别介绍 Windows Server 2008 R2 操作系统安装与配置，Windows Server 2008 R2 操作系统管理，Windows Server 2008 R2 网络服务配置，Windows Server 2008 R2 域服务，Windows Server 2008 R2 操作系统安全设置，Windows Server 2008 Core 的安装与基础服务架设 6 个学习单元。学习单元采用了项目的形式，每个项目都有项目描述、项目分析和项目流程图；每个项目通过任务的形式讲解，每个任务都有任务描述、任务分析、任务实施、任务验收、拓展练习，并穿插知识链接和经验分享，使读者在短时间内掌握更多有用的技术和方法，快速提高技能竞赛水平。

图书在版编目（CIP）数据

网络操作系统：Windows Server 2008 / 何琳主编. —北京：电子工业出版社，2017.10
（计算机技能大赛实战丛书）
职业教育新课程改革教材

ISBN 978-7-121-27144-1

Ⅰ. ①网… Ⅱ. ①何… Ⅲ. ①Windows 操作系统—网络服务器—中等专业学校—教材 Ⅳ. ①TP316.86

中国版本图书馆 CIP 数据核字（2015）第 216011 号

策划编辑：关雅莉
责任编辑：柴　灿
印　　刷：北京盛通数码印刷有限公司
装　　订：北京盛通数码印刷有限公司
出版发行：电子工业出版社
　　　　　北京市海淀区万寿路 173 信箱　邮编　100036
开　　本：787×1 092　1/16　印张：16.25　字数：416 千字
版　　次：2017 年 10 月第 1 版
印　　次：2024 年 8 月第 11 次印刷
定　　价：36.00 元

凡所购买电子工业出版社图书有缺损问题，请向购买书店调换。若书店售缺，请与本社发行部联系，联系及邮购电话：（010）88254888，88258888。
质量投诉请发邮件至 zlts@phei.com.cn，盗版侵权举报请发邮件至 dbqq@phei.com.cn。
本书咨询联系方式：（010）88254617，luomn@phei.com.cn。

前言

随着职业教育的进一步发展，全国中等职业学校计算机技能大赛开展得如火如荼，赛场成为深化职业教育改革、引导全国职业教育发展、增强职业教育技能水平、宣传职业教育的地位和作用、展示中职学生技能风采的舞台。

2013 年 4 月，北京市求实职业学校被国家教育部、人力资源和社会保障部、财政部三部委批准为“国家中等职业教育改革发展示范学校建设计划第三批立项建设学校”，编者结合所编制的《实施方案》和《任务书》进行了行业调研，与神州数码网络公司深度合作，对专业进行了典型工作任务与职业能力分析，按照实际的工作任务、工作过程和工作情境组织课程，建立了基于工作过程的课程体系，形成了围绕工作需求的新型教学标准、课程标准，按职业活动和要求设计教学内容，并在此基础上组织一线教师、行业专家、企业技术骨干以项目任务为载体共同开发编写了几套具有鲜明时代特征的中等职业教育电子与信息技术专业系列教材。

1．本书定位

本书适合中职学校的教师和学生、培训机构的教师和学生使用。

2．编写特点

打破学科体系，强调理论知识以“必需”、“够用”为度，结合首岗和多岗迁移需求，以职业能力为本位，注重基本技能训练，为学生终身就业和较强的转岗能力打基础，同时体现新知识、新技术、新方法。

采用项目任务进行编写，通过“任务驱动”，有利于学生把握任务之间的关系，把握完整的工作过程，激发学生学习兴趣，让学生体验成功的快乐，有效提高学习效率。

该教材从应用实战出发，首先将所需内容以各个学习单元的形式表现出来，其次以项目任务的形式对技能大赛的知识点进行详细的分析和讲解，在每个任务的最后都可以对当前的任务进行验收和评价，并有相应的拓展练习，在每个学习单元的最后将有单元知识拓展和单元总结，使读者在短时间内掌握更多有用的技术和方法，快速提高技能竞赛水平。

3．本书内容

本书以实际工作应用场景为背景，分别介绍了 Windows Server 2008 R2 操作系统安装与配置，Windows Server 2008 R2 操作系统管理，Windows Server 2008 R2 网络服务配置，Windows Server 2008 R2 域服务，Windows Server 2008 R2 操作系统安全，Windows Server 2008 Core 操作系统的安装与基础服务架设 6 个学习单元，每个学习单元都有单元概要、单元情景、单元知识拓展和单元总结；学习单元采用了项目的形式，每个项目都有项目描述、项目分析和项目流程图；每个项目通过任务的形式讲解，每个任务都有任务描述、任务分析、任务实施、任务验收、拓展练习，并穿插知识链接和经验分享，使读者在短时间内掌握更多有用的技术和方法，快速提高技能竞赛水平。

本书由何琳担任主编并负责统稿，张文库、沈天瑢担任副主编，参与编写的还有杨毅、于世济、刘佳、吴翰青、申士钊、王洋。本书编写分工如下：学习单元一由何琳编写；学习单元二由何琳、杨毅、吴翰青编写；学习单元三由沈天瑢、申士钊编写；学习单元四由何琳、张文库、于世济编写；学习单元五由于世济、杨毅编写；学习单元六由何琳、吴翰青、王洋编写。

在编写本书过程中，编者得到了众诚天合系统集成公司冯江的大力支持和帮助，在此表示衷心的感谢。

由于编者水平有限，经验不足，加之时间仓促，书中难免存在疏漏之处，恳请专家、同行及使用本书的教师和学生批评指正。

编　者

目录

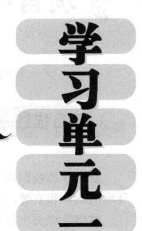

Windows Server 2008 R2 操作系统安装与配置

学习单元一

☆ 单元概要

（1）服务器操作系统是指安装在大型计算机上的操作系统，如 Web 服务器、应用服务器和数据库服务器等，是企业 IT 系统的基础架构平台，也是按应用领域划分的 3 类操作系统之一（另外两类是桌面操作系统和嵌入式操作系统）。同时，服务器操作系统也可以安装在个人计算机上。相比个人版操作系统，在具体的网络中，服务器操作系统要承担额外的管理、配置、稳定、安全等功能，处于每个网络的心脏部位。

服务器操作系统可以实现对计算机硬件与软件的直接控制和管理协调。任何计算机的运行都离不开操作系统，服务器也一样。服务器操作系统主要分为四大类：Windows Server、Netware、UNIX、Linux。

Windows Server 主要版本有 Windows NT Server 4.0、Windows Server 2000、Windows Server 2003、Windows Server 2003 R2、Windows Server 2008、Windows Server 2008 R2、Windows Server 2012 等。Windows 服务器操作系统结合.NET 开发环境，为微软企业用户提供了良好的应用框架。

（2）目前，在全国职业院校技能大赛“网络搭建及应用”中，服务器平台主要使用 Windows Server 2003 R2 和 Windows Server 2008 R2 版本。因此，本书主要以 Windows Server 2008 R2 为基础平台，详细讲解 Windows Server 2008 R2 的安装配置过程。

（3）本学习单元介绍 Windows Server 2008 R2 安装环境的准备，以及安装与配置。基础安装环境以全国职业院校技能大赛“网络搭建及应用”中的软件技术平台要求为基准，使用 Oracle VM VirtualBox 4.3.6，安装 Windows Server 2008 R2 操作系统。

☆ 单元情境

新兴学校是一所新建的职业学校，为了适应信息化教学与绿色办公的需要，更好地服务社会，学校准备建设数字化校园，满足学校的教学、办公和对外宣传等业务需要。学校通过招标选择了飞越公司作为系统集成商，从头开始规划并建设校园网，刚入职的小赵作为学校的网络管理人员与飞越公司全程参与校园网筹建项目。校园网的服务器系统已经确定使用微软公司的 Windows Server 2008 R2 操作系统，目前急需完成的工作就是服务器操作系统的安装与配置。学校希望小赵能认真学习相关专业知识，结合实际需求来分析任务，制定实现方案。

项目一 Windows Server 2008 R2 安装环境的准备

项目描述

新兴学校校园网的服务器采购已经进场，下一步要做的就是根据校园网的功能进行系统环境的准备和安装，以保证服务器的正常运行。

网络管理员小赵首先需要了解 Windows Server 2008 R2 操作系统的搭建环境。为了方便学习，小赵首先需要安装和配置虚拟机，根据需求安装和配置虚拟机软件，然后在虚拟机的基础上安装 Windows Server 2008 R2 操作系统。

项目分析

分析新兴学校的网络需求，集成商飞越公司设计的服务器群使用比较高的配置标准，根据项目需求，首先要准备项目需要的软件，包括虚拟机软件和操作系统，根据要求要使用 Oracle VM VirtualBox 4.3.6 和 Windows Server 2008 R2，这两款软件可以在相应的官方网站下载到免费试用版。为了配合飞越公司完成服务器群的配置，小赵需要详细了解服务器系统的类型及应用。整个项目的认知与分析流程如图 1-1 所示。

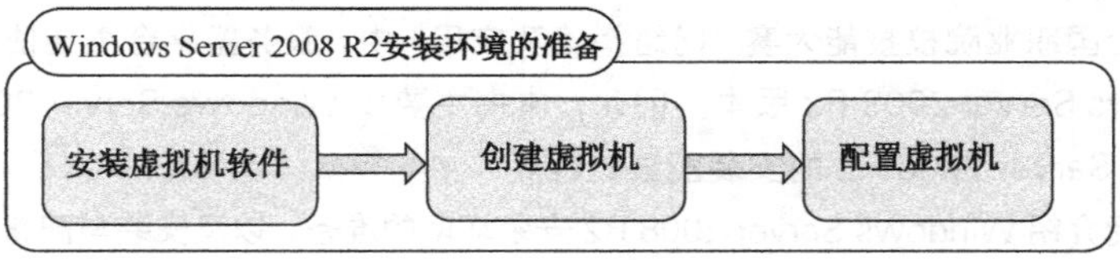

图 1-1 项目流程图

知识链接

主流虚拟软件有如下 4 种。

1．VirtualBox 虚拟软件

VirtualBox 是一款开源 x86 虚拟机软件。Oracle VM VirtualBox 是由 Sun Microsystems 公司出品的软件，原由德国 Innotek 公司开发，2008 年 Sun 收购了 Innotek，而 Sun 又于 2010 年被 Oracle 收购，因此，该软件于 2010 年 1 月 21 日改名成 Oracle VM VirtualBox。VirtualBox 可在 Linux 和 Windows 主机中运行，并支持在其中安装 Windows（NT 4.0、2000、XP、Server 2003、Vista、7、8）、DOS/Windows 3.x、Linux（2.4 和 2.6）、OpenBSD 等系列的客

户操作系统。

2．VRP 虚拟软件

虚拟现实平台（Virtual Reality Platform，VRP）是一款由中视典数字科技有限公司独立开发的、具有完全自主知识产权的、直接面向三维美工的一款虚拟现实软件，是目前中国虚拟现实领域中市场占有率最高的一款虚拟现实软件。

3．VMware Workstation

VMware Workstation 是一款功能强大的桌面虚拟计算机软件，提供用户在单一的桌面上同时运行不同的操作系统，以及进行开发、测试、部署新的应用程序的最佳解决方案。VMware Workstation 可在一部实体机器上模拟完整的网络环境，以及便于携带的虚拟机器，其更好的灵活性与先进的技术胜过了市面上其他的虚拟计算机软件。对于企业的 IT 开发人员和系统管理员而言，VMware 在虚拟网络、实时快照、拖曳共享文件夹、支持 PXE 等方面的特点使它成为必不可少的工具。

4．VMware ACE

VMware 特定计算环境（Assured Computing Environment，ACE）是一个虚拟机大型工具软件，是希望为整个企业提供安全和标准化PC环境的IT桌面管理者的企业解决方案。它安装简单且被证实在任何工业标准 PC 上都易于管理、安全和有成本效益。VMware ACE 能使 IT 桌面管理者将企业 IT 策略应用于一个包括操作系统、企业应用程序和数据的虚拟计算机中，以创造一个众所周知的隔离的 PC 环境。通过虚拟权限管理技术，VMware ACE 使 IT 桌面管理者可以控制确定的计算系统过期，保护 PC 中的企业信息，确保 IT 策略的灵活性。

任务一　安装虚拟机软件

任务描述

校园网项目采购的服务器设备已经陆续进场，马上要进行服务器的配置，网络管理员小赵作为用户方，需根据需求搭建虚拟机环境。安装虚拟机后，要详细了解如何创建新的基于 Windows Server 2008 R2 操作系统的虚拟机，以及如何配置此虚拟机。

任务分析

安装虚拟机需要有安装介质，由于 Oracle VM VirtualBox 4.3.6 是免费的软件，为了配置项目的正常进行，小赵需要先在官方网站下载该软件，然后进行正常的安装和管理。

任务实施

步骤 1：通过互联网下载 Oracle VM VirtualBox 4.3.6 免费版，下载地址为 http://download.virtualbox.org/virtualbox/4.3.6/VirtualBox-4.3.6-91406-Win.exe。

此版本是 Windows 版本，如有需要，可在官网下载对应的其他版本。

步骤 2：双击 VirtualBox-4.3.6-91406-Win.exe 进行软件安装，进入软件安装界面，如图 1-2 所示。

步骤 3：选择安装选项和安装目录，如图 1-3 所示。

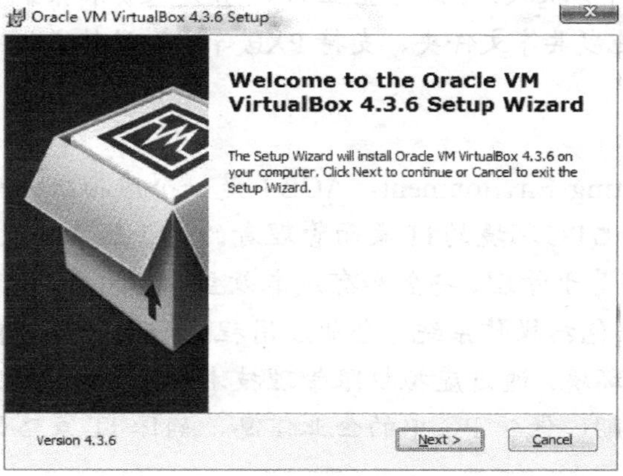

图 1-2　VirtualBox 安装界面

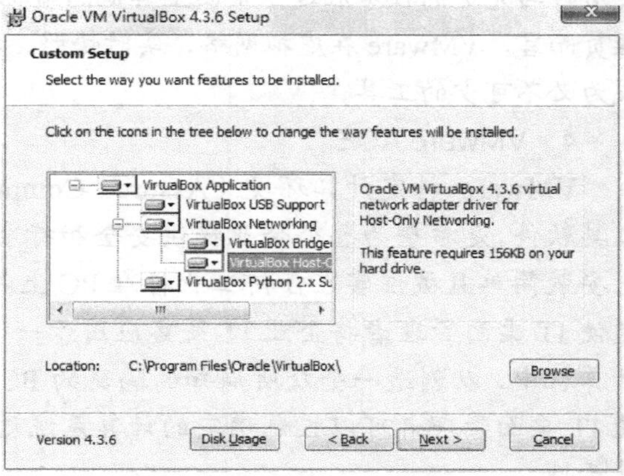

图 1-3　选择 VirtualBox 安装选项和安装目录

步骤 4：按照提示默认安装，直至安装完成，如图 1-4 所示。

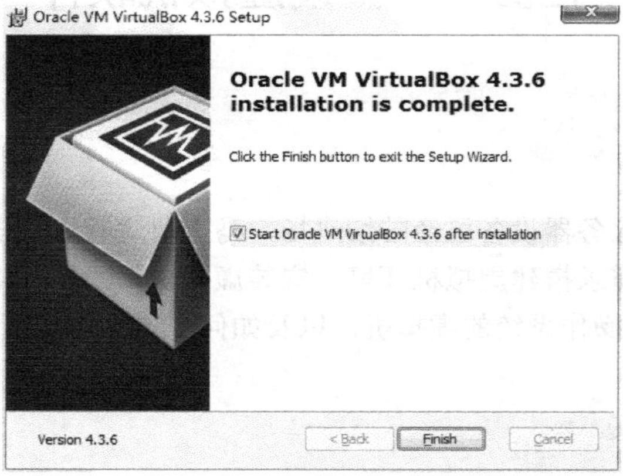

图 1-4　VirtualBox 安装完成界面

经验分享

VirtualBox 虚拟机克隆

VMware Workstation 可以提供虚拟机的克隆，可以在安装好虚拟机之后非常方便地复制一个虚拟机，这样再搭建多台虚拟机的环境时非常方便，无需对一台台的计算机安装系统，但是 VirtualBox 在图形界面下没有这个功能。

在 VirtualBox 的快速修复界面中，可以随时生成当前状态的备份。当生成了备份之后，会在 Snapshots 目录下创建一个新的 VDI 文件，之后对当前状态所做的一切操作都将针对最新的 VDI 文件，而 VDI 目录下的初始 VDI 文件不会再改变。

一般在装好 Guest OS 并弥补好漏洞、安装常用软件等操作后即可创建一个备份，如果 Guest OS 发生了问题，则可以随时恢复到干净的系统。但是，有时需要在不同的软件环境下做不同的事情，开始时希望能用一个 VDI 文件生成两个不同的备份并分别配置成不同的环境，但是发现 VirtualBox 的备份是线性的，也就是说，只能针对当前状态做一个备份，而恢复备份时也只能恢复到上一个备份的状态，不能同时存在两个不同的当前状态。

因此，只能把初始的 VDI 文件复制出来并用于其他环境。但是，复制出来的 VDI 文件无法在虚拟介质管理器中注册，因为每个 VDI 文件都有一个唯一的 UUID，而 VirtualBox 不允许注册重复的 UUID。

任务验收

通过本任务的实施，学会 Oracle VM VirtualBox 虚拟机的安装。

评价内容	评价标准
Oracle VM VirtualBox 虚拟机的安装	在规定时间内，完成 Oracle VM VirtualBox 虚拟机的安装

拓展练习

下载 Oracle VM VirtualBox 的不同版本，在不同的操作系统上成功地安装 Oracle 虚拟机。

任务二　创建虚拟机

任务描述

飞越公司为新兴学校校园网采购的服务器已经陆续进场，网络管理员小赵根据项目要求，配合飞越公司已经成功安装了 Oracle VM VirtualBox 虚拟机，下一步需要进行虚拟机的新建。

任务分析

虚拟机是用来虚拟计算机操作系统的软件，在成功安装 Oracle VM VirtualBox 虚拟机软件后，需要新建虚拟机系统，来实现企业的需求。

任务实施

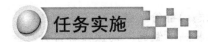

步骤 1：运行 Oracle VM VirtualBox，进入虚拟机主界面，如图 1-5 所示。

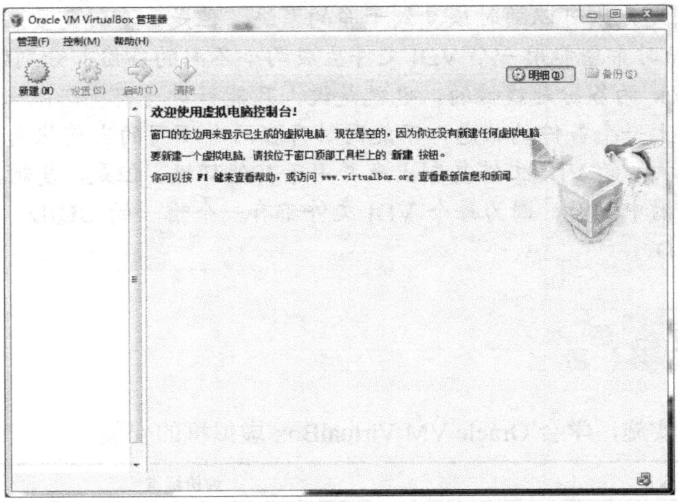

图 1-5　VirtualBox 主界面

步骤 2：单击“新建”按钮，进入新建虚拟机界面，键入要创建的虚拟机名称，选择要创建的虚拟机的系统类型，并单击“下一步”按钮，如图 1-6 所示。

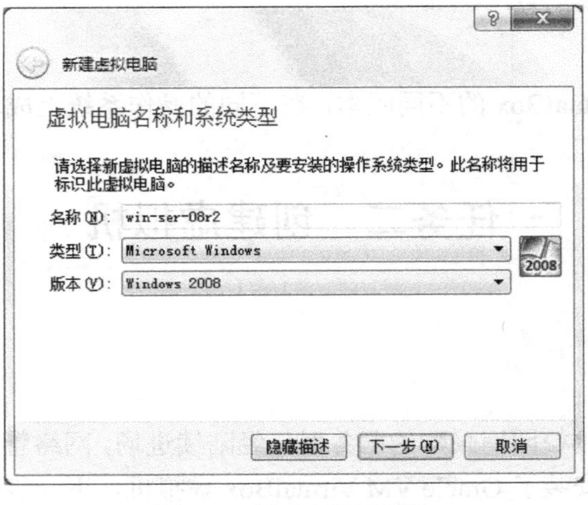

图 1-6　新建虚拟机界面

步骤 3：默认单击“下一步”按钮，配置计划分配给每个虚拟机的内存大小，内存分配需要根据虚拟机的需求来设置，如图 1-7 所示。

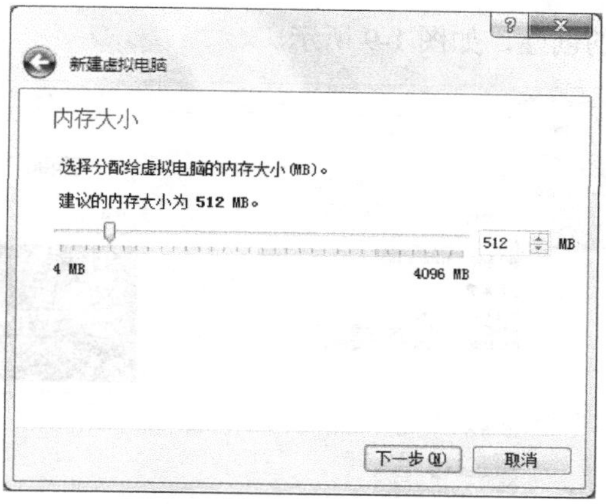

图 1-7　虚拟机内存分配界面

知识链接

内存不能过量使用，所以不能给一个虚拟机分配超过主机内存大小的内存值。Oracle VM VirtualBox 支持另外两种虚拟内存管理特性：内存漂移及 Page Fusion（页融合）技术。

内存漂移允许移除虚拟机的物理内存，供其他虚拟机使用。这一特性只支持 64 位主机。气囊驱动器是 Oracle VM VirtualBox 增强功能包的一部分，用于给虚拟机分配内存。页融合技术提供了 RAM 重复数据删除，也仅支持 64 位主机。运用增强功能包中的逻辑，页融合可以识别出虚拟机之间相似的内存单元，实现了近乎实时的页共享，而且几乎没有任何开销。

步骤 4：单击“下一步”按钮，创建虚拟磁盘，制定磁盘文件的类型和大小，如图 1-8 所示。

在 Oracle VM VirtualBox 中，可以选择动态扩展的磁盘或固定大小的磁盘。动态磁盘起始值较小，随着客户向操作系统写入数据，磁盘逐渐增加。对固定磁盘类型，所有的磁盘空间都会在虚拟机中创建阶段一次性分配。之后也可以为虚拟机增加磁盘，或者使用 VBoxManage 命令行工具增加磁盘大小。

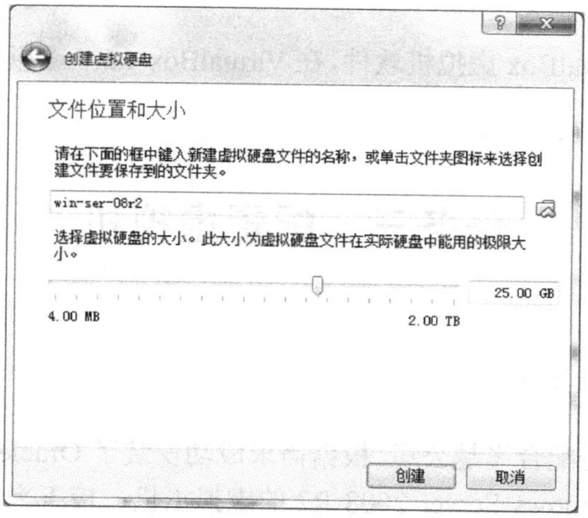

图 1-8　虚拟机硬盘分配界面

步骤 5：完成虚拟机的创建，如图 1-9 所示。

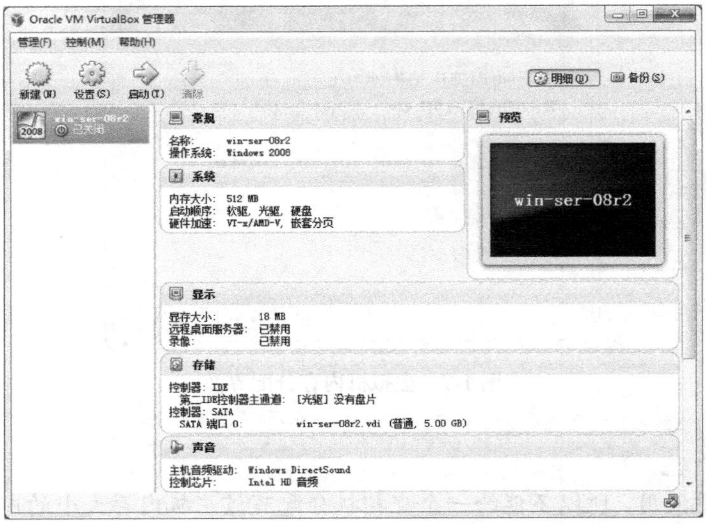

图 1-9　虚拟机创建完成

任务验收

通过本任务的实施，学会在 Oracle VM VirtualBox 下新建虚拟主机。

评价内容	评价标准
在 Oracle VM VirtualBox 中新建虚拟主机	在规定时间内，根据客户需求新建 Windows Server 2008 R2 虚拟主机

拓展练习

使用 Oracle VM VirtualBox 虚拟机软件，在 VirtualBox 4.3.6 虚拟机软件上新建 CentOS 5.5 虚拟主机。

任务三　配置虚拟机

任务描述

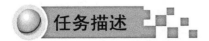

网络管理员小赵已经配合飞越公司，根据需求成功安装了 Oracle VM VirtualBox 虚拟机软件，并且新建了基于 Windows Server 2008 R2 的虚拟主机，接下来的任务是进行虚拟主机的配置。

任务分析

因每台虚拟主机的功能要求不同，虚拟主机宿主机的性能也存在差异，因此需要对虚拟主机进行配置，更改虚拟主机的硬件参数和配置，需要在虚拟主机关闭的情况下进行。网络管理员小赵需要对虚拟主机的配置进行修改。

任务实施

步骤 1：在 Oracle VM VirtualBox 主界面中，选择需要配置的虚拟主机，单击“设置”按钮，如图 1-10 所示。

步骤 2：安装 Oracle VM VirtualBox 客户操作系统。完成 Oracle VM VirtualBox 虚拟机创建向导后，即可开始安装客户操作系统。为了挂载客户操作系统光盘，选择虚拟机，单击“设置”按钮，开始设置虚拟机硬件相关参数。

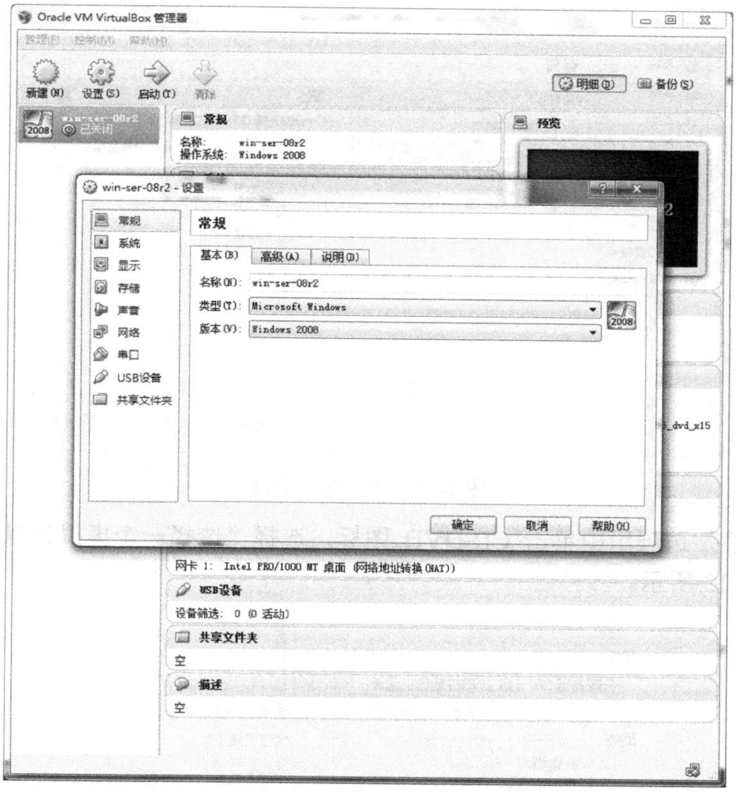

图 1-10 虚拟主机设置界面

① 选择对话框中的“存储”选项，如图 1-11 所示。

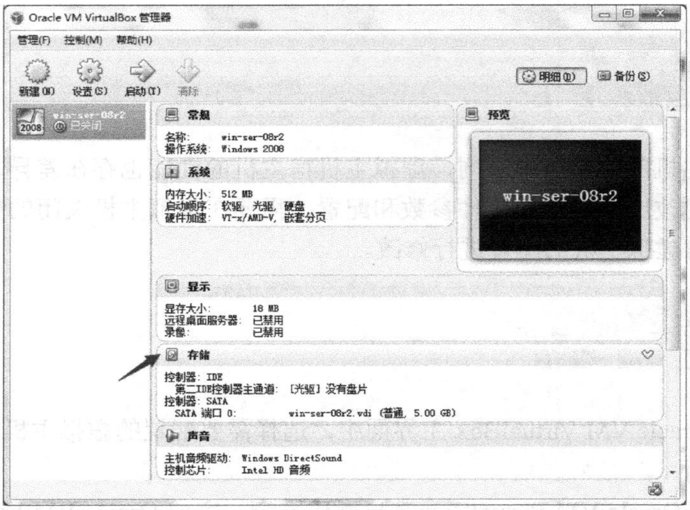

图 1-11 选择“存储”选项后的界面

② 单击“存储”界面中的 CD/DVD 图标，如图 1-12 所示。

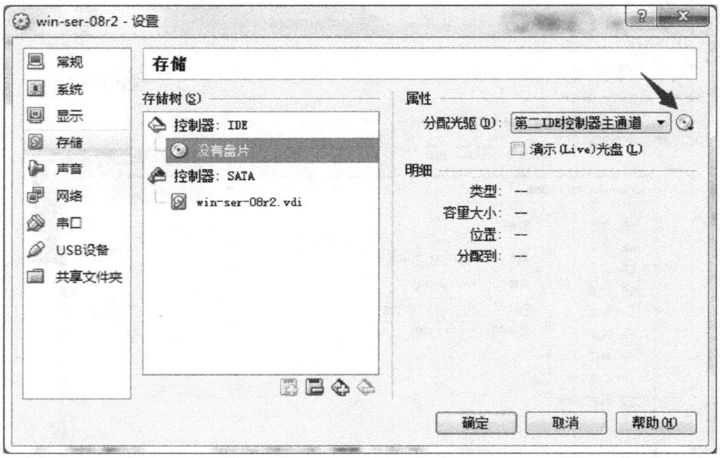

图 1-12 “存储”界面

③ 在“属性”选项组中单击 CD/DVD 图标，选择“选择一个虚拟光盘”选项，添加虚拟光盘，如图 1-13 所示。

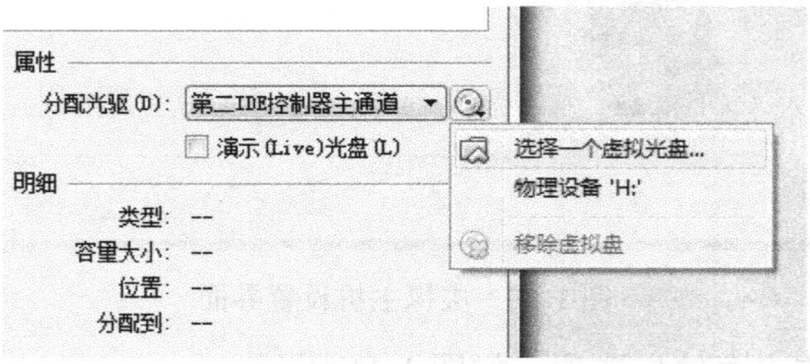

图 1-13 添加虚拟光盘

④ 添加需要新建的虚拟机的虚拟光盘后，在 Oracle VM VirtualBox 主界面中单击“启动”按钮，即可开启并安装新的虚拟机，如图 1-14 所示。

步骤 3：虚拟机的网络配置，选择“网络”选项，进入网络配置界面，如图 1-15 所示。

Oracle VM VirtualBox 允许在一个虚拟机上配置多达 4 块虚拟网卡，有几种类型的虚拟网卡硬件可供选择。对每个虚拟网卡来说，可以在一些不同的操作类型中选择。除了常见的 NAT 和桥接网络模型之外，还有内部和主机（Host-only）网络模型。内部模型允许用户创建一个隔离的网络，只有特定主机之上的虚拟机才能够访问，这意味着没有网络连接到主机本身，或者说没有网络连接到该主机所连接到的任何网络。所以，一个隔离的虚拟环境不会和网络上的任何其他设置相冲突。反之，主机网络模型通过一个环回接口（Loopback Interface）增加了到主机的网络连通性。这种模式提供了对主机的访问，但是禁止访问主机连接的任何物理网络。

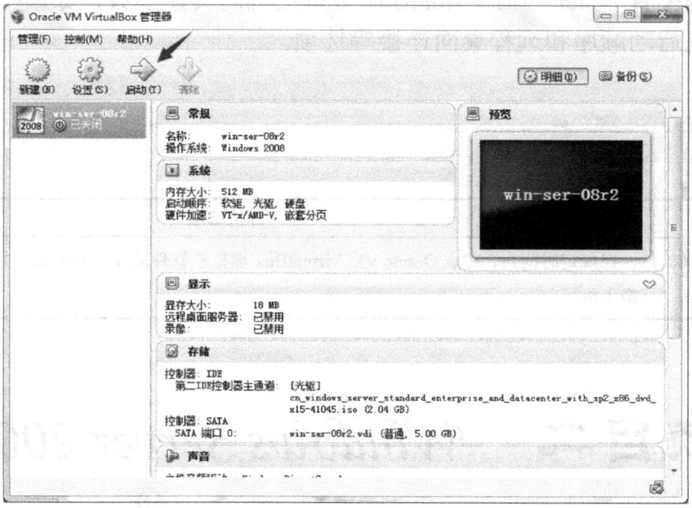

图 1-14 开启并安装新的虚拟机

图 1-15 虚拟机的网络配置

任务验收

通过项目的实施，学习如何配置 Oracle VM VirtualBox 虚拟主机。

评价内容	评价标准
正确配置 Oracle VM Virtual Box 虚拟主机	在规定时间内，正确配置 Oracle VM VirtualBox 虚拟主机的虚拟光盘加载和虚拟网卡等选项

拓展练习

根据需求正确配置 Oracle VM VirtualBox 虚拟主机的其他参数，如虚拟主机名称、CPU、内存、硬盘、开机启动顺序和远程桌面连接等选项。

项目评价

考核内容	评价标准
Windows Server 2008 R2 安装环境的准备	在规定时间内，完成 Oracle VM VirtualBox 虚拟机软件的安装和配置，并根据需求创建新的虚拟主机

项目二　Windows Server 2008 R2 安装与配置

项目描述

新兴学校购置了服务器，需要安装服务器相应的操作系统。要求网络管理员按照要求为新增服务器安装 Windows Server 2008 R2 操作系统；企业现有一台 Windows Server 2003 操作系统的服务器，需要对此服务器进行升级，升级到 Windows Server 2008 R2 操作系统。

项目分析

企业的需求：为新增的服务器全新安装服务器操作系统 Windows Server 2008 R2；为现有基于 Windows Server 2003 操作系统的服务器升级，将系统升级到 Windows Server 2008 R2。

整个项目的认知与分析流程如图 1-16 所示。

图 1-16　项目流程图

知识链接

Windows Server 2008 R2 家族系列

Windows Server 2008 R2 共有 7 个版本：基础版（Foundation）、标准版（Standard）、企业版（Enterprise）、数据中心版（Datacenter）、Web 版（Web）、安腾版（Itanium-based Systems）及高性能计算（High-Performance Computing，HPC）。每个 Windows Server 2008 R2 版本都提供了关键功能，用于支撑各种规模的业务和 IT 需求。

Windows Server 2008 R2 是一款服务器操作系统。同 2008 年 1 月发布的 Windows Server 2008 相比，Windows Server 2008 R2 继续提升了虚拟化、系统管理弹性、网络存取方式，以及信息安全等领域的应用，其中不少功能需搭配 Windows 7 使用。Windows Server 2008 R2 的重要功能包含：Hyper-V 加入动态迁移功能，作为最初发布版中快速迁移功能的一个改进；Hyper-V 将以毫秒计算迁移时间。与 VMware 公司的 ESX 或者其他管理程序相比，这是 Hyper-V 功能的一个强项。Windows Server 2008 R2 强化了 PowerShell 对各个服务器角色的管理指令。Windows Server 2008 R2 是第一个只提供 64 位版本的服务器操作系统。

任务一　全新安装 Windows Server 2008 R2 操作系统

任务描述

飞越公司已经为新兴学校购置了服务器，并按照新兴学校的需求做了规划，网络管理员小赵配合飞越的工程师完成服务器系统的安装和升级。根据要求，为学校新增的服务器要全新安装 Windows Server 2008 R2 操作系统。

任务分析

全新安装 Windows Server 2008 R2 操作系统需要安装介质，并对硬件有一定的要求，需要安装的服务器应满足操作系统的硬件需求。安装操作系统还需要对系统安装需求进行详细的了解，如对系统管理员账户、密码、磁盘分区等情况进行逐一了解。小赵了解了相应信息后，准备开始动手安装操作系统。

Windows Server 2008 R2 操作系统的硬件需求条件如表 1-1 所示。

表 1-1　硬件需求条件

硬件	需求
处理器	最低：1.4 GHz（x64 处理器） 注意：Windows Server 2008 安腾版本需要 Intel Itanium 2 处理器
内存	最低：512 MB RAM 最大：8 GB（基础版）或 32 GB（标准版）或 2 TB（企业版、数据中心版及安腾版）
可用磁盘空间	最低：32 GB 或以上 基础版：10 GB 或以上 注意：配备 16 GB 以上 RAM 的计算机将需要更多的磁盘空间，以进行分页处理、休眠及转储文件
显示器	超级 VGA（800 × 600）或更高分辨率的显示器
其他	DVD 驱动器、键盘和 Microsoft 鼠标（或兼容的指针设备）、Internet 访问（可能需要付费）

企业对系统的安装需求如表 1-2 所示。

表 1-2　企业对系统的安装要求

语言设置	日期和货币格式	键盘和输入方法	安装版本	安装类型	分区要求	用户密码
中文	中文（简体）	中文（简体）-美式键盘	Windows Server 2008 R2 Enterprise	自定义（高级）	磁盘 0 分区 1/50GB	Password

任务实施

步骤 1：启动计算机后，放入 Windows Server 2008 R2 操作系统安装光盘，设置语言后单击“下一步”按钮，如图 1-17 所示。

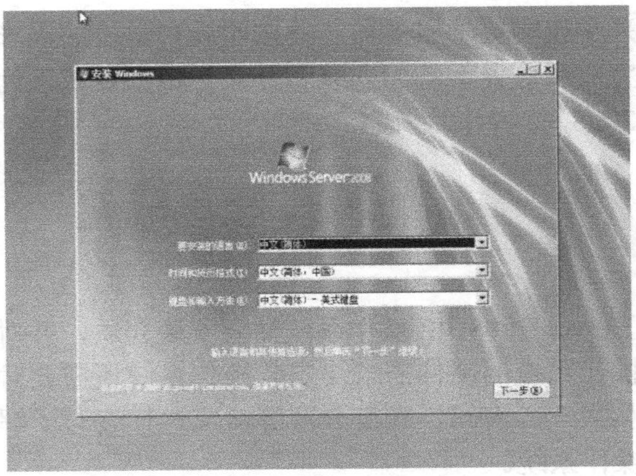

图 1-17　设置语言界面

步骤 2：单击“现在安装”按钮，如图 1-18 所示。

步骤 3：进入安装程序启动界面，如图 1-19 所示。

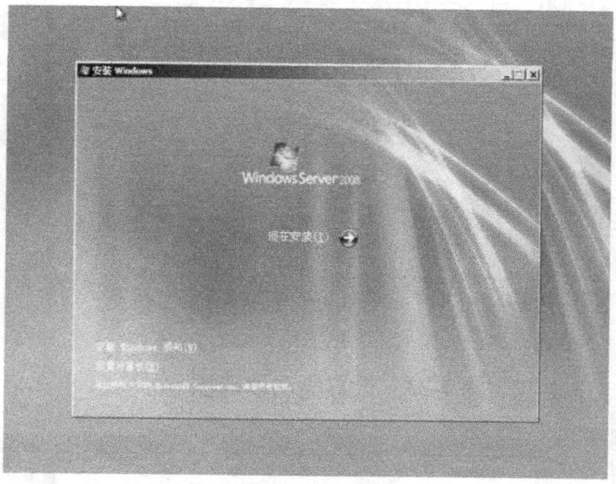

图 1-18　安装界面

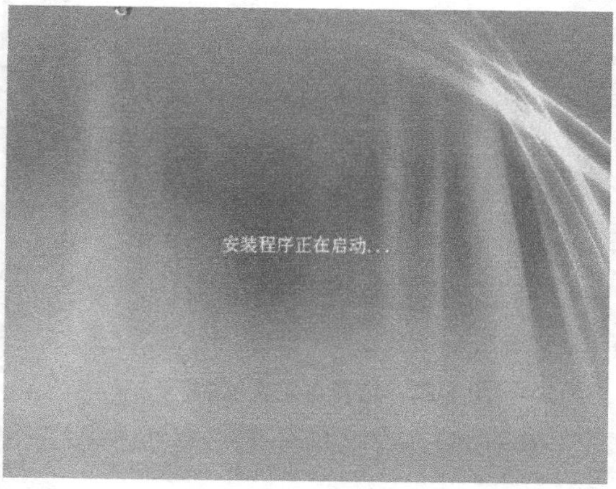

图 1-19　安装程序启动界面

步骤 4：选择“Windows Server 2008 R2 Enterprise（完全安装）”选项后单击“下一步”按钮，如图 1-20 所示。

步骤 5：选中“我接受许可条款”复选框，单击“下一步”按钮，如图 1-21 所示。

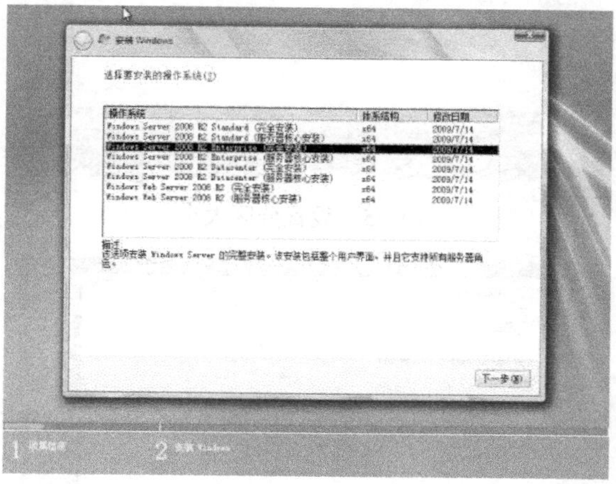

图 1-20　选择安装系统类型界面

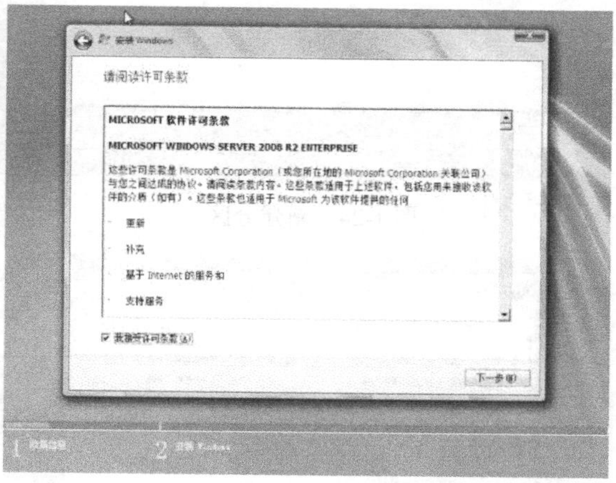

图 1-21　接受许可条款界面

步骤 6：选择“自定义（高级）”选项，如图 1-22 所示。

步骤 7：选择“驱动器选项（高级）”选项，如图 1-23 所示。

步骤 8：单击“新建”按钮，创建分区，如图 1-24 所示。

步骤 9：设置分区大小后，单击“确定”按钮，再单击“下一步”按钮，如图 1-25、图 1-26 和图 1-27 所示。

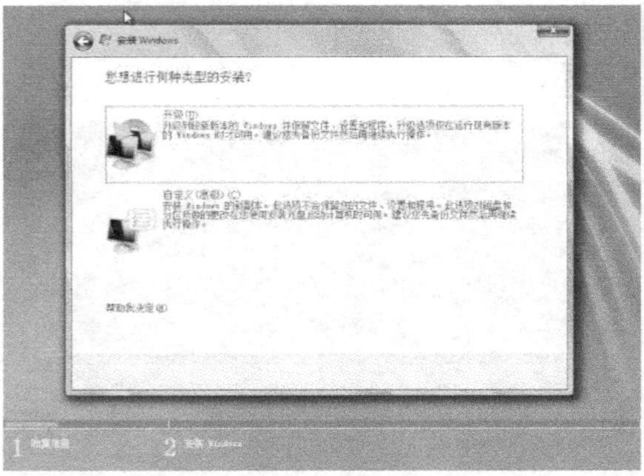

图 1-22　选择自定义安装

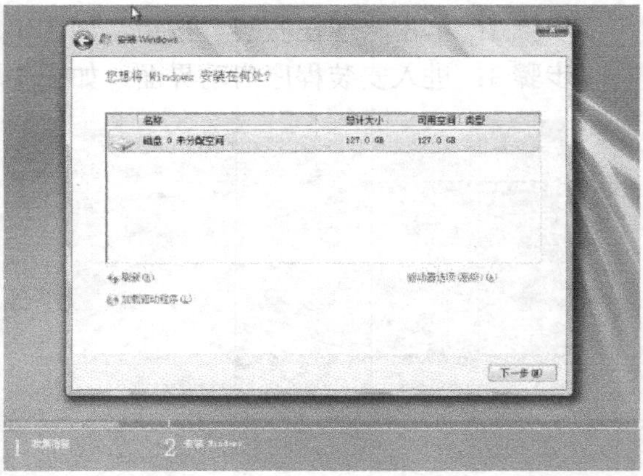

图 1-23　设置驱动器选项

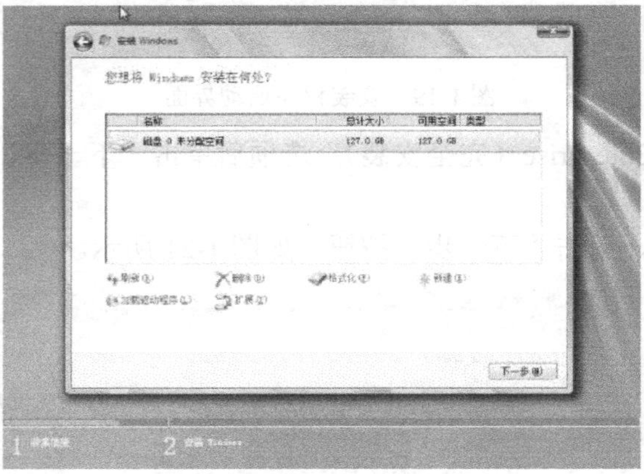

图 1-24　新建分区

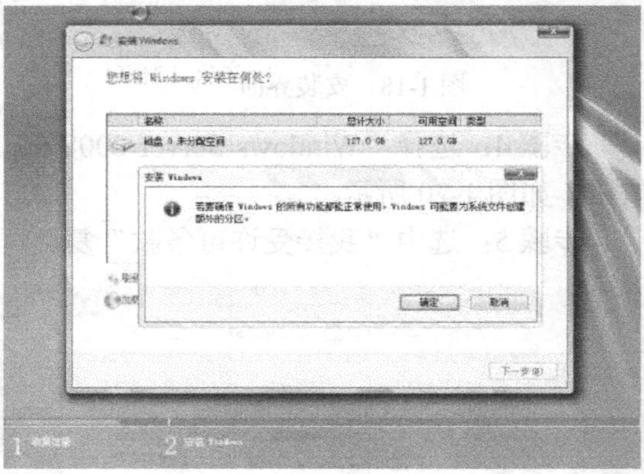

图 1-25　设置分区大小

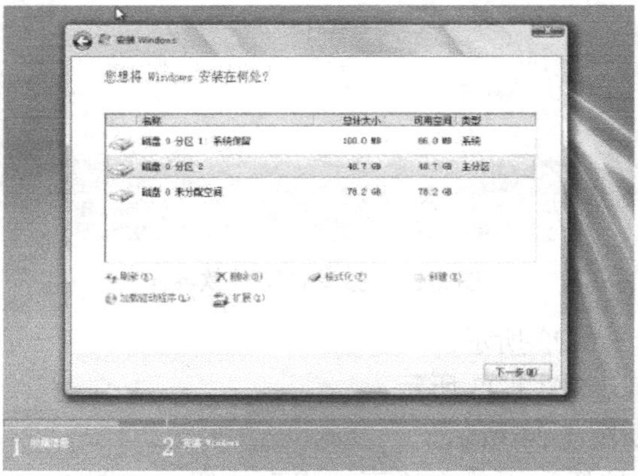

图 1-26　显示分区结果

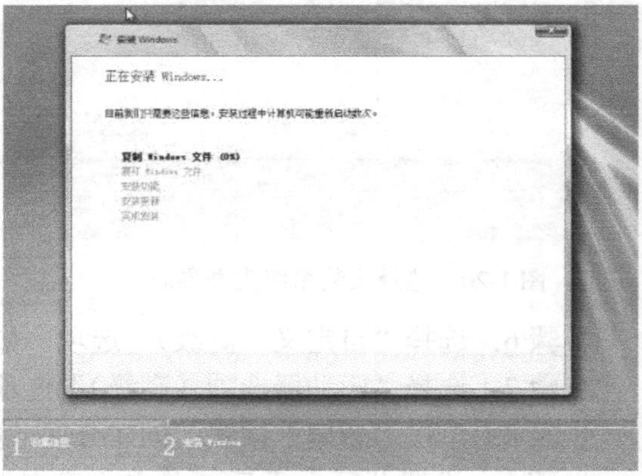

图 1-27　正在安装

步骤 10：单击“立即重新启动计算机”按钮，如图 1-28 所示。

步骤 11：重新启动计算机后进入后续的安装过程，如图 1-29 所示。

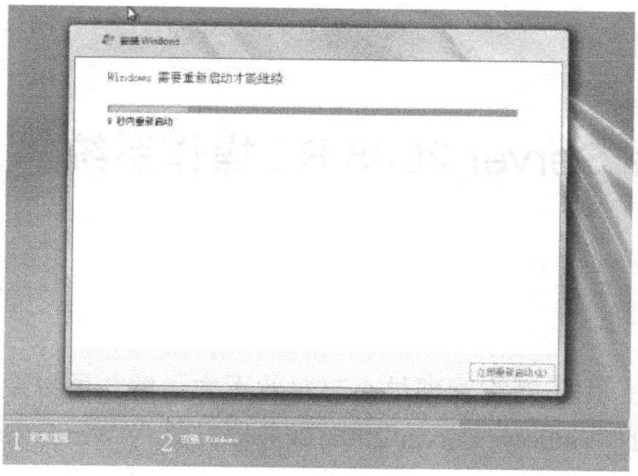

图 1-28　重启计算机

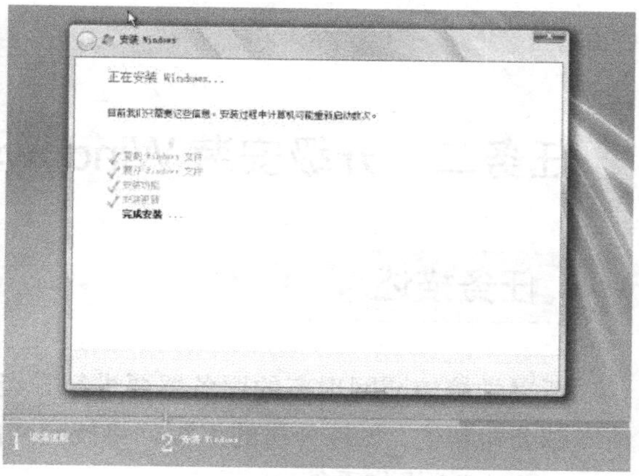

图 1-29　重启后继续安装

步骤 12：重新启动计算机后，为用户首次登录设置密码后登录计算机，如图 1-30 和图 1-31 所示。

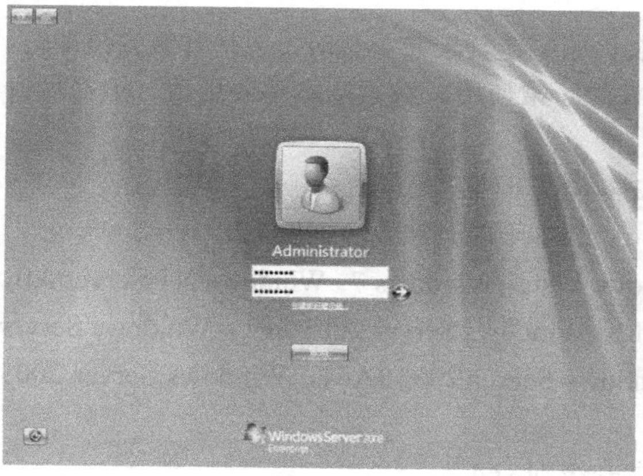

图 1-30　首次登录时设置密码

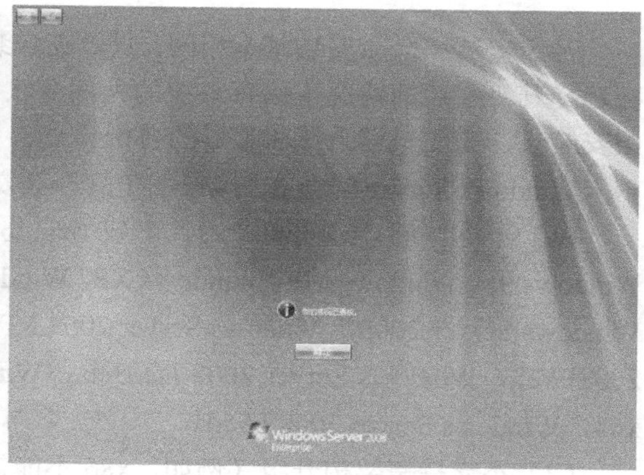

图 1-31　密码修改成功

任务验收

通过本任务的实施，学会 Windows Server 2008 R2 操作系统的安装。

评价内容	评价标准
安装 Windows Server 2008 R2 操作系统	在规定时间内，为服务器全新安装 Windows Server 2008 R2 操作系统

拓展练习

使用图形化安装程序，在 VirtualBox 4.3.6 虚拟机软件上安装 Windows Server 2008 R2 操

作系统。

任务二　升级安装 Windows Server 2008 R2 操作系统

任务描述

新兴学校校园网现有的服务器要进行升级，由于网络管理员小赵对此不太了解，所以要请飞越公司帮忙，飞越公司的工程师将校园网的 Windows Server 2003 服务器升级为 Windows Server 2008 R2 操作系统。

任务分析

升级安装和全新安装基本相同，只是在安装界面中选择安装类型时，选择升级安装即可。在选择升级安装的情况下原有系统的大部分软件能正常使用。数据基本不会更改，但在做升级安装时，需要做好系统和数据的备份。

Windows Server 2008 R2 操作系统的升级安装有以下注意事项。

（1）不支持的升级安装方式。下列 Windows 版本不能升级到 2008 R2：Windows 95，Windows 98，Windows ME，Windows XP，Windows Vista，Windows 7；Windows NT Server 4.0，Windows Server 2000，Windows Server 2003 RTM，Windows Server 2003 SP1，Windows Server 2003 Web，Windows Server 2008 R2 Beta；Windows Server 2003 IA64，Windows Server 2003 x64，Windows Server 2008 IA64。

（2）不支持跨架构升级（例如，x86 不能被升级到 x64）。

（3）不支持跨语言升级（例如，英文版不能被升级成中文版）。

（4）不支持跨版本升级（例如，Windows Server 2008 Foundation 不能被升级为 Windows Server 2008 数据中心版）。

（5）支持的升级安装方式：如表 1-3～表 1-5 所示。

表 1-3　Windows Server 2003（SP2，R2）升级到 2008 R2

从 Windows Server 2003（SP2，R2）	升级到 Windows Server 2008 R2
数据中心版	数据中心版
企业版	企业版和数据中心版
标准版	标准版和企业版

表 1-4　Windows Server 2008（RTM-SP1，SP2）升级到 2008 R2

从 Windows Server 2008（RTM-SP1，SP2）	升级到 Windows Server 2008 R2
数据中心版	数据中心版
数据中心版核心	数据中心版核心
企业版	企业版和数据中心版
企业版核心	企业版核心和数据中心版核心
Foundation（SP2）	标准版
标准版	标准版和企业版
标准版核心	标准版核心和企业版核心
Web 版	Web 版和标准版
Web 版核心	Web 版核心和标准版核心

表 1-5　Windows Server 2008（RC，IDS）升级到 2008 R2

从 Windows Server 2008（RC，IDS）	升级到 Windows Server 2008 R2
数据中心版	数据中心版
数据中心版核心	数据中心版核心
企业版	企业版和数据中心版
企业版核心	企业版核心和数据中心版核心
Foundation（SP2）	标准版
标准版	标准版和企业版
标准版核心	标准版核心和企业版核心
Web 版	Web 版和标准版
Web 版核心	Web 版核心和标准版核心

任务实施

升级安装和全新安装基本相同，这里只简单介绍两者的不同。

步骤 1：在如图 1-32 所示的界面中选择“升级”选项。

步骤 2：以下步骤基本相同，详细参见本项目任务一中的安装方法。

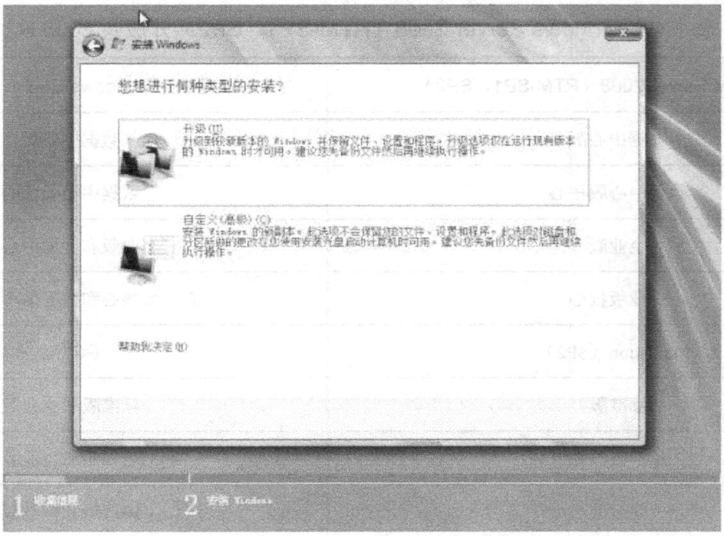

图 1-32　安装类型的选择

任务验收

通过本任务的实施，学会 Windows Server 2008 R2 操作系统的升级安装。

评价内容	评价标准
升级安装 Windows Server 2008 R2 操作系统	在规定时间内，为服务器升级安装 Windows Server 2008 R2 操作系统

拓展练习

使用图形化安装程序，在 VirtualBox 4.3.6 虚拟机软件上安装 Windows Server 2003 操作系统，并将其升级为 Windows Server 2008 R2。

任务三　配置 Windows Server 2008 R2 操作系统的基本环境

任务描述

飞越公司根据新兴学校的要求，为校园网的服务器进行了全新安装和升级安装，现在服务器全为 Windows Server 2008 R2 操作系统，现在需要对 Windows Server 2008 R2 操作系统的基本环境进行配置。

任务分析

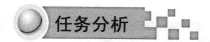

对 Windows Server 2008 R2 操作系统服务器进行基本环境配置，主要包含服务器的名称、IP 地址，或加入域等基本配置，小赵对 Windows Server 2008 R2 操作系统还不是很熟悉，因此需要飞越公司的工程师协助他来完成配置。

企业对系统的安装需求如表 1-6 所示。

表 1-6　企业对系统的安装要求

服务器名称	服务器 IP 地址	域信息
win-2008r2-01	192.168.100.10	contoso.com

任务实施

一、配置计算机名称

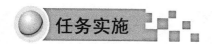

步骤 1：在“开始”菜单中右击“计算机”选项，在弹出的快捷菜单中选择“属性”选项，打开“系统”窗口，如图 1-33 所示。

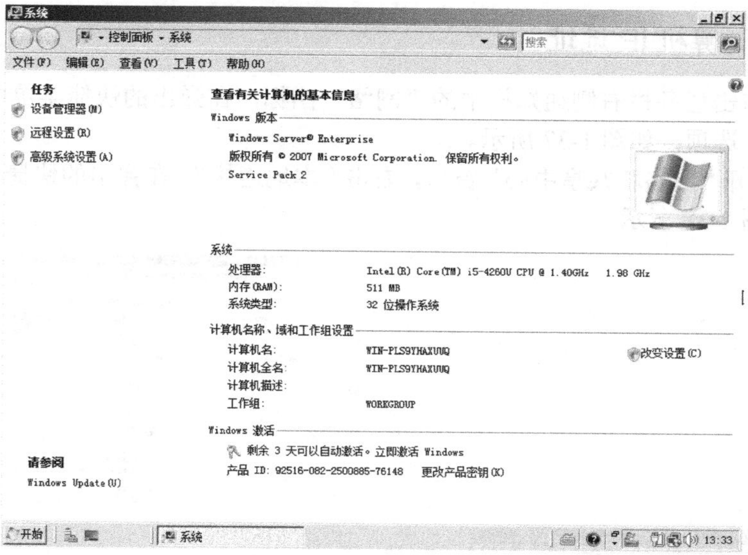

图 1-33　“系统”窗口

步骤 2：单击“改变设置”按钮，弹出“系统属性”对话框，如图 1-34 所示。

步骤 3：单击“更改”按钮，弹出“计算机名/域更改”对话框，输入计算机名称“win-2008r2-01”，单击“确定”按钮，如图 1-35 所示。

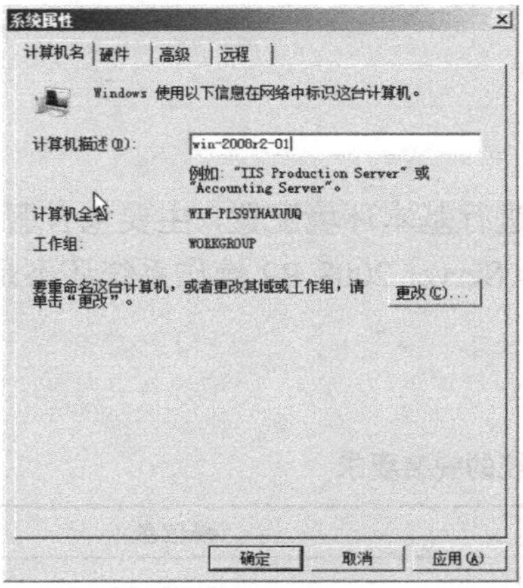

图 1-34　“系统属性”对话框

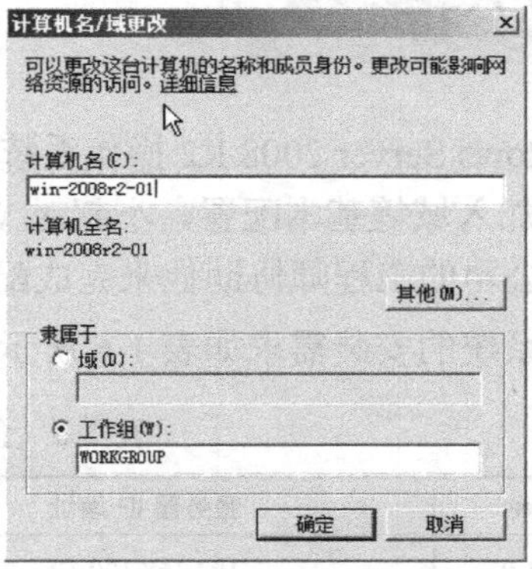

图 1-35　设置计算机名称

步骤 4：单击“确定”按钮后重启计算机，如图 1-36 所示。

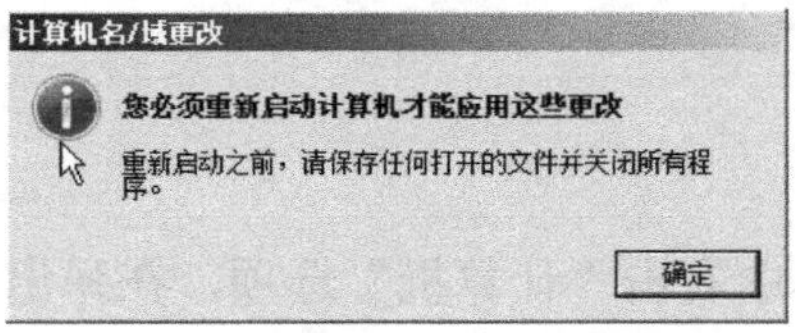

图 1-36　重启计算机

二、配置计算机 IP 地址

步骤 1：右击任务栏右侧通知栏中的“网络”图标，在弹出的快捷菜单中选择“打开网络和共享中心”选项，如图 1-37 所示。

步骤 2：打开“网络和共享中心”窗口，右击“本地连接”，在弹出的快捷菜单中选择“属性”选项，如图 1-38 所示。

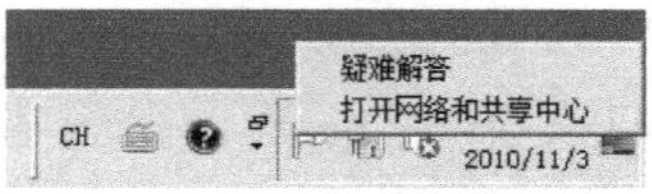

图 1-37　“右键快捷菜单

图 1-38　“网络和共享中心”窗口

步骤 3：弹出“本地连接状态”对话框，单击“属性”按钮，弹出“本地连接属性”对话框，选中“Internet 协议版本 4（TCP/IPv4）”后单击“属性”按钮，弹出其属性对话框，在其中设置计算机的 IP 地址、DNS 服务器地址，如图 1-39～图 1-41 所示。

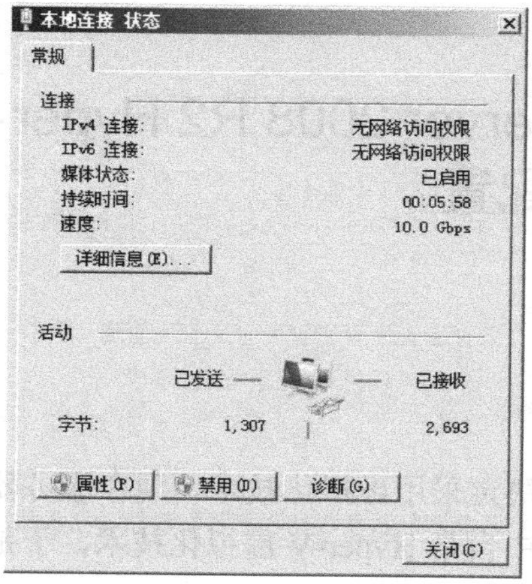

图 1-39　“本地连接状态”对话框

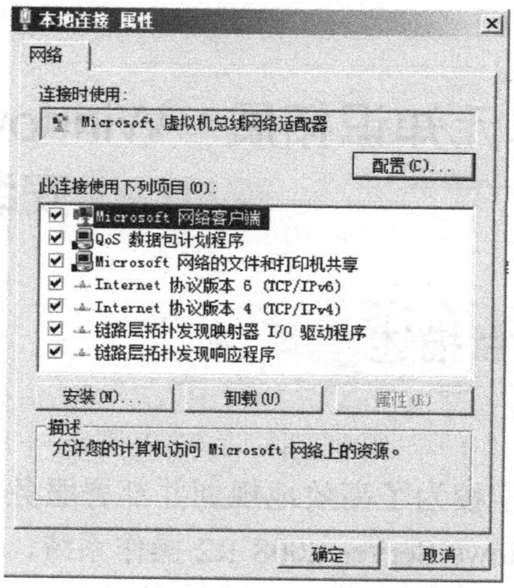

图 1-40　“本地连接属性”对话框

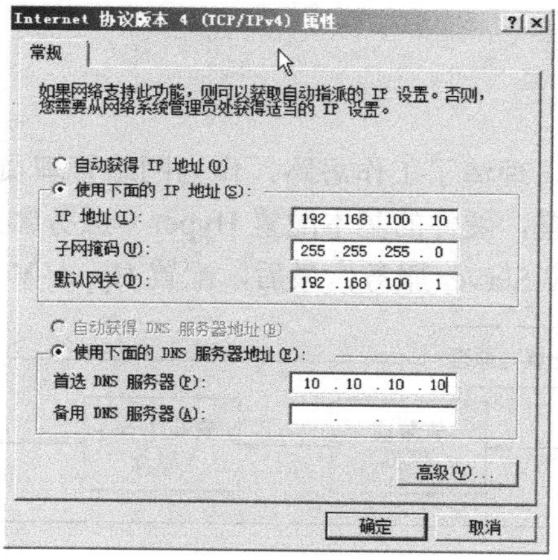

图 1-41　“Internet 协议版本 4（TCP/IPv4）属性”对话框

任务验收

通过本任务的实施，学会 Windows Server 2008 R2 操作系统基本环境的配置。

评价内容	评价标准
Windows Server 2008 R2 操作系统基本环境配置	在规定时间内，为 Windows Server 2008 R2 操作系统服务器配置主机名和网络 IP 地址

拓展练习

在规定时间内，为 Windows Server 2008 R2 操作系统服务器配置主机名和网络 IP 地址，并加入域。

单元知识拓展 Windows Server 2008 R2 Hyper-V 安装与配置

项目描述

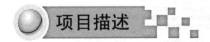

新兴学校为了高效地规划并部署服务器群，决定采用虚拟化技术。现在服务器中使用的都是 Windows Server 2008 R2 操作系统，此系统中自带 Hyper-V 虚拟化技术，于是管理员小赵联系飞越公司的工程师来进行规划。

项目分析

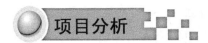

飞越公司收到此任务后，理清了工作思路，作为网络管理员的小赵协助飞越公司完成任务。首先，确认硬件基本配置，硬件的基本配置 Hyper-v 服务器是 64 位，支持硬件虚拟化；其次，安装虚拟机和 Hyper-V Server 服务；最后，配置 Hyper-V 服务，如图 1-42 所示。

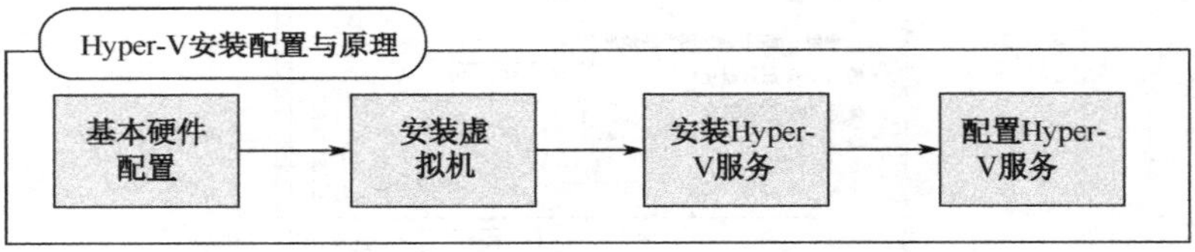

图 1-42 项目流程图

知识链接

1. Hyper-V

Hyper-V 是 Microsoft 提出的一种系统管理程序虚拟化技术，能够实现桌面虚拟化。

Hyper-V 最初预定在 2008 年第一季度发布，即与 Windows Server 2008 同时发布。

Hyper-V Server 2012 完成 RTM 版本的发布。

2. 最低系统要求

（1）Windows Server 2008 R2 及以上（服务器操作系统），Windows 7 及以上（桌面操作系统）。

（2）硬件辅助虚拟化。通过引入硬件技术，使虚拟化技术更接近物理机的速度。

（3）CPU 必须具备硬件的数据执行保护（DEP）功能，而且该功能必须启动。

（4）内存容量最少为 2GB。

任务一　安装并设置 Hyper-V 服务

任务描述

新兴学校校园网想使用虚拟化技术进行校园网服务器的稳定运行，需要安装 Hyper-V 服务。

任务分析

Windows Server 2008 R2 的服务器默认不安装 Hyper-V 服务，管理员小赵对虚拟化技术不熟悉，所以只能请飞越公司的工程师来帮忙安装和配置服务器的 Hyper-V 服务。

任务实施

一、安装 Hyper-V

步骤 1：单击任务栏上中的“服务器管理器”图标，打开“服务器管理器”窗口，如图 1-43 所示。

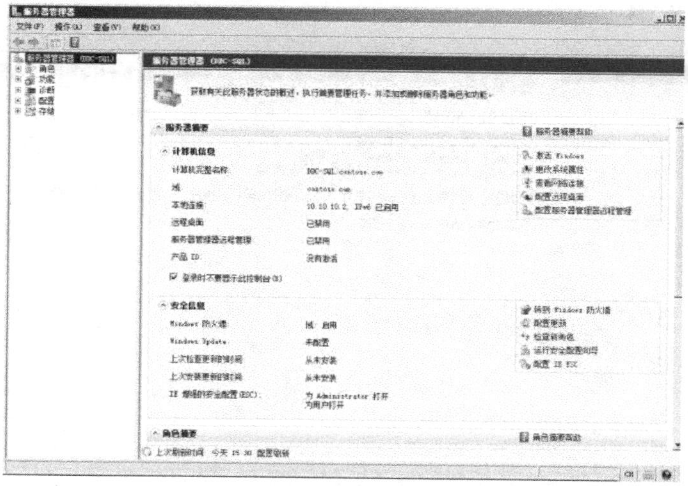

图 1-43　“服务器管理器”窗口

知识链接

Hyper-V 是 Microsoft 的一款虚拟化产品，是 Microsoft 第一个采用类似 VMware 和 Citrix 开源 Xen 的、基于 Hypervisor 的技术。这也意味着 Microsoft 会更加直接地与市场先行者

VMware 展开竞争，但竞争的方式会有所不同。

Microsoft Hyper-V 分为两种类型：一种作为 Windows Server 2008 R2 的一个组件，另一种作为虚拟化产品的单独服务器。虽然两者都是技术上的 Hyper-V，但是每个版本的特性和用例都不相同。

此次演示采用的是作为 Windows Server 2008 R2 的一个组件。

步骤 2：选择“服务器管理器”窗口中的“角色”选项，单击“添加角色”超链接，如图 1-44 所示。

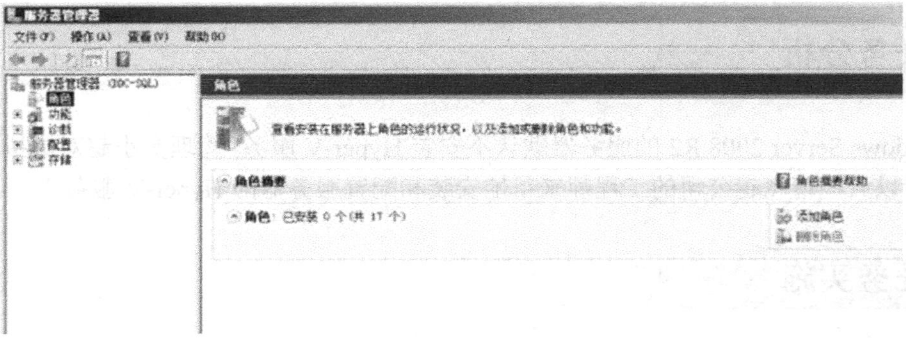

图 1-44　添加角色

步骤 3：弹出“添加角色向导”对话框，单击“下一步”按钮，如图 1-45 所示。

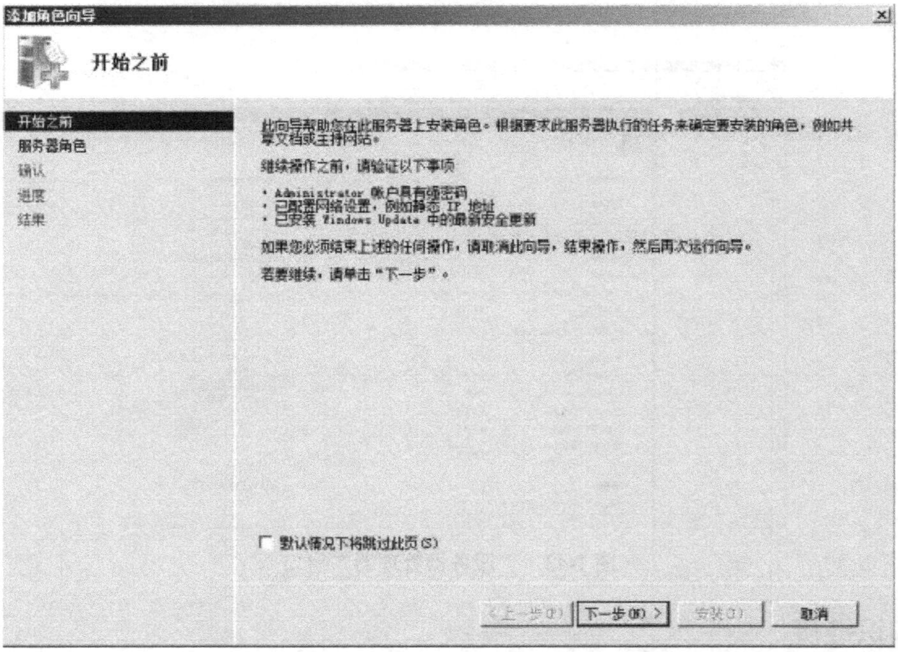

图 1-45　“添加角色向导”对话框

步骤 4：选中“Hyper-V”复选框，如图 1-46 所示。

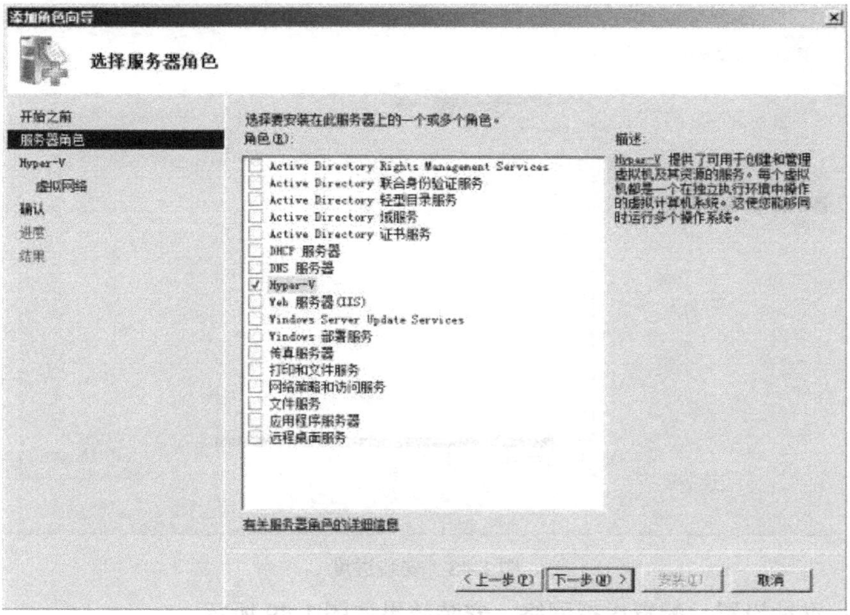

图 1-46　选择服务器角色

步骤 5：此时会显示相关 Hyper-V 的说明信息，单击“下一步”按钮，如图 1-47 所示。

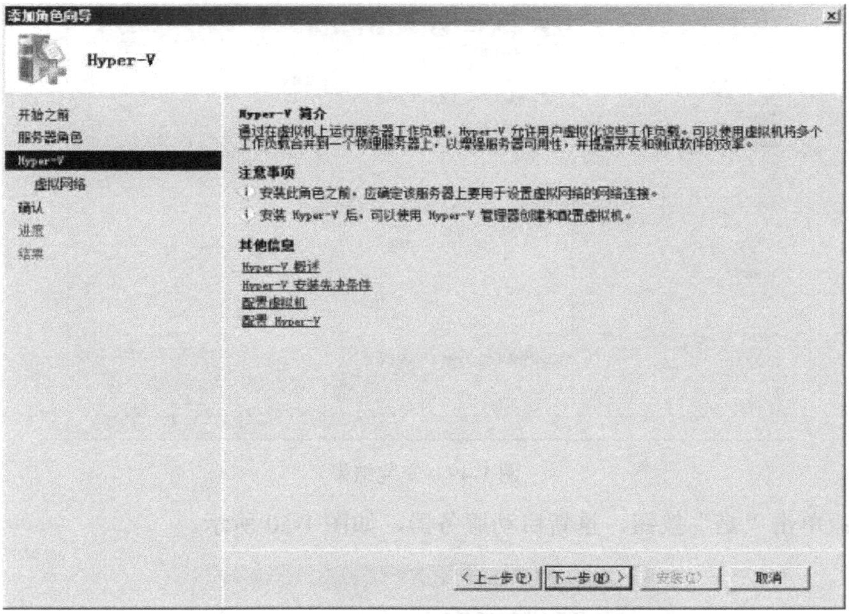

图 1-47　相关 Hyper-V 的说明信息

步骤 6：在“创建虚拟网络”对话框中直接单击“下一步”按钮（将在 Hyper-V 安装完成后配置虚拟网络），如图 1-48 所示。

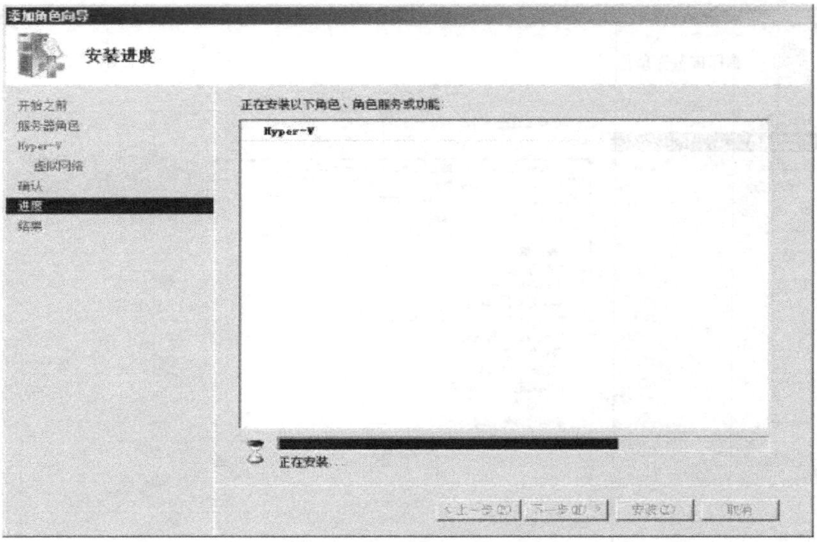

图 1-48　安装进度

步骤 7：继续设置，配置虚拟网络，安装结果如图 1-49 所示。

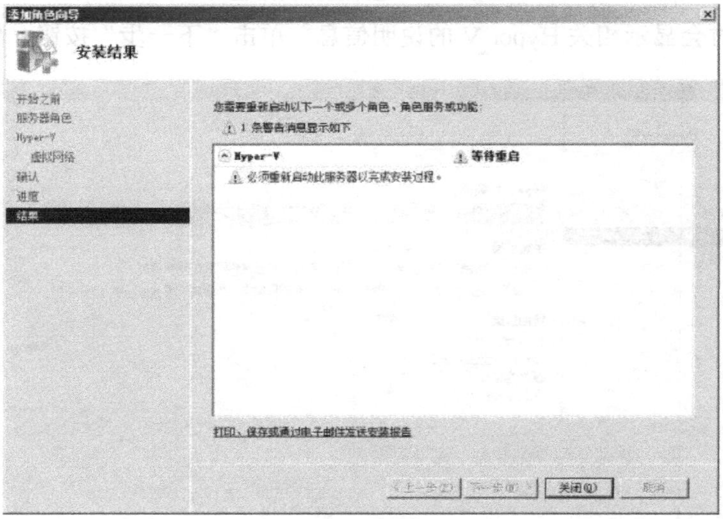

图 1-49　安装结果

步骤 8：单击“是”按钮，重新启动服务器，如图 1-50 所示。

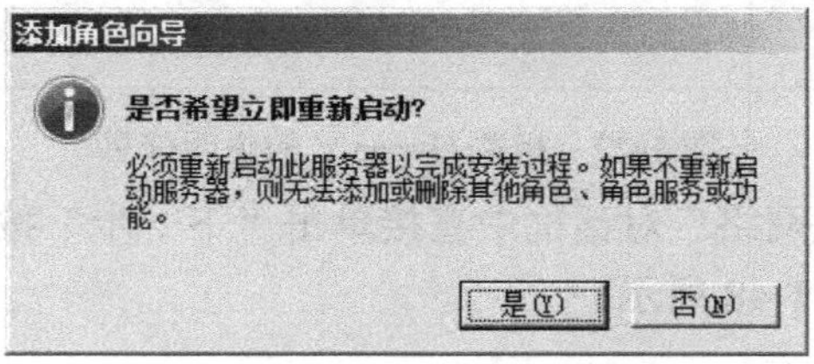

图 1-50　重启服务器

步骤 9：系统重新启动 2 次后，完成 Hyper-V 的安装，如图 1-51 所示。

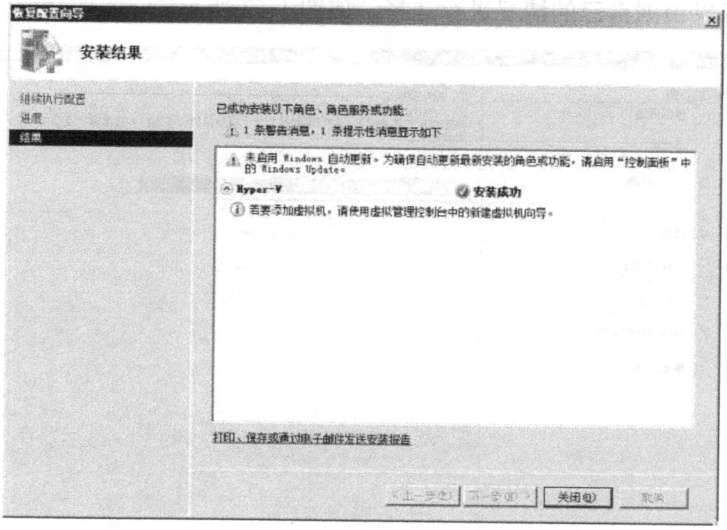

图 1-51　重启后完成 Hyper-V 的安装

二、设置 Hyper-V 相关参数

步骤 1：在“Hyper-V 管理器”窗口中单击“Hyper-V 设置”按钮，进入“Hyper-V 设置”界面，在“虚拟硬盘”与“虚拟机”中单击“浏览”按钮，为虚拟机与虚拟硬盘选择一个默认位置，如图 1-52 所示。一般情况下，要选择一个空间比较大的、NTFS 文件系统的目录。在本例中，此位置为 E:\Hyper-Vhds。

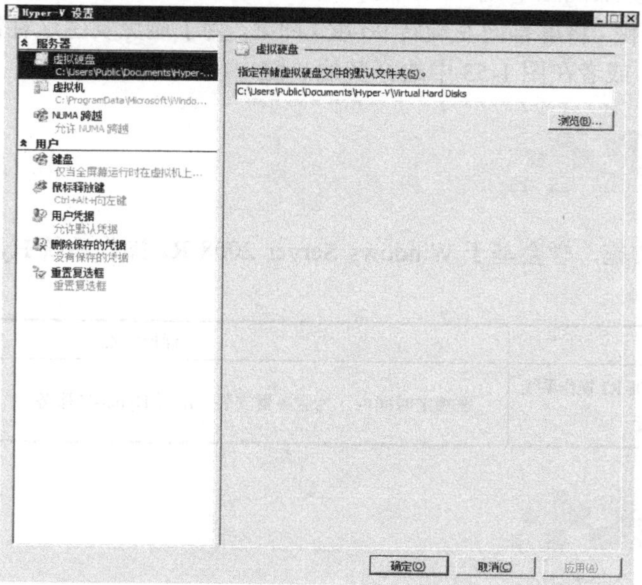

图 1-52　指定虚拟机与虚拟硬盘的默认保存位置

步骤 2：在“鼠标释放键”处，可以选择从虚拟机返回到主机的热键，默认是“Ctrl+Alt+向左键”，用户可以根据自己的情况进行选择，如图 1-53 所示。

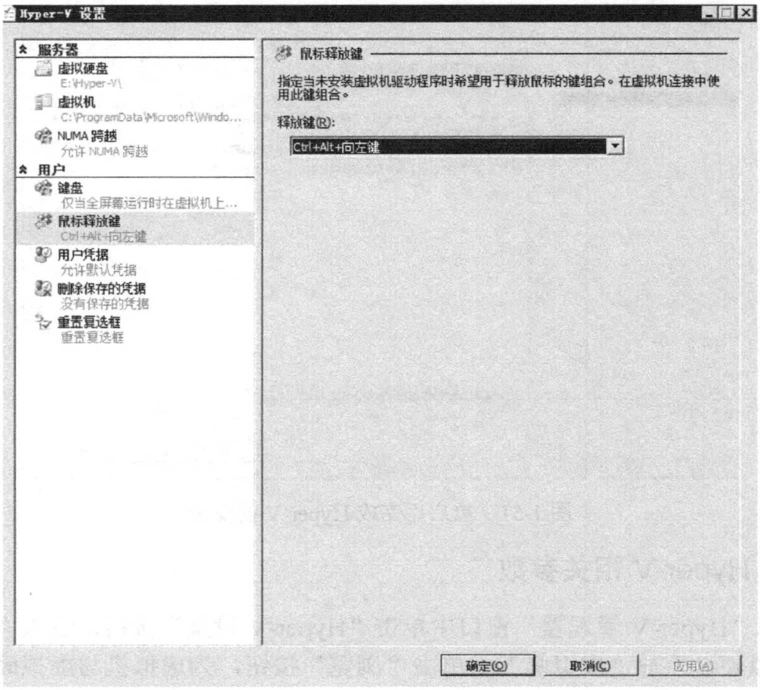

图 1-53　选择鼠标释放键

【注意】如果服务器的显卡是 Intel 集成显卡，并且安装了显卡驱动程序，则“Ctrl+Alt+向左键”与显卡快捷键（将屏幕向左旋转 90 度）冲突，为了避免发生这种情况，可以禁用 Intel 集成显卡的快捷键，或者在图 1-53 中选择其他热键。

任务验收

通过本任务的实施，学会基于 Windows Server 2008 R2 操作系统 Hyper-V 服务的安装与配置。

评价内容	评价标准
基于 Windows Server 2008 R2 操作系统 Hyper-V 服务的安装与配置	在规定时间内，为服务器安装、配置 Hyper-V 服务

拓展练习

使用基于 Windows Server 2008 R2 操作系统的服务器安装 Hyper-V 服务。

任务二　在 Hyper-V 中创建虚拟机

任务描述

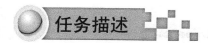

飞越公司的工程师帮助新兴学校在服务器上安装了 Hyper-V 服务后，需要在 Hyper-V 服务器中安装虚拟机。

任务分析

管理员小赵在飞越公司的帮助下，在校园网服务器上，使用 Hyper-V 创建 Windows Server 2008 R2 操作系统的虚拟机。

任务实施

步骤 1：在“Hyper-V 管理器”窗口中，在左侧的任务窗格中选中一个主机并右击，在弹出的快捷菜单中选择“新建”→“虚拟机”选项，如图 1-54 所示。

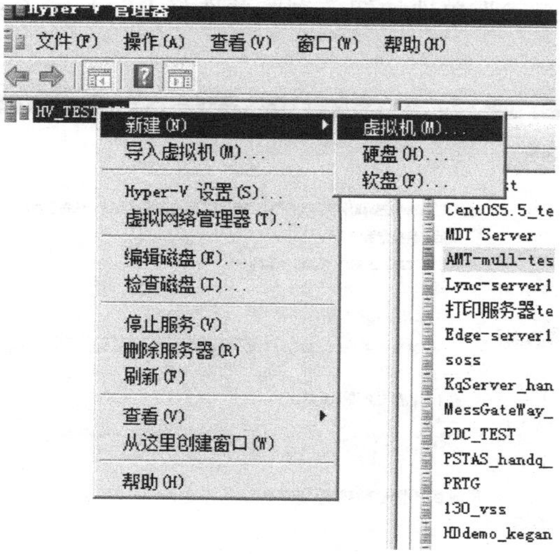

图 1-54　新建虚拟机

步骤 2：弹出“新建虚拟机向导”对话框，在“指定名称和位置”选项卡中，设置新建虚拟机的名称，在本例中为“ws08r2-temp”。在“分配内存”选项卡中，为虚拟机分配内存，一般情况下，设置为 1024MB（即 1GB）即可。

步骤 3：在“配置网络”选项卡中，为虚拟机选择网卡，选择不同的网卡将连接到不同的虚拟网络。在 Hyper-V 虚拟机中，通常选择连接到物理网络的虚拟网卡，Hyper-V 的服务器一般是对外提供服务的。这里选择“lan-虚拟网络”，如图 1-55 所示。

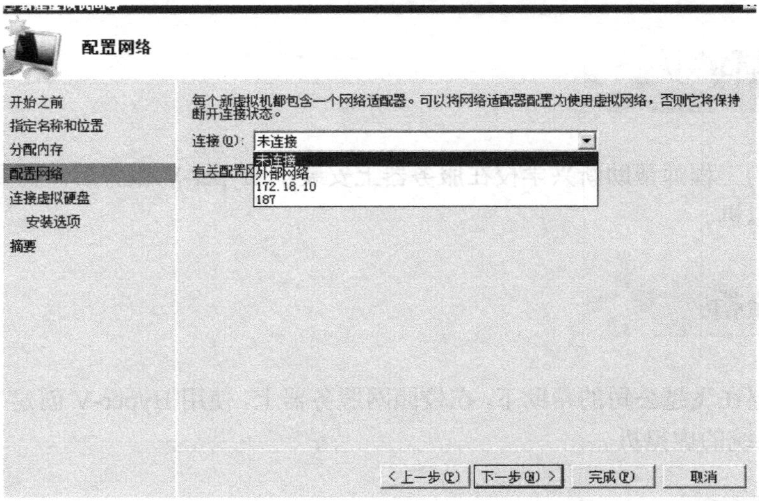

图 1-55　配置网络

步骤 4：在“连接虚拟硬盘”选项卡中，选择“创建虚拟硬盘”，“大小”保持为默认值 127GB。

步骤 5：在“安装选项”选项卡中，选中“从引导 CD/DVD-ROM 安装操作系统”单选按钮，并选中“映像文件（.iso）”单选按钮，浏览并选择 Windows Server 2008 R2 With SP1 的光盘镜像，如图 1-56 所示。

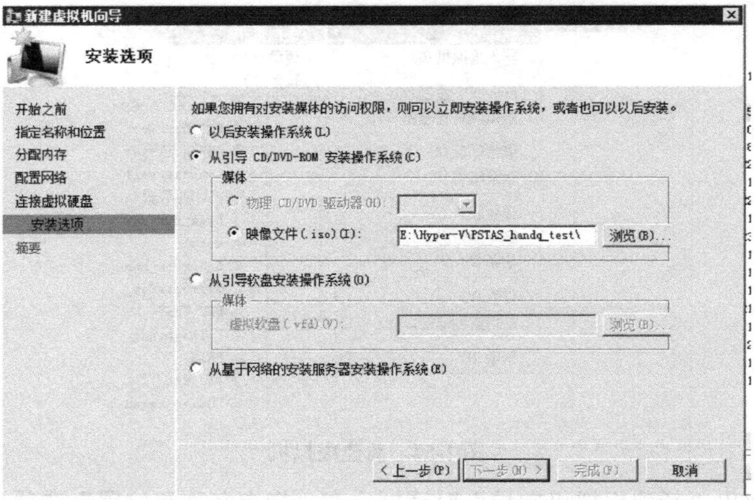

图 1-56　选择操作系统的安装光盘镜像

步骤 6：在查看创建虚拟机的配置信息，如果需要修改，则可单击“上一步”按钮。确认无误后，单击“完成”按钮。

知识链接

Hyper-V 的硬件要求

Hyper-V 对于硬件的支持大大提升了：Hyper-V 支持 4 个虚拟处理器，支持 64GB 内存，并且支持 x64 操作系统；而 Virtual Server 只支持 2 个虚拟处理器，只支持 x86 操作系统。此外，Hyper-V 还支持 VLAN 功能。Hyper-V 基于微内核 Hypervisor 架构，是轻量级的。Hyper-V 中的设备共享架构，支持在虚拟机中使用两类设备：合成设备和模拟设备。

任务验收

通过本任务的实施，学会基于 Hyper-V 上虚拟机的安装。

评价内容	评价标准
基于 Hyper-V 的虚拟机安装	在规定时间内，为 Hyper-V 安装虚拟机

拓展练习

在 Hyper-V Server 2003 R2 的操作系统上安装虚拟机。

任务三　管理 Hyper-V 中的虚拟机

任务描述

网络管理员在 Hyper-V 服务器上安装了虚拟机，对该虚拟机进行设置，如修改该虚拟机的配置，为虚拟机添加或删除硬件，启动虚拟机，为虚拟机创建快照并从快照还原虚拟机，重命名或者删除虚拟机等。

任务分析

在 Hyper-V 中的虚拟机“WS03”上进行基本管理。在“服务器管理器”或者“Hyper-V 管理器”窗口中，可以很方便地对虚拟机进行管理。

任务实施

步骤 1：启动虚拟机，在虚拟机中安装操作系统比较简单。在“Hyper-V 管理器”窗口中，右击“WS03”选项，在弹出的快捷菜单中选择“连接”选项，如图 1-57 所示。

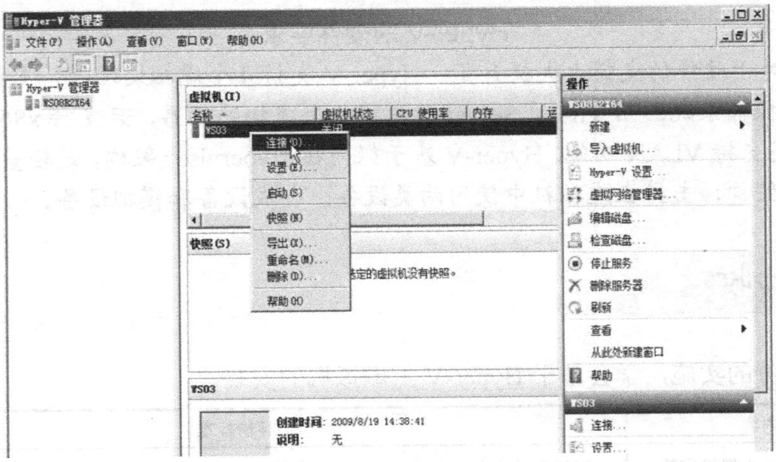

图 1-57　连接虚拟机

步骤 2：在虚拟机的控制台中单击，启动虚拟机，如图 1-58 所示。

步骤 3：此后，可以像在物理机器中一样，在虚拟机中安装 Windows Server 2003。这些内容在此不再赘述。安装后的界面如图 1-59 所示。

图 1-58　虚拟机控制台

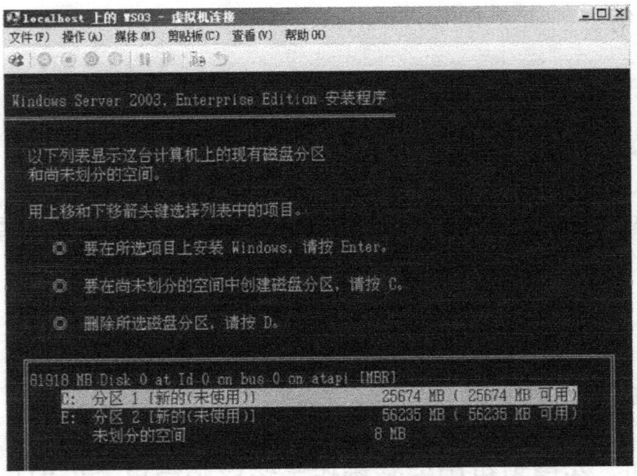

图 1-59　安装 Windows Server 2003 操作系统后的界面

步骤 4：安装完操作系统后，选择“操作”→“插入集成服务安装盘”选项，如图 1-60 所示。

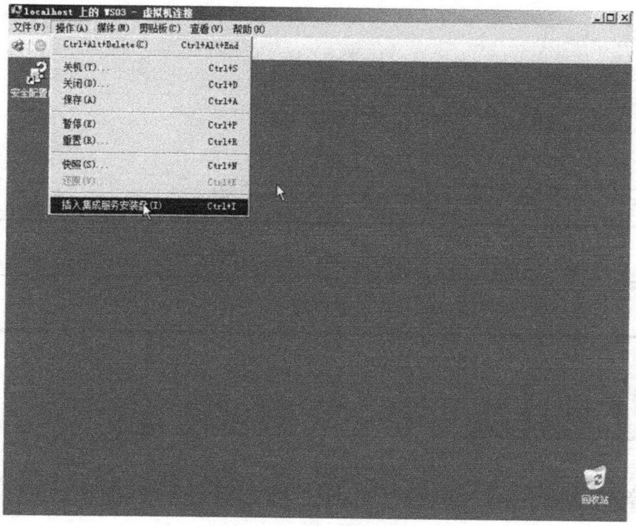

图 1-60　插入集成服务安装盘

步骤 5：安装完成之后，单击“是”按钮，重新启动虚拟机，如图 1-61 所示。

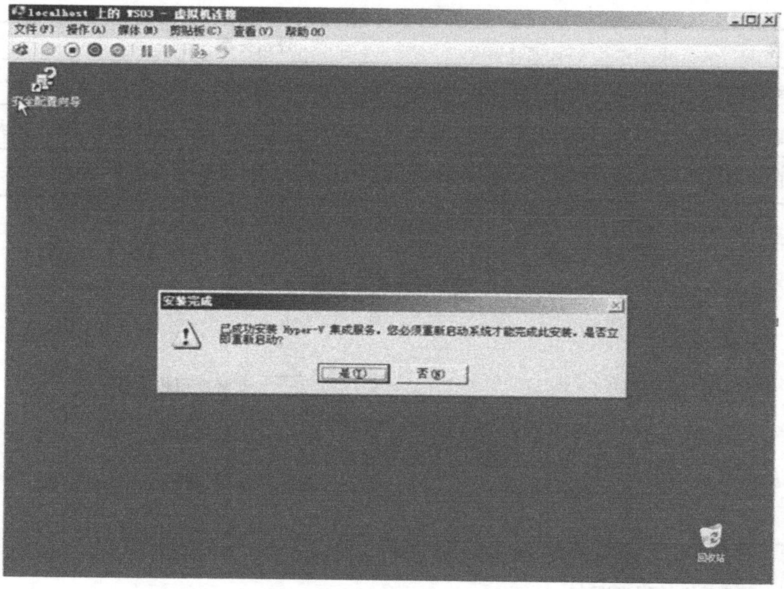

图 1-61　重新启动虚拟机

知识链接

在安装操作系统的过程中，若想从虚拟机返回物理主机，则可按“Ctrl+Alt+←”组合键。这相当于 VMware 中的“Ctrl+Alt”组合键，即从虚拟机返回主机的热键。

在虚拟机中，也可以直接按“Ctrl+I”组合键，与选择“操作”→“插入集成服务安装盘”选项的作用相同。安装完集成服务后，从虚拟机返回主机就不需要热键了，可以直接用鼠标进行切换。

任务验收

通过本任务的实施，学会管理 Hyper-V 上的虚拟机。

评价内容	评价标准
管理 Hyper-V 的虚拟机	熟练操作和管理 Hyper-V 中的虚拟机

拓展练习

通过 Hyper-V 管理 Windows Server 2008 R2 操作系统的虚拟机。

项目评价

考核内容	评价标准
Hyper-V 服务安装配置	与客户确认，在规定时间内，完成 Hyper-V 服务的安装与配置；安装设置与客户需求一致
基于 Hyper-V 的虚拟机安装	与客户确认，在规定时间内，完成虚拟机的安装配置；安装设置与客户需求一致
管理 Hyper-V 的虚拟机	与客户确认，在规定时间内，管理 Hyper-V 虚拟机；管理设置与客户需求一致

单元总结

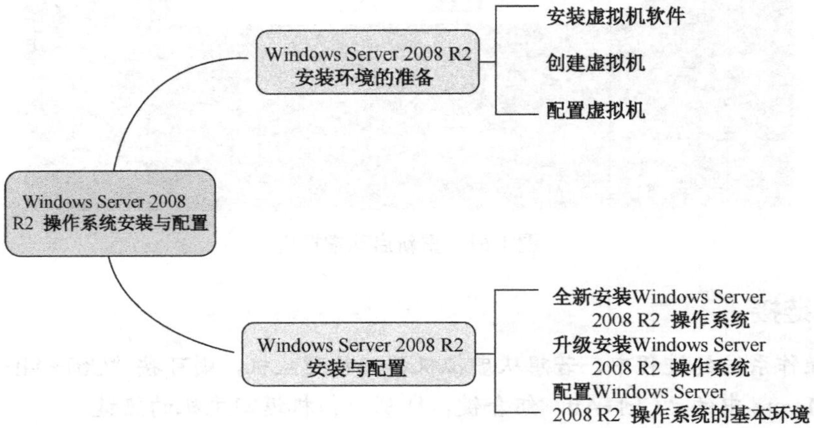

Windows Server 2008 R2 操作系统管理

学习单元二

☆ 单元概要

（1）服务器操作系统一般指的是安装在大型计算机上的操作系统，如 Web 服务器、应用服务器和数据库服务器等，是企业 IT 系统的基础架构平台，也是按应用领域划分的 3 类操作系统之一。Windows Server 2008 R2 是 Microsoft 最新一代的服务器操作系统，功能十分丰富，可以用来构建可靠、灵活的服务器基础结构。现在许多单位的网络操作系统仍然是 Windows Server 2003/2008，这些企业会面临从 Windows Server 2003 或 Windows Server 2008 升级到 Windows Server 2008 R2 的问题。

（2）目前，在全国职业院校技能大赛“网络搭建及应用”中，服务器平台主要使用 Windows Server 2003 R2 和 Windows Server 2008 R2。因此，Windows Server 2008 R2 操作系统管理就变得尤为重要，在此单元将详细讲解 Windows Server 2008 R2 的系统管理。

（3）本单元的系统管理主要包括本地用户与组账户的管理、磁盘管理和文件系统的管理。

☆ 单元情境

新兴学校通过招标选择了飞越公司作为系统集成商，从零开始规划并建设校园网，刚入职的小赵作为学校的网络管理人员与飞越公司全程参与校园网筹建项目。校园网的服务器系统已经确定使用 Microsoft 公司的 Windows Server 2008 R2 操作系统，目前急需完成的工作就是服务器系统的管理。学校希望小赵能认真学习相关专业知识，结合实际需求来分析任务，制定实现方案。

项目一　本地用户与组账户的管理

项目描述

新兴学校的服务器已经采购到位，并且已经安装好 Windows Server 2008 R2 操作系统。管理员小赵了解了 Windows Server 2008 R2 后，准备对操作系统进行本地用户和组账户的管理。小赵要配合飞越公司，在不影响学校服务器正常运转的情况下进行周密的计划和部署。

项目分析

根据新兴学校服务器的实际需求，对正常运行的服务器进行管理，考虑到系统的正常运行，准备在 Windows Server 2008 R2 操作系统上，在不影响学校教师和学生正常使用网络的基础上进行本地用户和组账户的管理。整个项目的认知与分析流程如图 2-1 所示。

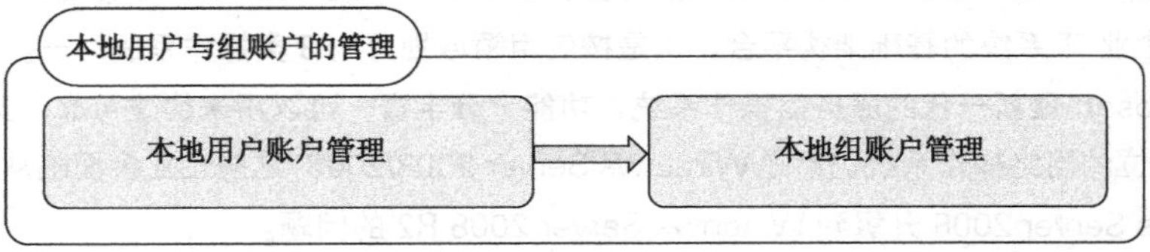

图 2-1　项目流程图

任务一　本地用户账户管理

任务描述

新兴学校信息中心的主任要求管理员小赵对本地用户账户进行账户权限设置，阻止用户可能进行具有危害性的网络操作；使用组规划用户权限，简化账户权限的管理；禁止非法计算机接入网络；应用本地安全策略和组策略制定更详细的安全规则。

任务分析

账户是计算机的基本安全对象，Windows Server 2008 本地计算机包含了两种账户：用户账户和组账户。管理员小赵针对 Windows Server 2008 的用户账户的设置和管理制订了详细周密的计划。

任务实施

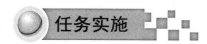

步骤 1：选择“开始”→“管理工具”→“计算机管理”选项，打开“计算机管理”窗口，如图 2-2 所示。

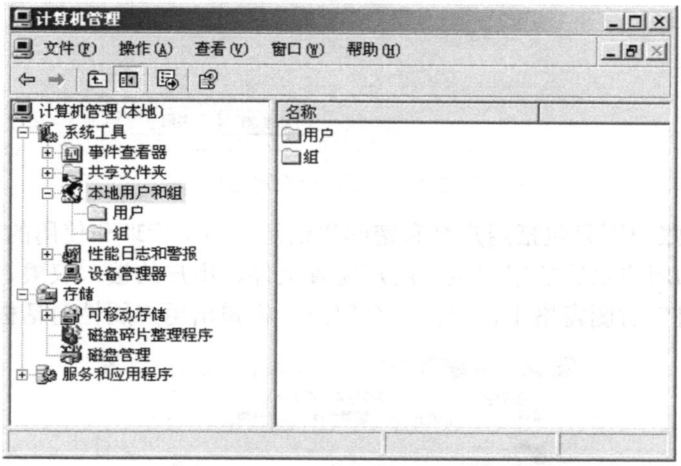

图 2-2 “计算机管理”窗口

步骤 2：在“计算机管理”窗口中，展开“本地用户和组”节点，在“用户”节点上右击，在弹出的快捷菜单中选择“新用户”选项，如图 2-3 所示。

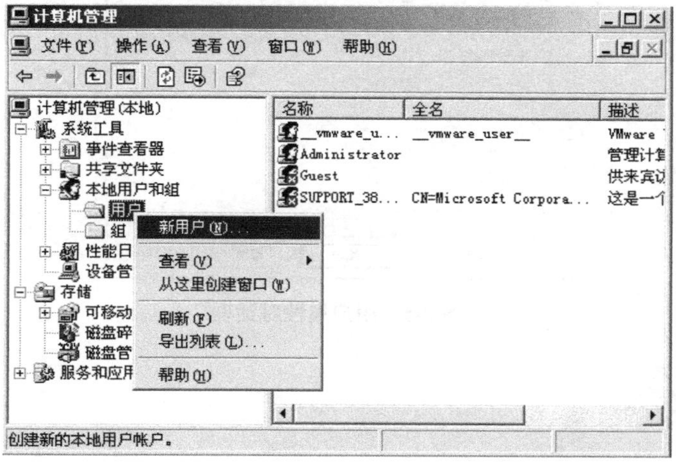

图 2-3 新建用户

步骤 3：弹出“新用户”对话框，输入用户名、全名和描述，输入并确认密码，如图 2-4 所示。

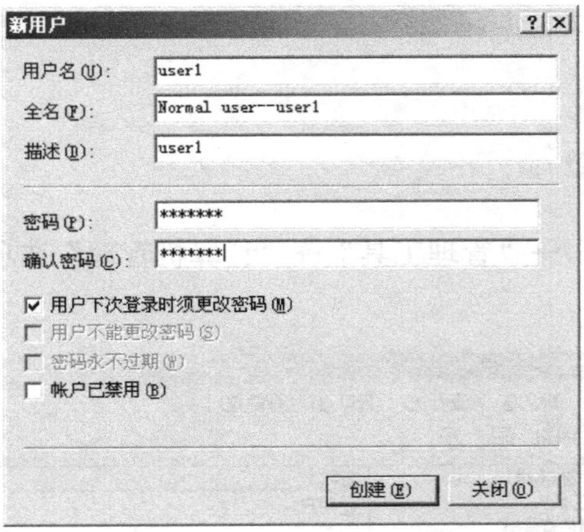

图 2-4 “新用户”对话框

步骤 4：用户账户不只包括用户名和密码等信息，为了管理和使用的方便，用户还可以包括其他属性，如用户隶属的用户组、用户配置文件、用户的拨入权限、终端用户设置等。在“本地用户和组”右侧窗格中，双击一个用户，将弹出用户属性对话框，如图 2-5 所示。

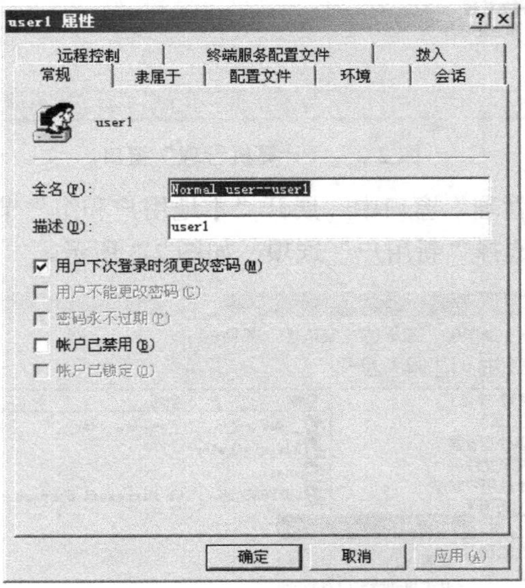

图 2-5 用户属性对话框

任务验收

通过本任务的实施，学会本地用户账户管理的基础操作。

评价内容	评价标准
本地用户账户管理	在规定时间内，完成本地用户账户管理的操作

拓展练习

在虚拟机中实现本地用户账户的管理操作。

项目评价

考核内容	评价标准
Windows Server 2008 R2 本地用户账户的管理	熟练配置 Windows Server 2008 R2 本地用户账户，并了解本地用户账户的管理

任务二　本地组账户的管理

任务描述

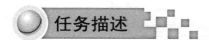

新兴学校信息中心的主任要求管理员小赵对本地组账户进行账户权限设置，阻止用户可能进行具有危害性的网络操作；使用组规划用户权限，简化账户权限的管理；禁止非法计算机接入网络；应用组策略制定更详细的安全规则。

任务分析

账户是计算机的基本安全对象，Windows Server 2008 本地计算机包含两种账户：用户账户和组账户。管理员小赵针对 Windows Server 2008 组账户的设置和管理制订了详细周密的计划。

任务实施

步骤 1：本地组账户管理。在“计算机管理”窗口中展开“本地用户和组”节点，在“组”节点上右击，在弹出的快捷菜单中，选择“新建组”选项。在弹出的“新建组”对话框中输入组名和描述，单击“创建”按钮即可完成创建，如图 2-6 所示。

步骤 2：当计算机中的组不需要时，系统管理员可以对组执行清除操作。每个组都拥有一个唯一的安全标识符（SID），所以一旦删除了用户组，就不能重新恢复，即使新建一个与被删除组有相同名称和成员的组，也不会与被删除组有相同的特性和特权。在“计算机管理”窗口中选择要删除的组账户，执行删除操作，在弹出的对话框中单击“是”按钮即可，如图 2-7 所示。

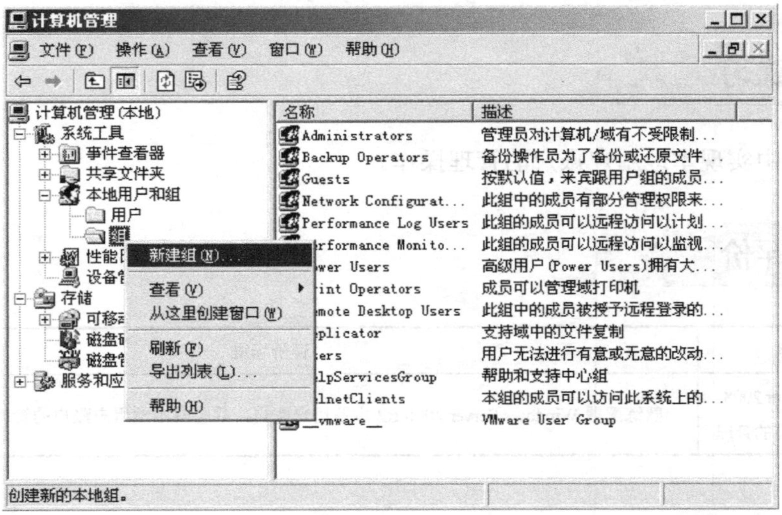

图 2-6 创建组

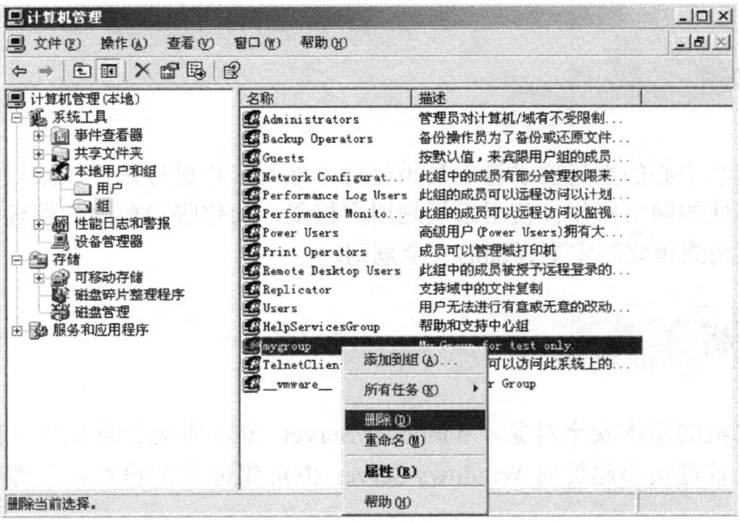

图 2-7 删除组

步骤 3：管理员只能删除新增的组，不能删除系统内置的组。当管理员删除系统内置组时，系统将拒绝删除操作。

步骤 4：重命名组的操作与删除组的操作类似，只需要在弹出的快捷菜单中选择“重命名”选项，输入相应的名称即可。

任务验收

通过本任务的实施，学会本地组账户管理的基础操作。

评价内容	评价标准
本地组账户管理	在规定时间内，完成本地组账户管理的操作

拓展练习

在虚拟机中实现本地组账户管理的操作。

项目评价

考核内容	评价标准
Windows Server 2008 R2 本地组账户的管理	熟练配置 Windows Server 2008 R2 本地组账户管理，并了解本地组账户的管理操作

项目二 磁盘管理

项目描述

新兴学校的服务器已经采购到位，并且已经安装好 Windows Server 2008 R2 操作系统。管理员小赵了解了 Windows Server 2008 R2 后，准备对磁盘进行管理，以满足校园网服务器系统快速运行和存储的需要。小赵配合飞越公司，在不影响学校服务器正常运转的情况下进行了周密的计划和部署。

项目分析

根据新兴学校服务器的实际需求，对正常运行的服务器进行磁盘管理，考虑到系统的正常运行，准备在 Windows Server 2008 R2 操作系统上，在不影响学校教师和学生正常使用网络的基础上进行基本磁盘和动态磁盘的管理。整个项目的认知与分析流程如图 2-8 所示。

图 2-8 项目流程图

任务一　基本磁盘管理

任务描述

新兴学校校园网的服务器已经正常运行，但教师在访问服务器时经常反映速度慢，管理员小赵也发现服务器的磁盘空间即将用完，小赵决定添置大容量磁盘为内部员工提供网络存储、文件共享、数据库等网络服务功能，满足日常的办公需求，主要解决速度慢、空间不够等问题。

任务分析

基本磁盘的管理是基于卷的管理。卷是由一个或者多个磁盘上的可用空间组成的存储单元，可以将它格式化为一种文件系统并分配驱动器号。基本磁盘具有提供容错、提高磁盘利用率和访问效率的功能，所以小赵要配合飞越公司实现基本磁盘的管理。

任务实施

一、基本卷的管理

步骤：在“服务器管理器”窗口中，展开“存储”节点，单击“磁盘管理”节点即可管理基本卷，如图 2-9 所示。

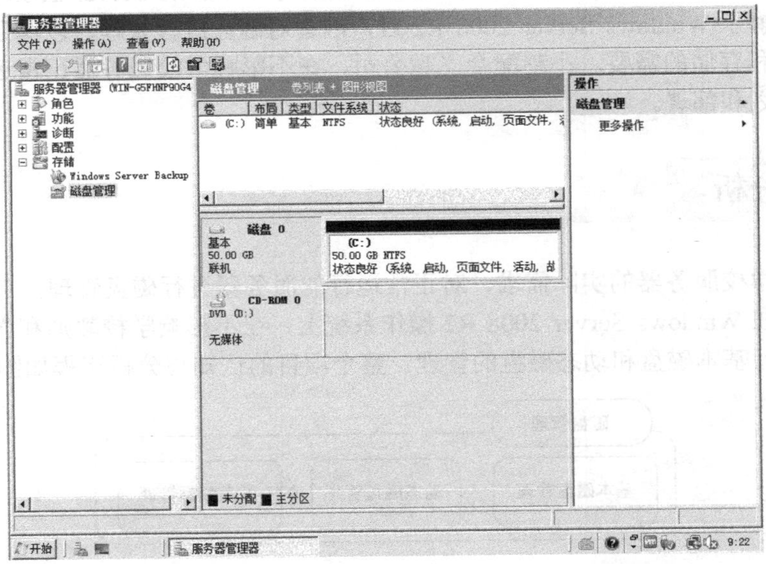

图 2-9　磁盘管理

二、压缩卷管理

如果想将磁盘中尚未使用的剩余空间划分为另一个可用空间，则可以利用系统提供的压缩功能来实现。

步骤 1：右击 C 磁盘，在弹出的快捷菜单中选择“压缩卷”选项，弹出压缩对话框，输入要腾出的空间大小即可，如图 2-10 所示。

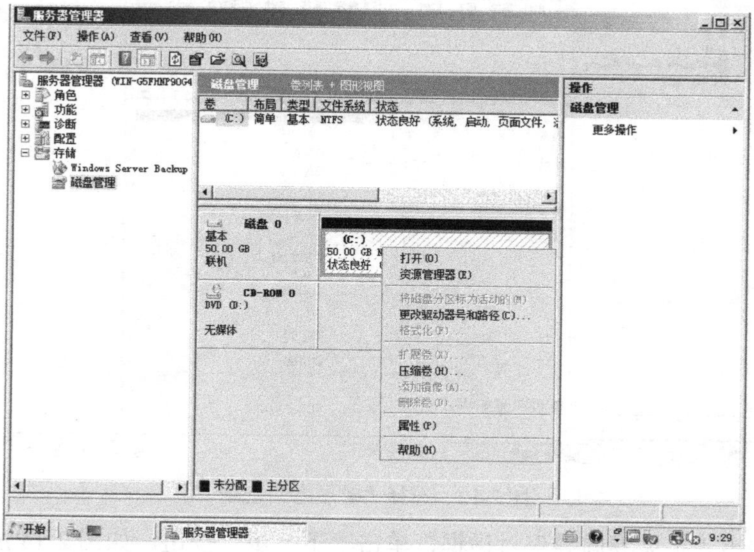

图 2-10　选择“压缩卷”选项

步骤 2：单击“压缩”按钮，如图 2-11 所示。

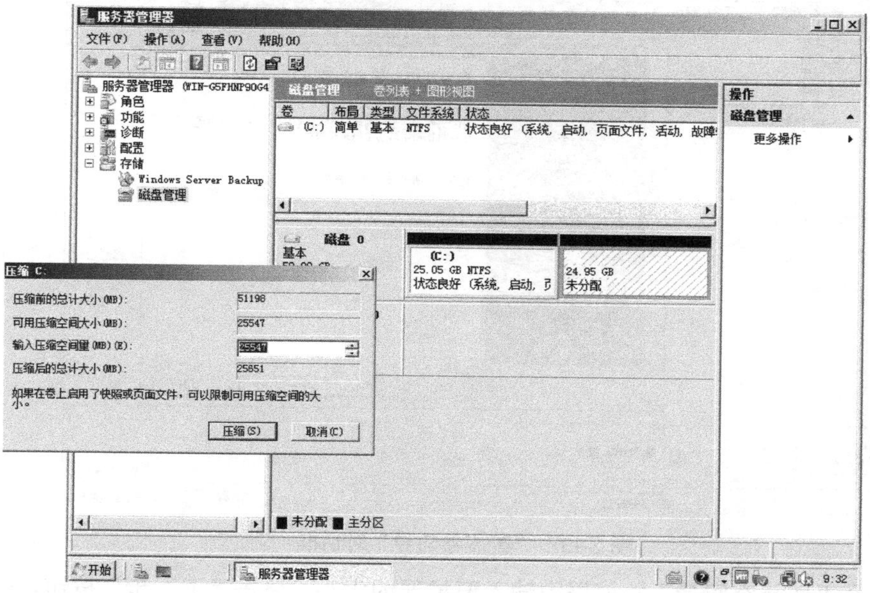

图 2-11　压缩设置

三、扩展卷管理

步骤 1：右击 C 磁盘，在弹出的快捷菜单中选择“扩展卷”选项，如图 2-12 所示。

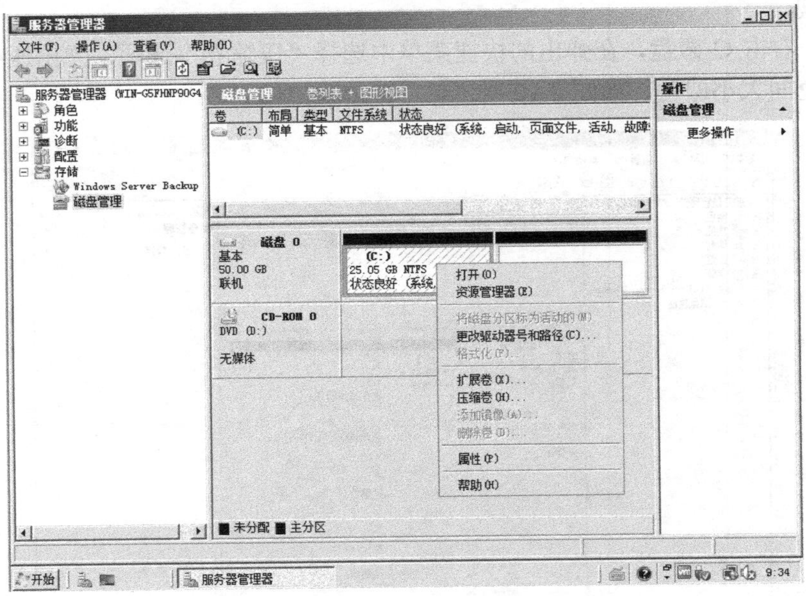

图 2-12 选择“扩展卷”选项

步骤 2：弹出“扩展卷向导”对话框，单击“下一步”按钮，如图 2-13 所示。

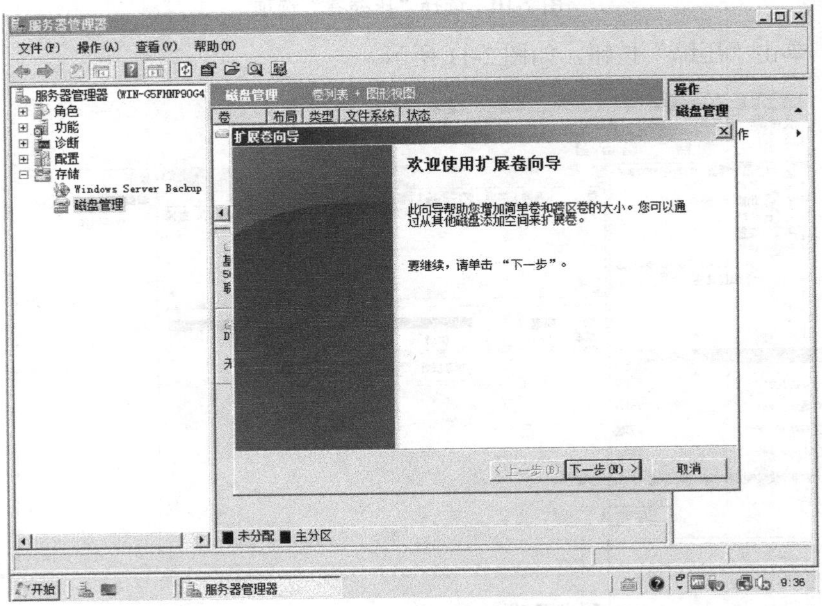

图 2-13 “扩展卷向导”对话框

步骤 3：在“选择空间量”数值框中输入要扩展的大小，单击“下一步”按钮，如图 2-14 所示。

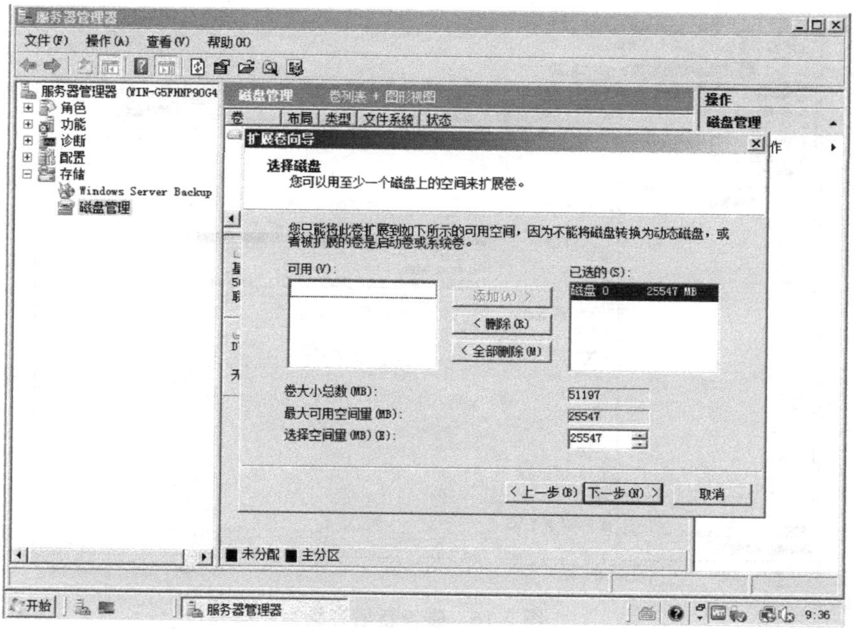

图 2-14 输入扩展卷大小

步骤 4：单击“完成”按钮即可，如图 2-15 所示。

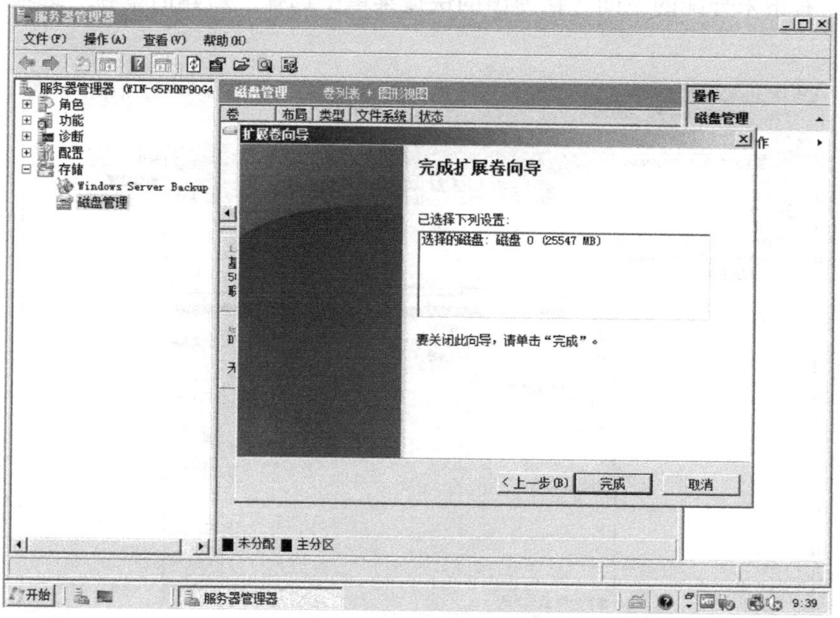

图 2-15 完成扩展卷设置

步骤 5：此时，会看到 C 磁盘增加到了 50GB，如图 2-16 所示。

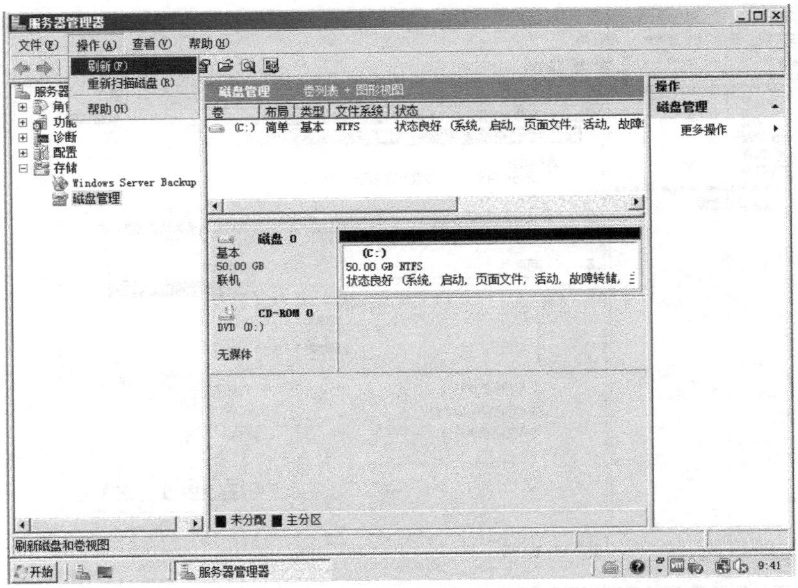

图 2-16 磁盘新增容量

四、创建主分区

步骤 1：右击未分配的空间，在弹出的快捷菜单中选择“新建简单卷”选项，如图 2-17 所示。

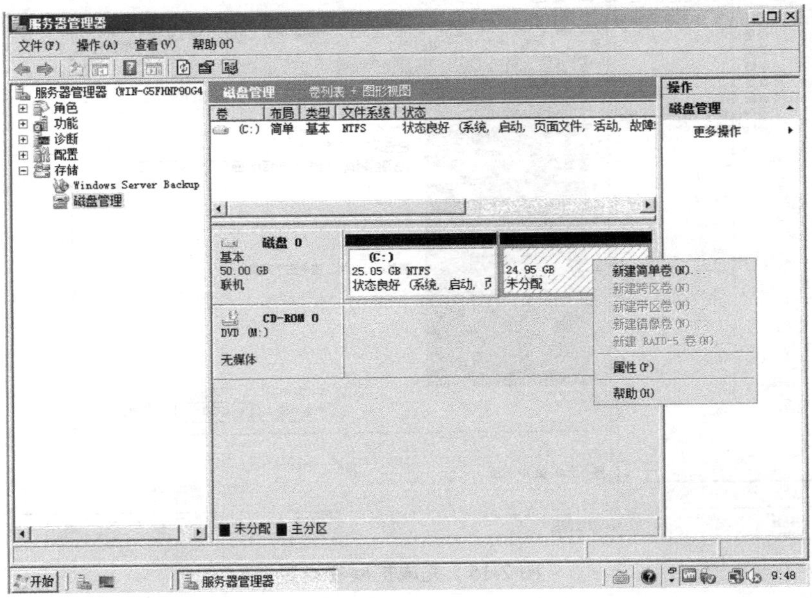

图 2-17 选择“新建简单卷”选项

步骤 2：弹出“新建简单卷向导”对话框时，单击“下一步”按钮，如图 2-18 所示。

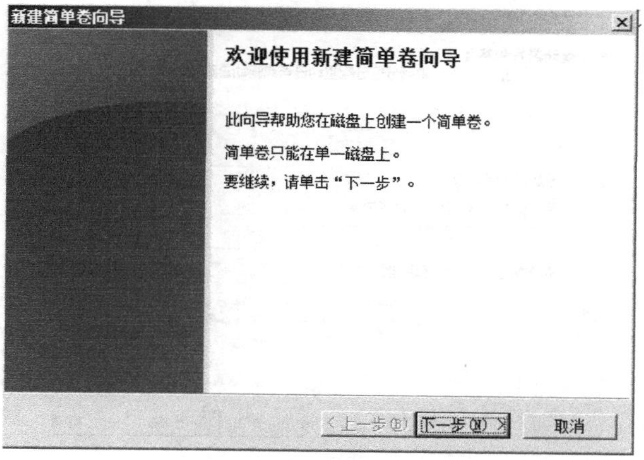

图 2-18 “新建简单卷向导”对话框

步骤 3：设置简单卷的大小后单击“下一步”按钮，如图 2-19 所示。

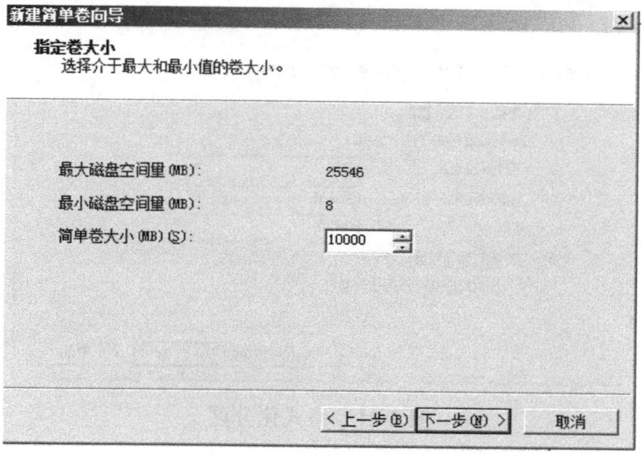

图 2-19 指定卷大小

知识链接

装入以下空白 NTFS 文件夹中：即指定一个空的 NTFS 文件夹（其内不可以有任何的文件）来表示此分区。例如，若利用 C:\Tools 来代表此分区，则以后所有存储到 C:\Tools 的文件都会被存储到此分区中。这个功能可帮助用户摆脱只有 26 个驱动器号（A～Z）可用的困境。

步骤 4：分配磁盘驱动器号和路径后，单击“下一步”按钮，如图 2-20 所示。

步骤 5：默认要将磁盘格式化，选中“执行快速格式化”复选框，单击“下一步”按钮，如图 2-21 所示。

步骤 6：分配单元大小是磁盘的最小访问单元，其大小必须适中。除非有特殊要求，否则最好使用默认值，如果分配 8KB，写入一个 5KB 的文件时，系统自动会分配 8KB，这样就会浪费 3KB；如果分配了 1KB，此系统必须连续分配 5 次，这将影响系统的效率。弹出“正在完成新建简单卷向导”对话框时，单击“完成”按钮，如图 2-22 所示。

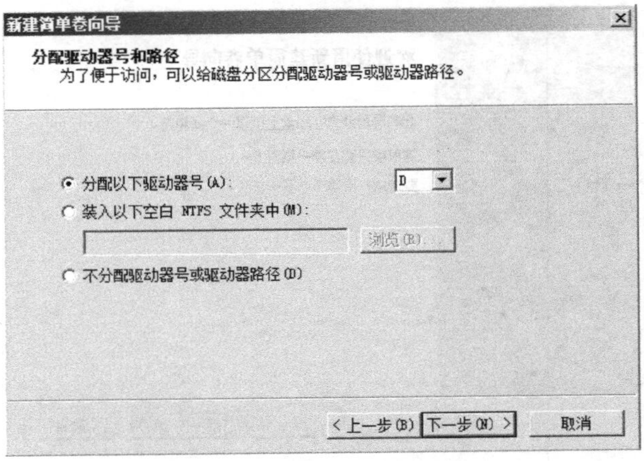

图 2-20　分配驱动器号和路径

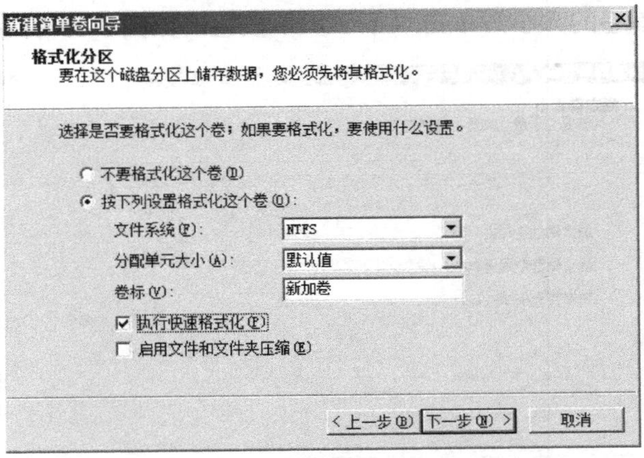

图 2-21　格式化分区

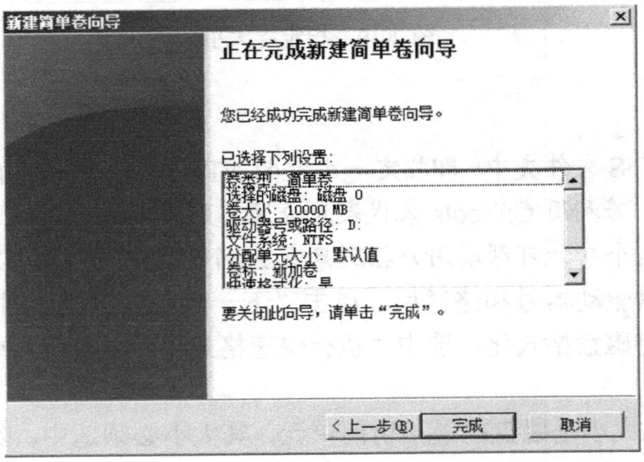

图 2-22　完成简单卷的创建

步骤 7：此后，系统会将磁盘分区格式化，完成后新加卷（D）的容量为 9.77GB，如图 2-23 所示。

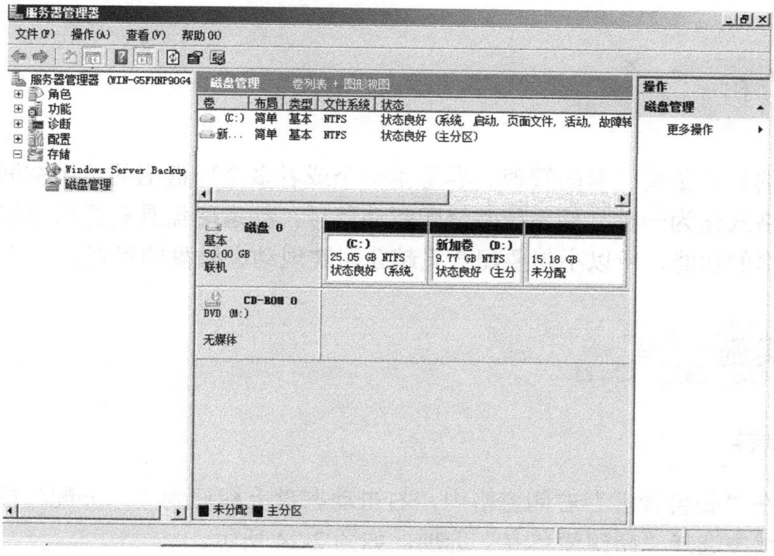

图 2-23 磁盘新增容量

任务验收

通过本任务的实施，学会基本磁盘管理操作。

评价内容	评价标准
基本磁盘管理	在规定时间内，根据客户需求完成基本磁盘管理的操作

拓展练习

使用虚拟机软件，根据任务实施完成基本磁盘的初步创建。

任务二 动态磁盘管理

任务描述

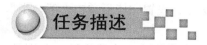

新兴学校校园网的服务器已经正常运行，但教师在访问服务器时经常反映速度慢，管理员小赵也发现服务器的磁盘空间即将用完，基本磁盘管理已经无法满足目前的需要，小赵决定添置大容量动态磁盘，为内部员工提供网络存储、文件共享、数据库等网络服务功能，满足日常的办公需求，解决速度慢、空间不够等问题。

任务分析

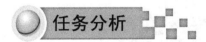

动态磁盘的管理是基于卷的管理。卷是由一个或者多个磁盘上的可用空间组成的存储单元，可以将它格式化为一种文件系统并分配驱动器号。动态磁盘具有提供容错、提高磁盘利用率和访问效率的功能，所以小赵要配合飞越公司实现动态磁盘的管理。

任务实施

一、简单卷

步骤 1：在“磁盘管理”右侧窗格中，右击动态盘上标记为“未分配”的可用空间，在弹出的快捷菜单中选择“新建简单卷”选项，如图 2-24 所示。

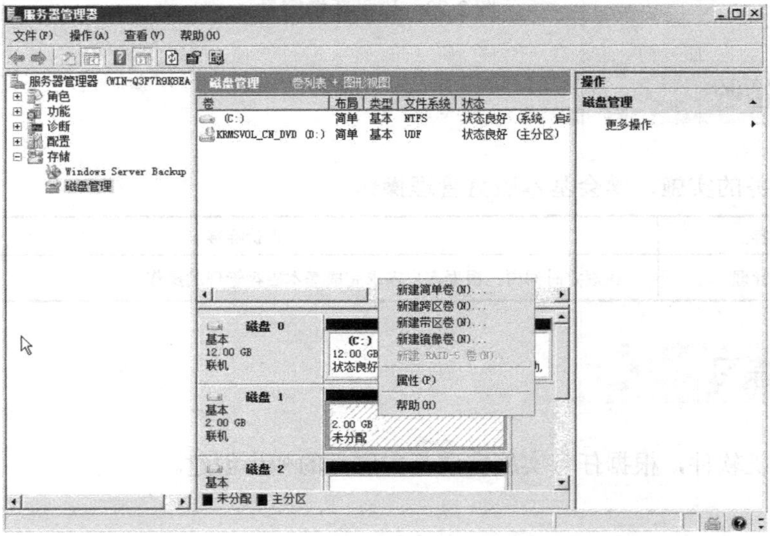

图 2-24 新建简单卷

步骤 2：在弹出的“新建简单卷向导”对话框中列出了新建卷的最大容量和最小容量。默认情况下，简单卷的大小等于磁盘上剩余的未指派空间的大小。设置完毕后单击“下一步”按钮，如图 2-25 所示。

步骤 3：弹出“分配驱动器号和路径”对话框，该对话框中提供了 3 个可选项，分别是“分配以下驱动器号”、“装入以下空白 NTFS 文件夹中”，或者“不分配驱动器号或驱动器路径”。选中“分配以下驱动器号”单选按钮，并单击“下一步”按钮，如图 2-26 所示。

步骤 4：在弹出的“格式化分区”对话框中可以选择卷的格式化类型。另外，要指定分配单位大小和设置卷标。选中“执行快速格式化”复选框，如图 2-27 所示，并依次单击“下一步”和“完成”按钮，向导会开始创建并配置卷。

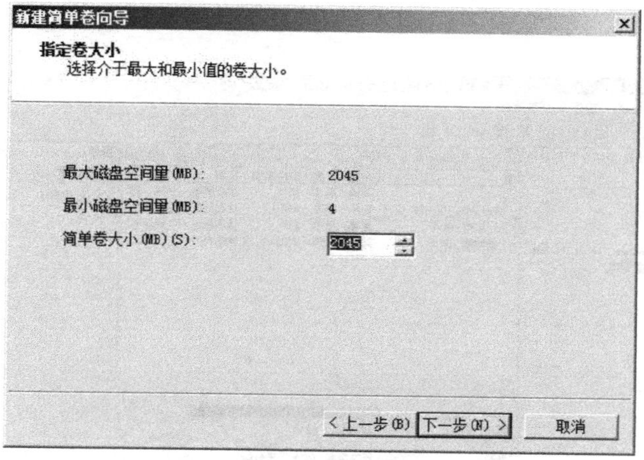

图 2-25　指定简单卷大小

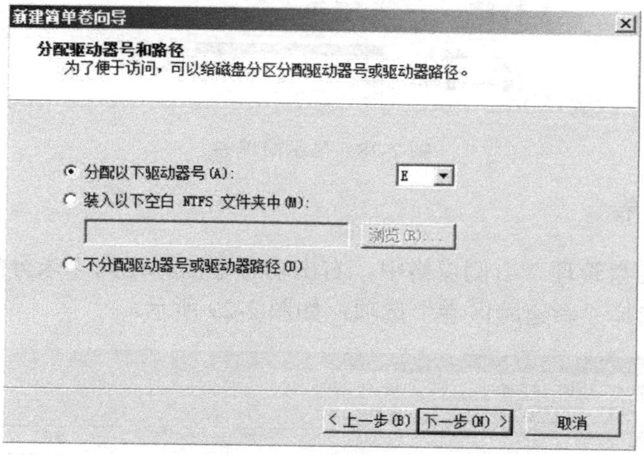

图 2-26　分配驱动器号和路径

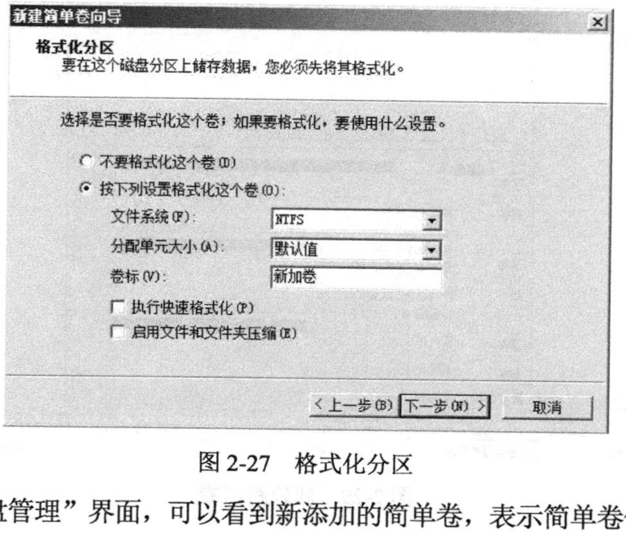

图 2-27　格式化分区

步骤 5：在“磁盘管理”界面，可以看到新添加的简单卷，表示简单卷创建成功，如图 2-28

所示。

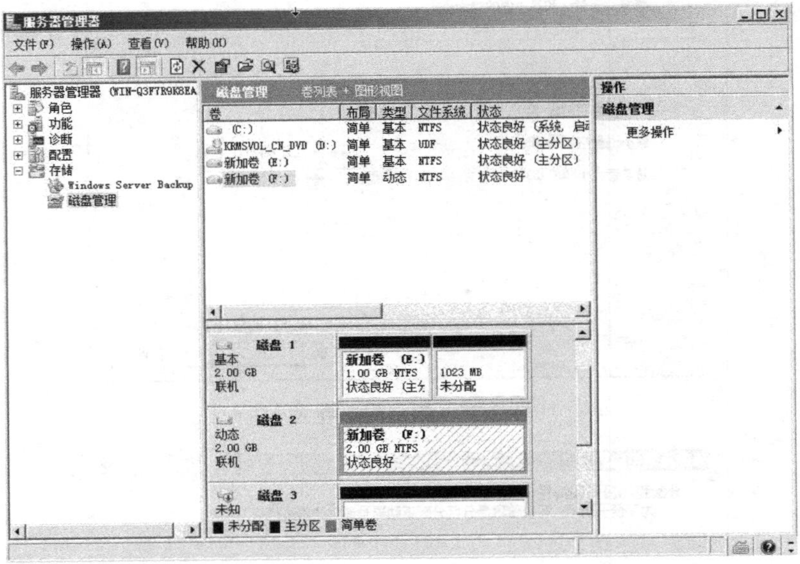

图 2-28　显示简单卷

二、新建跨区卷

步骤 1：在“磁盘管理”右侧窗格中，右击动态盘上标记为“未分配”的可用空间，在弹出的快捷菜单中选择“新建跨区卷”选项，如图 2-29 所示。

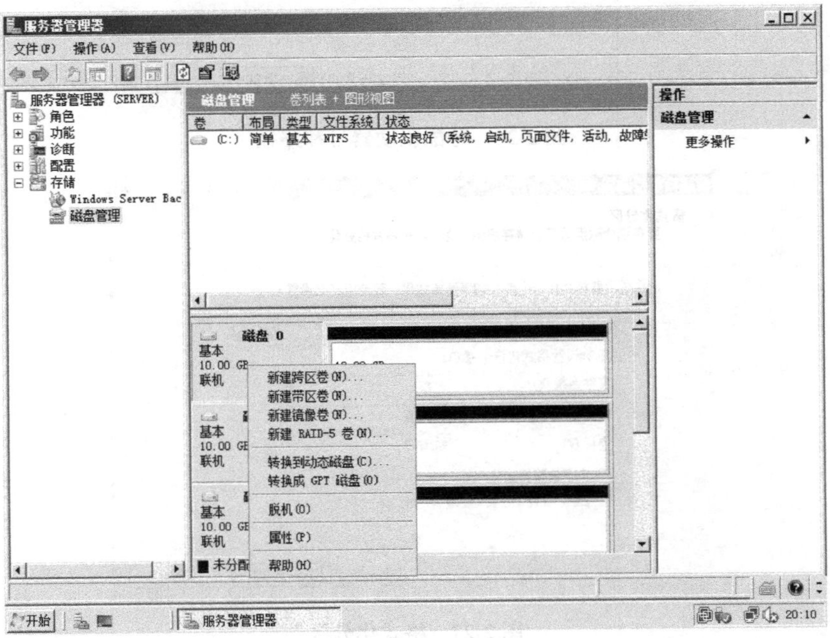

图 2-29　新建跨区卷

步骤 2：在弹出的“新建跨区卷”对话框中列出了新建卷的最大容量和最小容量。默认情况下，跨区卷的大小等于磁盘上剩余的未指派空间的大小。设置完毕后单击“下一步”按钮，如图 2-30 和图 2-31 所示。

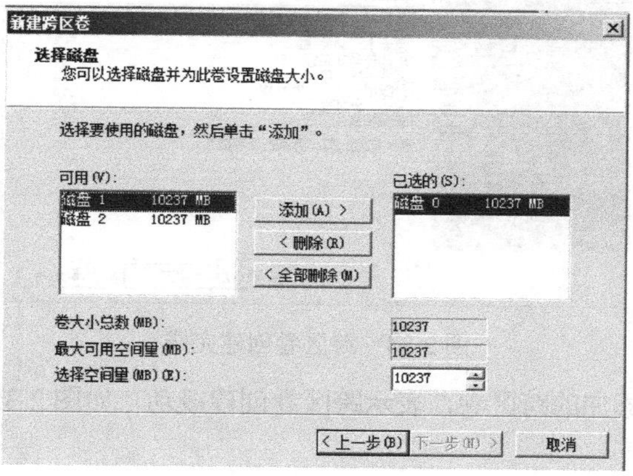

图 2-30 选择磁盘（一）

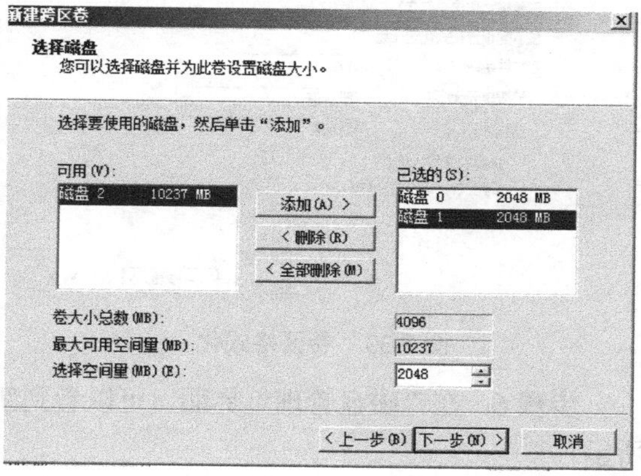

图 2-31 选择磁盘（二）

步骤 3：弹出“分配驱动器号和路径”对话框，该对话框中提供了 3 个可选项，分别是“分配以下驱动器号”、“装入以下空白 NTFS 文件夹中”，或者“不分配驱动器号或驱动器路径”。选中“分配以下驱动器号”单选按钮，并单击“下一步”按钮，如图 2-32 所示。

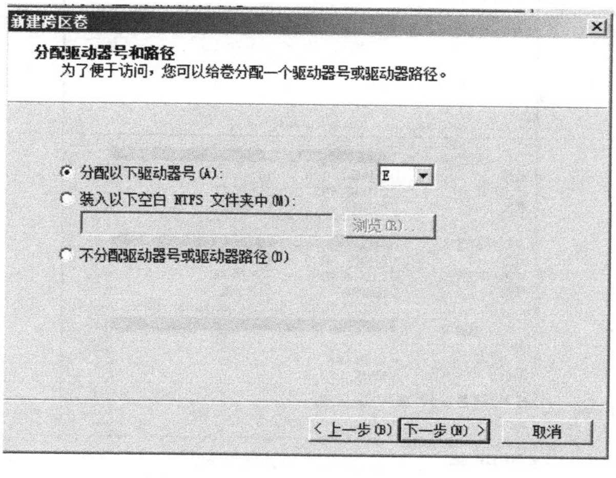

图 2-32 分配驱动器号和路径

步骤 4：在弹出的“卷区格式化”对话框中可以选择卷的格式化类型。指定分配单元的大小和卷标，选中“执行快速格式化”复选框，单击“下一步”按钮，向导会开始创建并配置卷，如图 2-33 所示。

步骤 5：单击“完成”按钮，跨区卷创建完成，如图 2-34 所示。

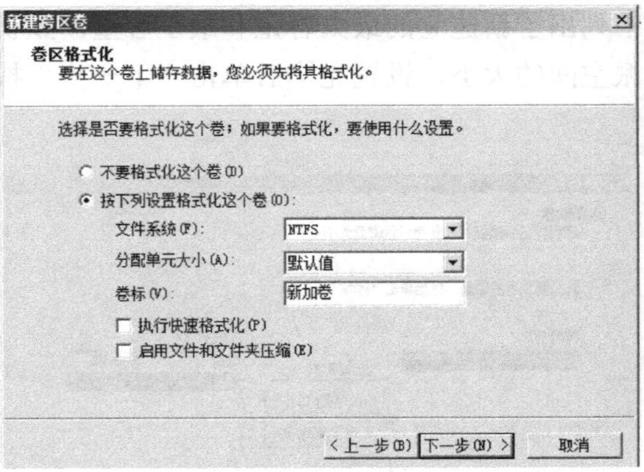

图 2-33　卷区格式化

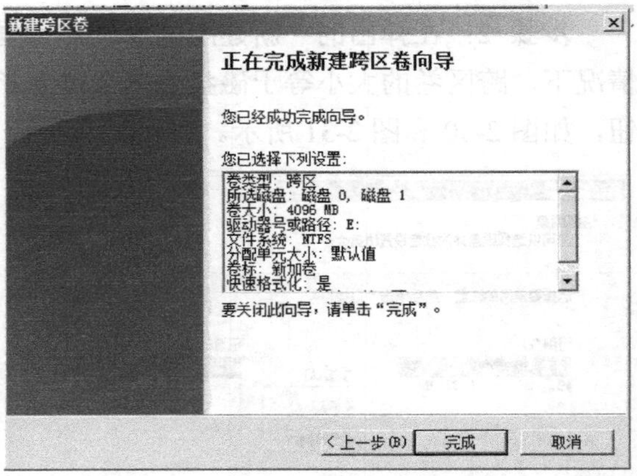

图 2-34　跨区卷创建完成

步骤 6：在“磁盘管理”界面，可以看到新添加的跨区卷，表示跨区卷创建成功，如图 2-35 所示。

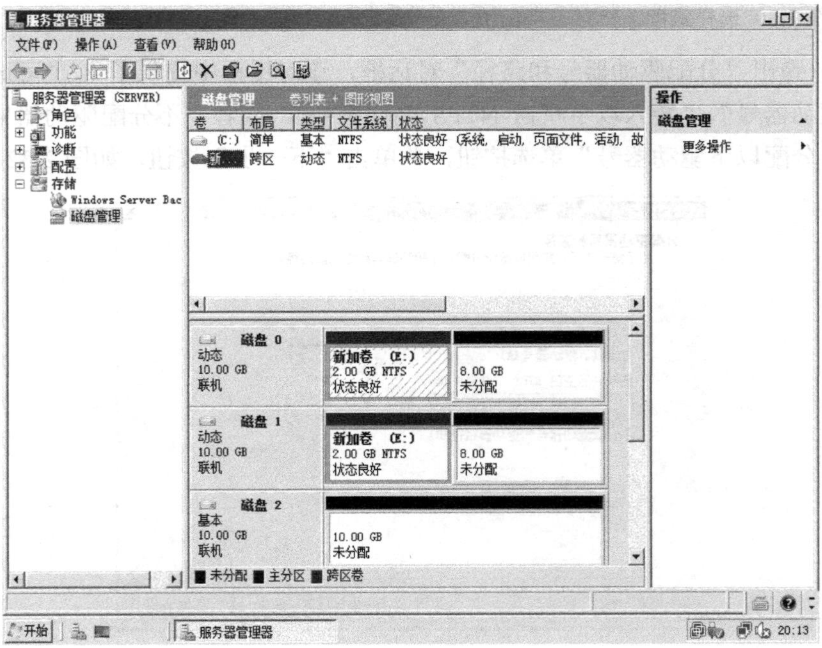

图 2-35　显示跨区卷

三、新建带区卷

步骤 1：在“磁盘管理”右侧窗格中右击动态盘上标记为“未分配”的可用空间，在弹出的快捷菜单中选择“新建带区卷”选项，如图 2-36 所示。

步骤 2：在弹出的“新建跨区卷”对话框中列出了新建卷的最大容量和最小容量。默认情况下，带区卷的大小等于磁盘上剩余的未指派空间的大小。设置完毕后单击“下一步”按钮，如图 2-37 所示。

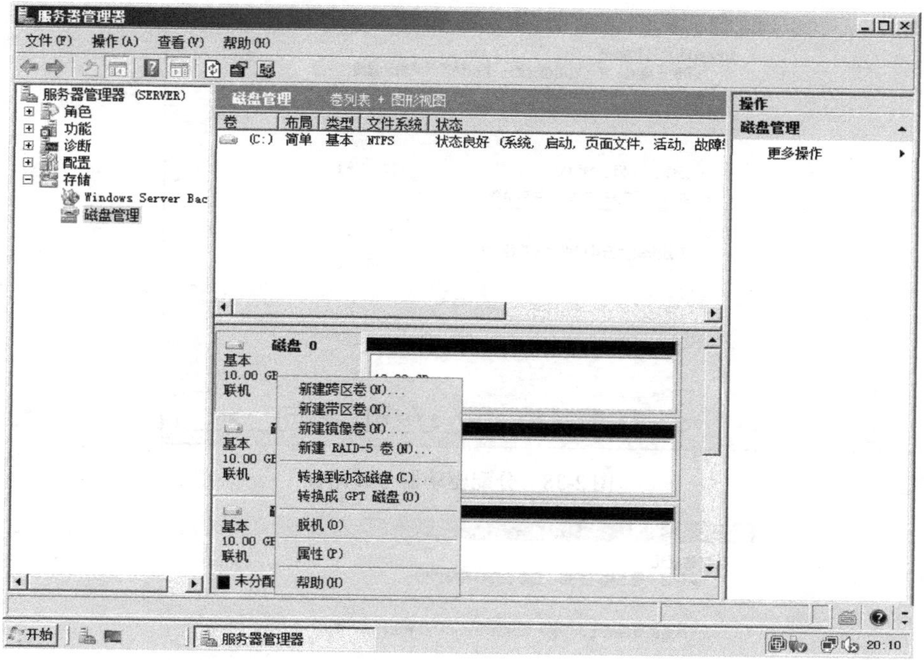

图 2-36　新建带区卷

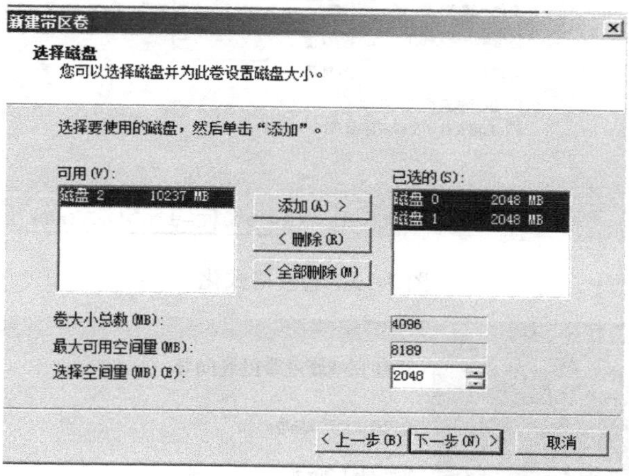

图 2-37　选择磁盘

步骤 3：弹出“分配驱动器号和路径”对话框。选中“分配以下驱动器号”单选按钮，并单击“下一步”按钮，如图 2-38 所示。

步骤 4：在弹出的“卷区格式化”对话框中可以选择卷的格式化类型。指定分配单位大小和卷标，选中“执行快速格式化”复选框，单击“下一步”按钮，向导会开始创建并配置卷，如图 2-39 所示。

步骤 5：单击“完成”按钮，带区卷创建完成，如图 2-40 所示。

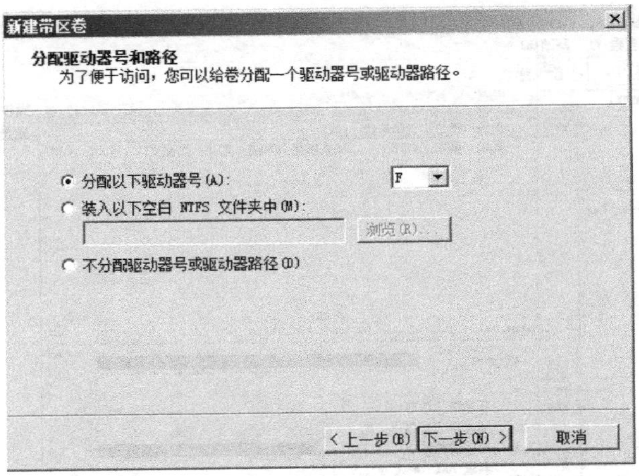

图 2-38　分配驱动器号和路径

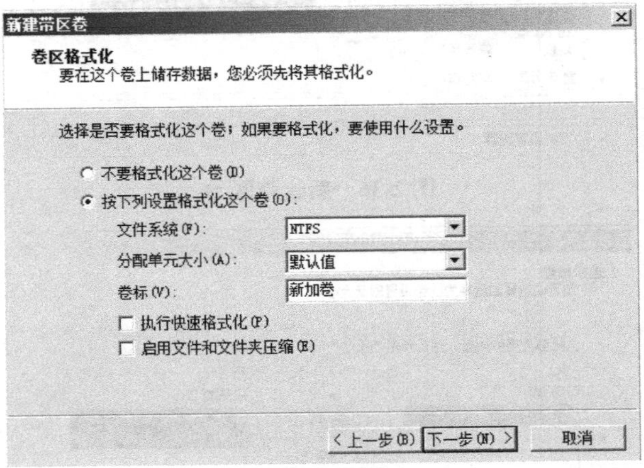

图 2-39　卷区格式化

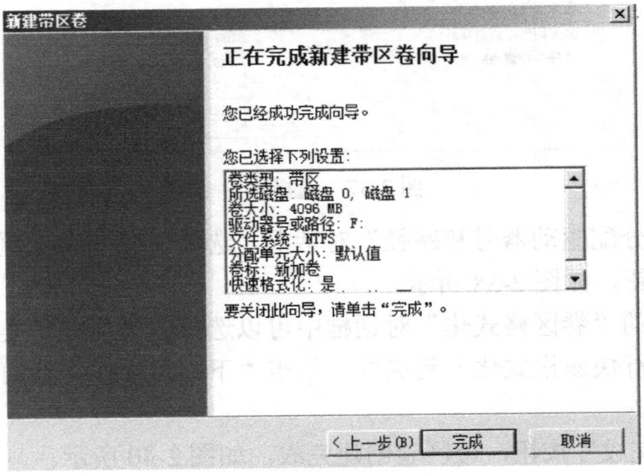

图 2-40　带区卷创建完成

步骤 6：在“磁盘管理”界面，可以看到新添加的带区卷，表示创建成功，如图 2-41 所示。

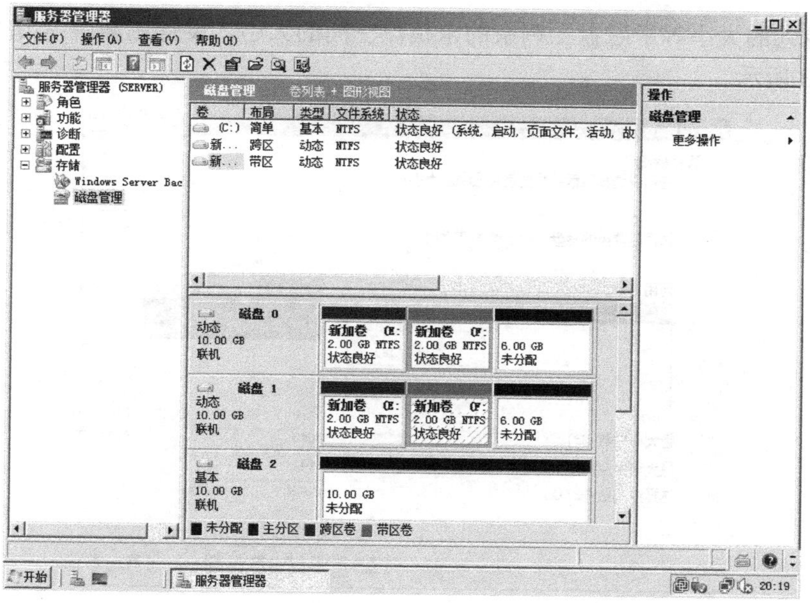

图 2-41 显示带区卷

四、新建镜像卷

步骤 1：在“磁盘管理”右侧窗口中右击动态盘上标记为“未分配”的可用空间，在弹出的快捷菜单中选择“新建镜像卷”选项，如图 2-42 所示。

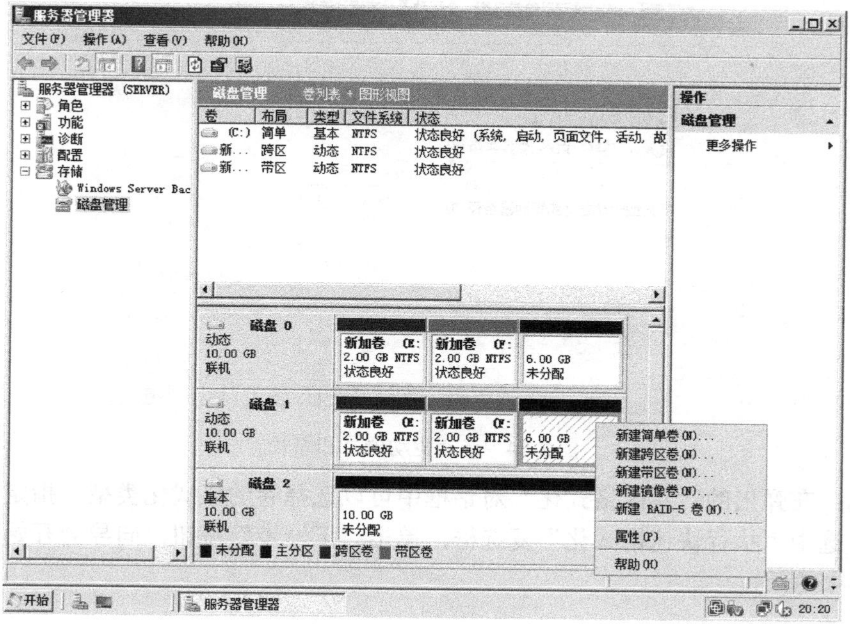

图 2-42 新建镜像卷

步骤 2：在弹出的“新建镜像卷”对话框中列出了新建卷的最大容量和最小容量。默认情况下，镜像卷的大小等于磁盘上剩余的未指派空间的大小。设置完毕后单击“下一步”按钮，如图 2-43 所示。

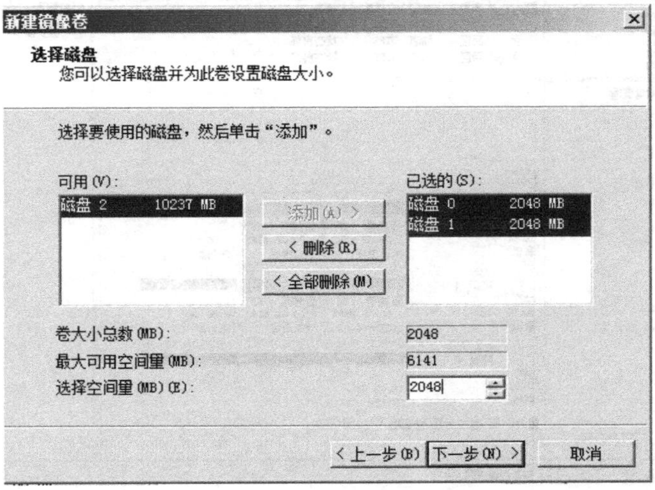

图 2-43　选择磁盘

步骤 3：弹出“分配驱动器号和路径”对话框。选中“分配以下驱动器号”单选按钮，并单击“下一步”按钮，如图 2-44 所示。

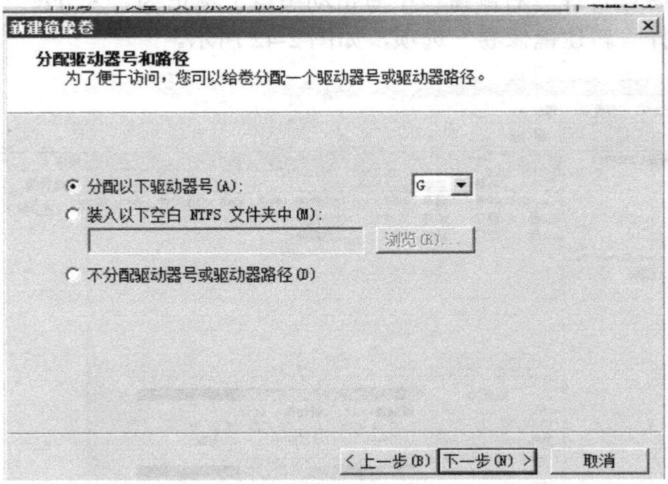

图 2-44　选择驱动器号和路径

步骤 4：在弹出的“卷区格式化”对话框中可以选择卷的格式化类型。指定分配单位大小和卷标，选中“执行快速格式化”复选框，单击“下一步”按钮，向导会开始创建并配置卷，如图 2-45 所示。

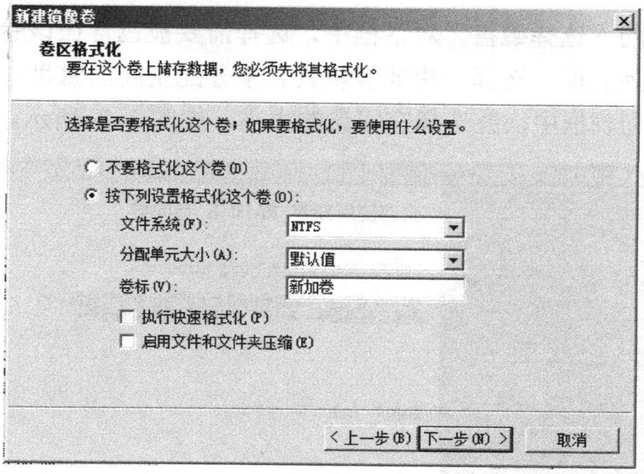

图 2-45　卷区格式化

步骤 5：创建完成后，在“磁盘管理”界面，可以看到新添加的镜像卷，表示创建成功，如图 2-46 所示。

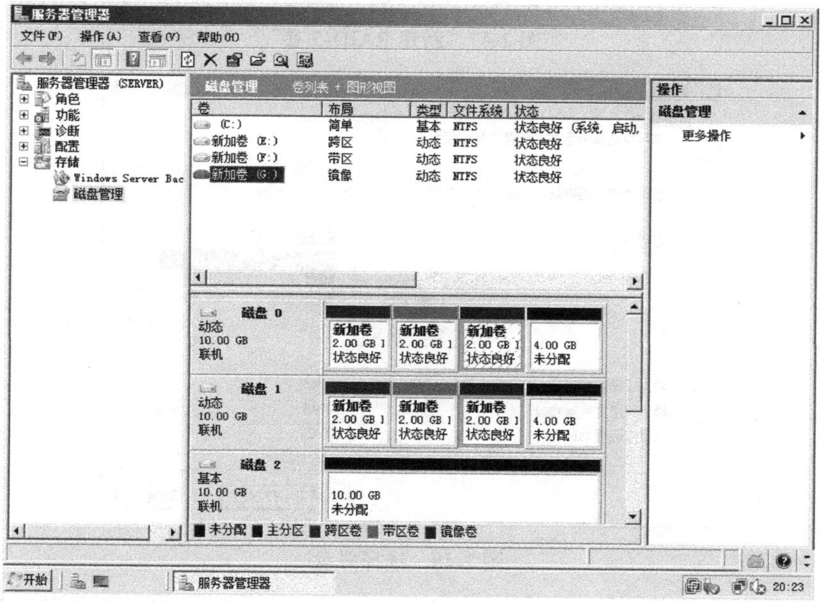

图 2-46　显示镜像卷

五、新建 RDID-5 卷

步骤 1：在“磁盘管理”右侧窗格中右击动态盘上的未分配空间，在弹出的快捷菜单中选择“新建 RAID-5 卷”选项，弹出“新建 RAID-5 卷”对话框，单击“下一步”按钮，如图 2-47 所示。

步骤 2：在弹出的“选择磁盘”对话框中，选择需要被包含在该卷中的磁盘，以及需要的空间。在“可用”列表框中选择一块或多块具有未分配空间的磁盘，单击“添加”按钮将其添加到“已选的”列表框中，并选择空间量的大小，如图 2-48 所示。

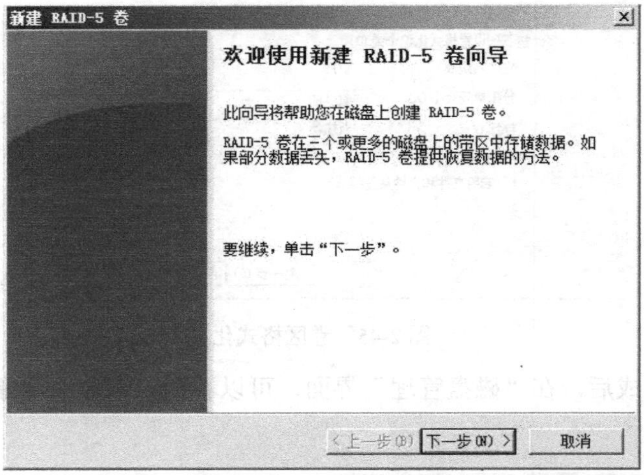

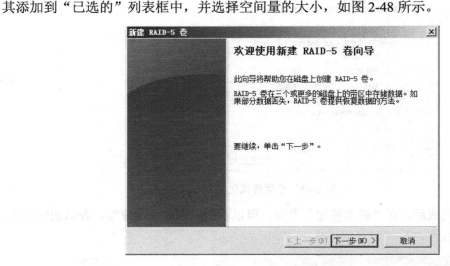

图 2-47　新建 RAID-5 卷

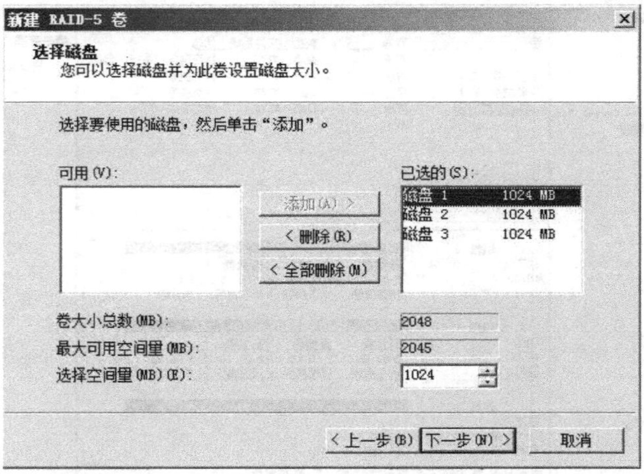

图 2-48　选择磁盘

步骤 3：弹出“分配驱动器号和路径”对话框，选中“分配以下驱动器号”单选按钮，并单击“下一步”按钮，如图 2-49 所示。

步骤 4：在弹出的“卷区格式化”对话框中可以选择卷的格式化类型。指定分配单位大小和卷标，选中“执行快速格式化”复选框，并单击“下一步”按钮，向导会开始创建并配置卷，如图 2-50 所示。

步骤 5：单击“完成”按钮，RAID-5 卷创建完成，如图 2-51 所示。

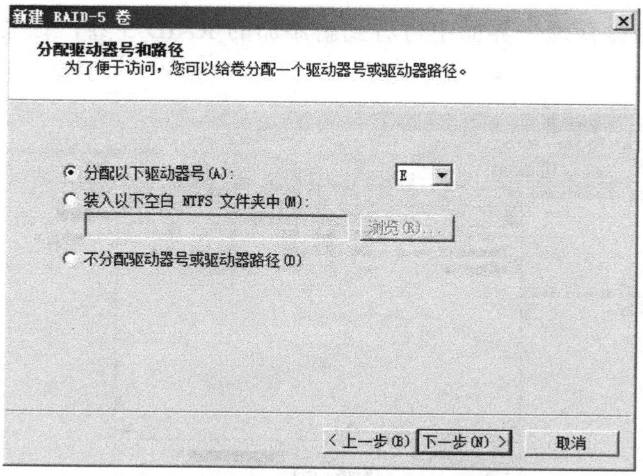

图 2-49　选择驱动器号和路径

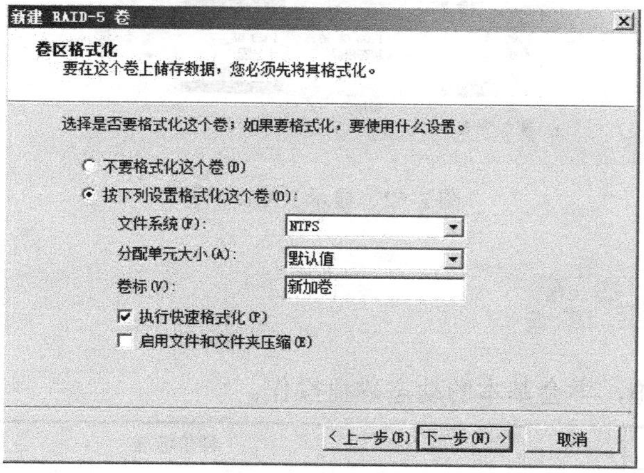

图 2-50　卷区格式化

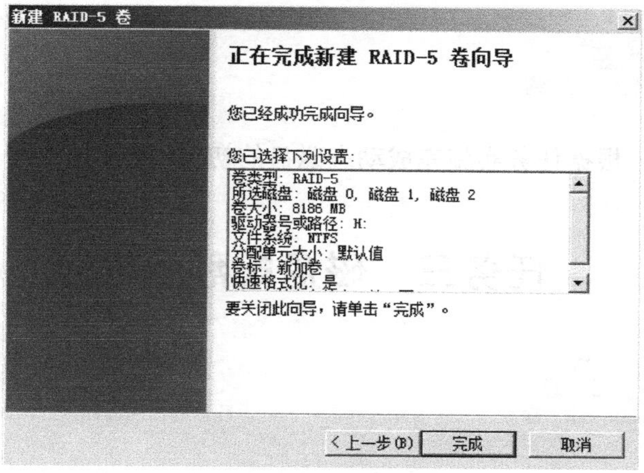

图 2-51　RAID-5 卷创建完成

步骤 6：在“磁盘管理”界面中可看到新添加的 RAID-5 卷，该卷跨越了 3 块磁盘，如图 2-52 所示。

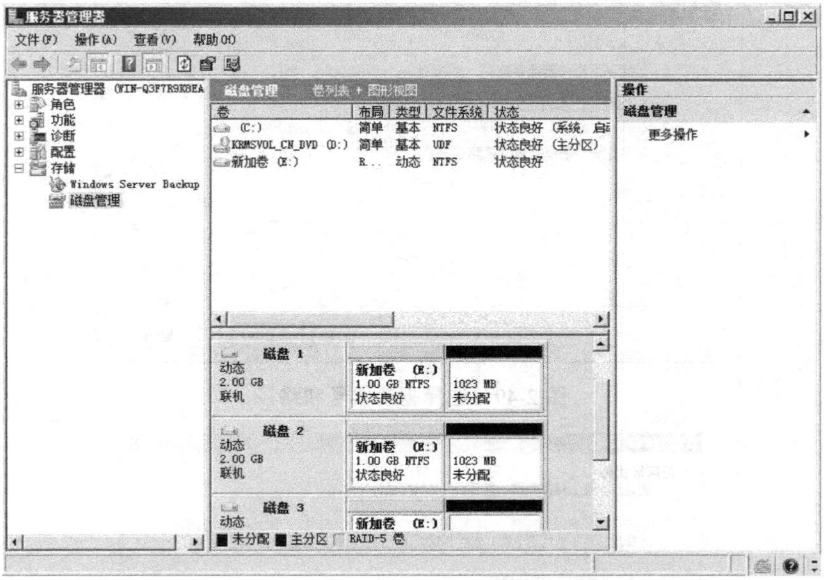

图 2-52　显示 RAID-5 卷

任务验收

通过本任务的实施，学会基本的动态磁盘操作。

评价内容	评价标准
动态磁盘管理	在规定时间内，根据客户需求完成磁盘动态管理的操作

拓展练习

使用虚拟机软件，根据任务实施完成动态磁盘的初步创建。

任务三　磁盘配额管理

任务描述

对于新兴学校校园网服务器共享的目录，教师都有权限访问。但管理员小赵发现，共享文件夹中有些员工存放了过大的文件，造成其他人无法存放文件。小赵找来飞越公司的工程师，并配合工程师使用配额管理来解决这个问题。

任务分析

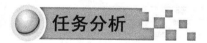

如果某个员工恶意占用了太多的磁盘空间，则将导致系统空间不足。员工使用磁盘空间的大小是管理员无法控制的，只有启用磁盘配额管理，才可以解决这个问题，所以管理员小赵的想法是正确的。

任务实施

步骤1：右击“我的电脑”→“管理”，选中“角色”节点，右击“文件服务”，在弹出的快捷菜单中选择“添加角色服务”选项，弹出“添加角色服务”对话框，选中“文件服务器资源管理器”复选框，单击“安装”按钮，如图2-53所示。

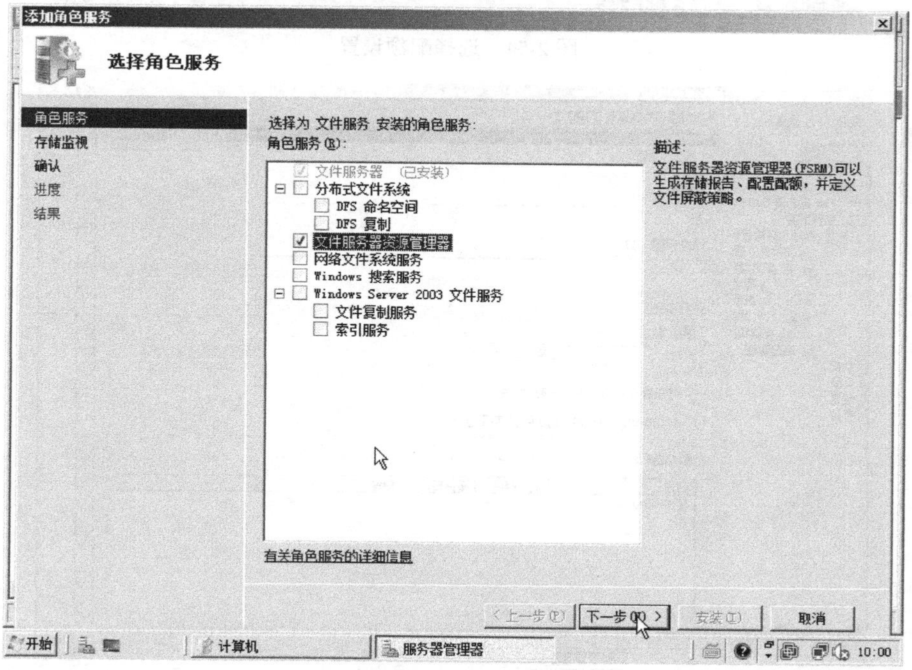

图2-53　选择角色服务

步骤2：在“服务器管理器”窗口中选择“角色”→“文件服务”→“共享和存储管理”→“文件服务器资源管理器”→“配额管理”→“配额”节点，如图2-54所示。

步骤 3：选中某个磁盘，单击“编辑配额属性”超链接，弹出配额属性对话框，设置对该磁盘的配额，如图2-55所示。

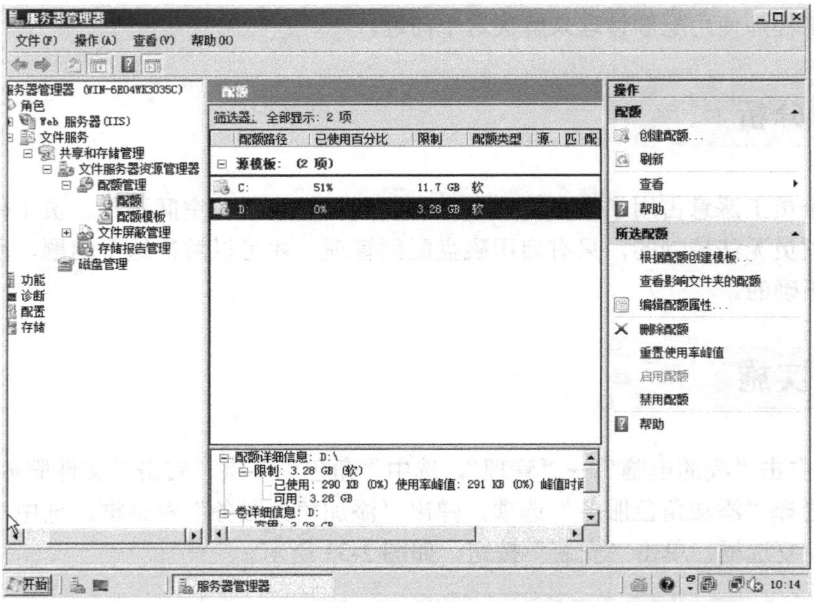

图 2-54 选择配额设置

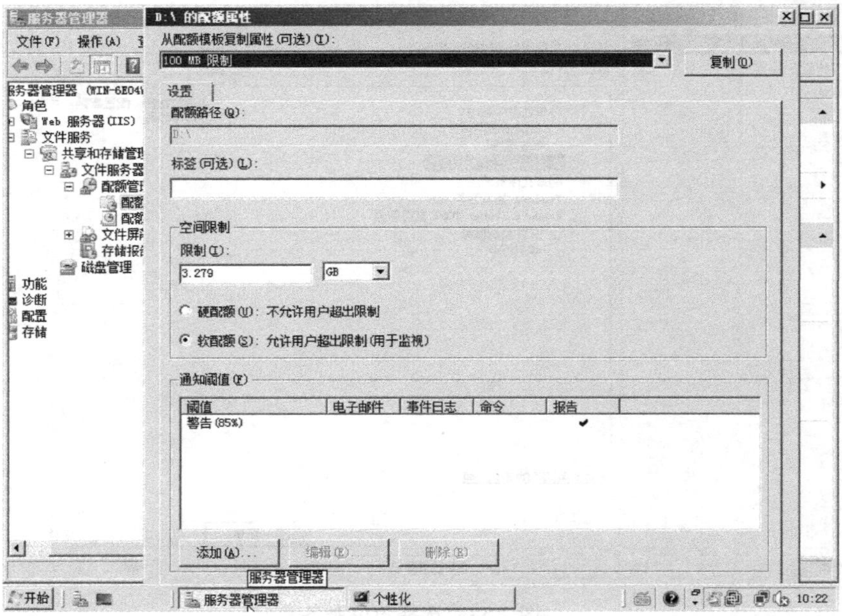

图 2-55 设置配额

步骤 4：单击“创建配额”超链接，在弹出的“创建配额”对话框中单击“浏览”按钮，选择需要配置的文件夹路径，设置配额限制大小为 100MB，单击“创建”按钮，如图 2-56 所示。

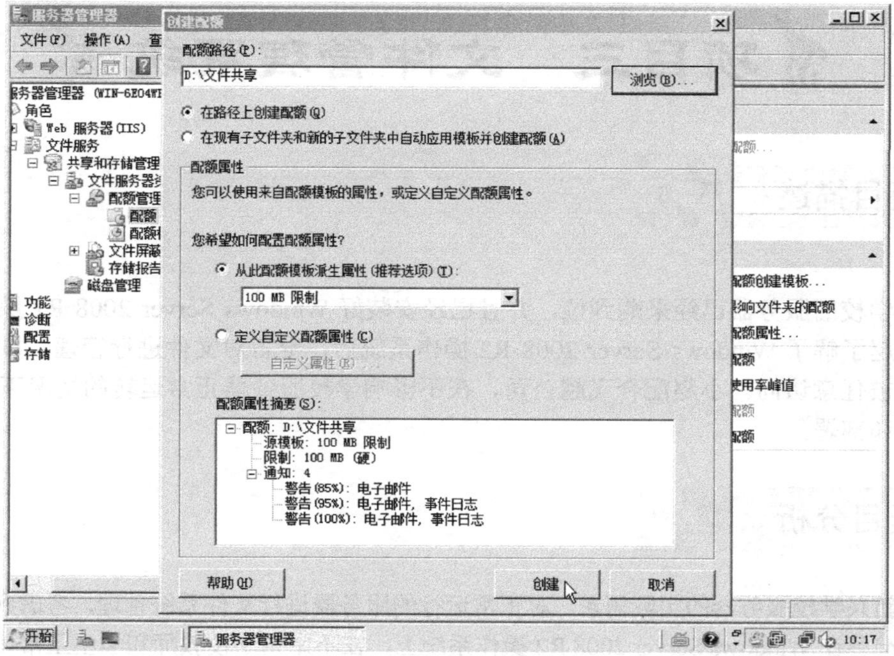

图 2-56 创建配额

任务验收

通过本任务的实施，学会基本的磁盘配额操作。

评价内容	评价标准
磁盘配额的管理	在规定时间内，根据客户需求完成磁盘配额管理操作

拓展练习

使用虚拟机软件，根据任务实施完成磁盘配额的初步创建与操作。

项目评价

考核内容	评价标准
Windows Server 2008 R2 磁盘配额的管理	熟练配置 Windows Server 2008 R2 磁盘配额，并了解磁盘配额的管理

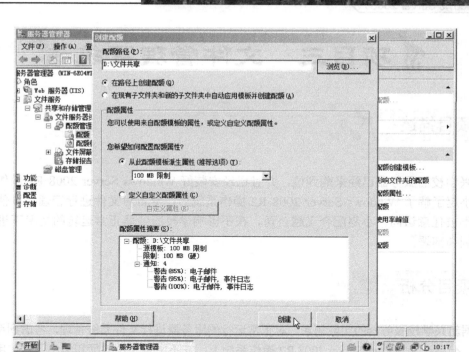

项目三　文件管理系统

项目描述

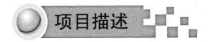

新兴学校的服务器已经采购到位，并且已经安装好 Windows Server 2008 R2 操作系统。管理员小赵了解了 Windows Server 2008 R2 操作系统后，准备对文件进行管理，以使校园网服务器不被任意访问。小赵配合飞越公司，在不影响学校服务器正常运转的情况下进行了周密的计划和部署。

项目分析

根据新兴学校服务器的实际需求，对正常运行的服务器进行文件系统管理，考虑到系统的正常运行，准备在 Windows Server 2008 R2 操作系统上，在不影响学校教师和学生正常使用的基础上，进行 NTFS 文件系统和共享文件夹的管理。整个项目的认知与分析流程如图 2-57 所示。

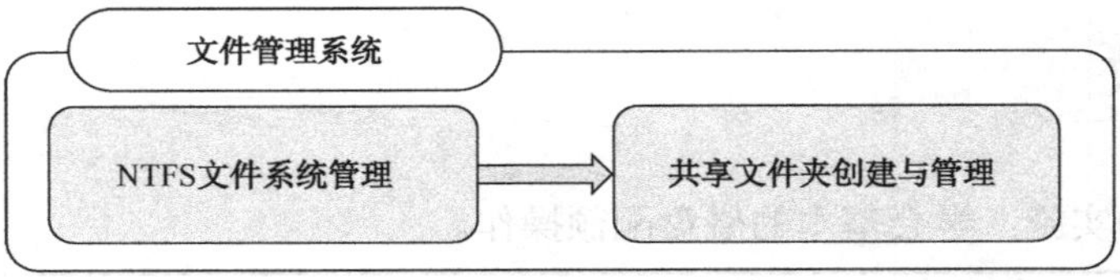

图 2-57　项目流程图

任务一　NTFS 文件系统管理

任务描述

新兴学校架构了校园网的文件服务器，内有单位最新的设备信息、考勤状况、行政文件和各类资料等。在使用过程中出现了教师可以访问管理员的资料等问题，管理员小赵请来飞越公司的工程师，小赵配合飞越公司的工程师来解决此类问题。

任务分析

网络中有很多资源，如系统本身、文件、目录和打印机等各种网络共享资源及其他资源对象。在 Windows Server 2008 R2 操作系统中，提供了控制资源存取的工具。可以灵活地将资源控制到特定的用户、组等。这些控制是由管理员来决定的，这样才能避免非授权的访问，并提供一个安全的网络环境，所以管理员小赵的做法是正确的。

任务实施

步骤 1：查看 NTFS 权限，如图 2-58 所示。

步骤 2：修改 NTFS 权限，如图 2-59 所示。

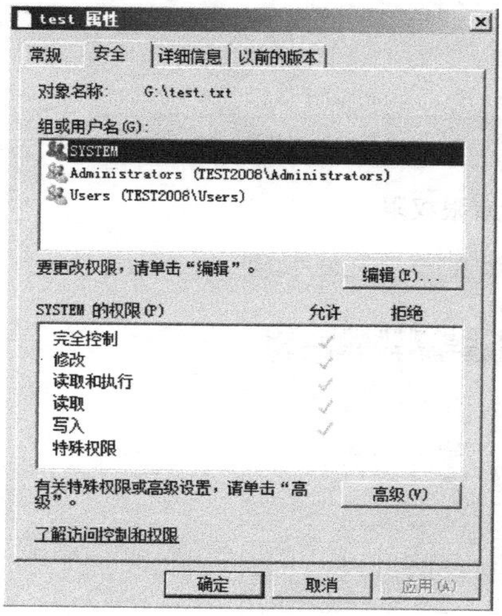

图 2-58　查看 NTFS 权限

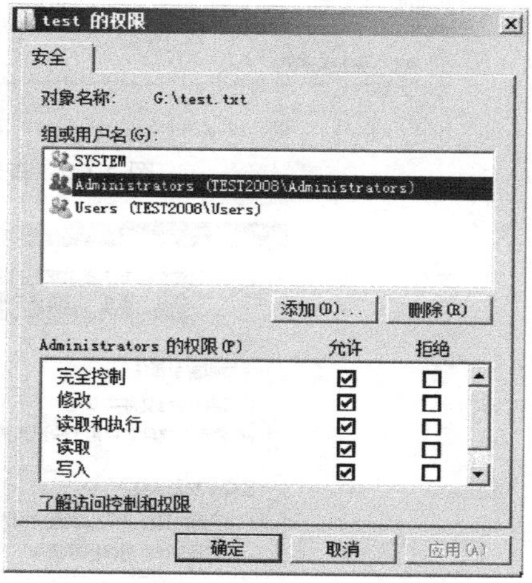

图 2-59　修改 NTFS 权限

步骤 3：取得所有权，如图 2-60 所示。

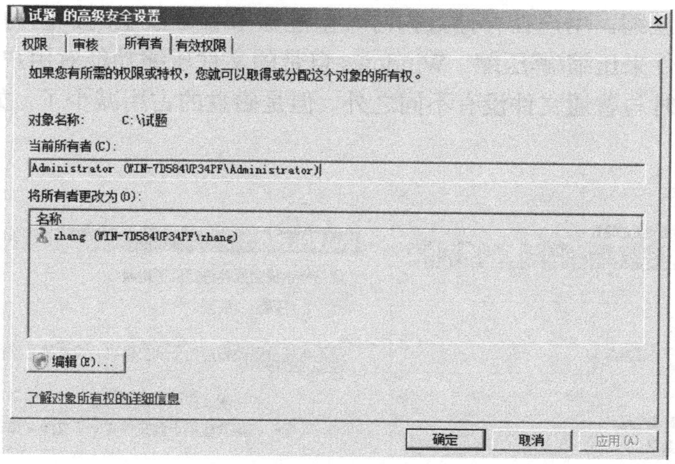

图 2-60　取得所有权

步骤 4：查看有效权限，如图 2-61 和图 2-62 所示。

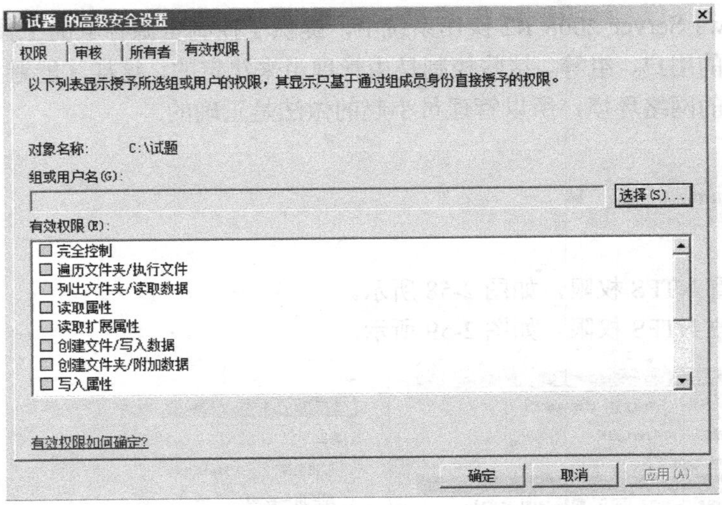

图 2-61　查看有限权限

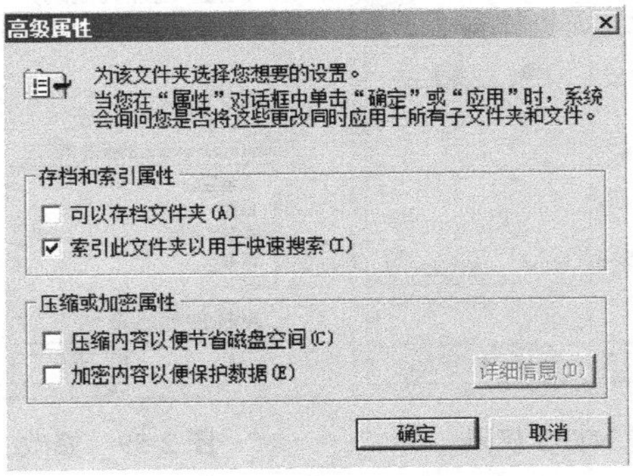

图 2-62　高级属性的查看

步骤 5：文件压缩。用户在存储数据时希望能够节省磁盘空间，但为了使用方便，不希望使用第三方的软件来压缩/解压缩。Windows 自带的文件压缩功能对用户是透明的。用户在使用被压缩的文件时与普通文件没有不同之外，但是磁盘的占用减少了，如图 2-63 和图 2-64 所示。

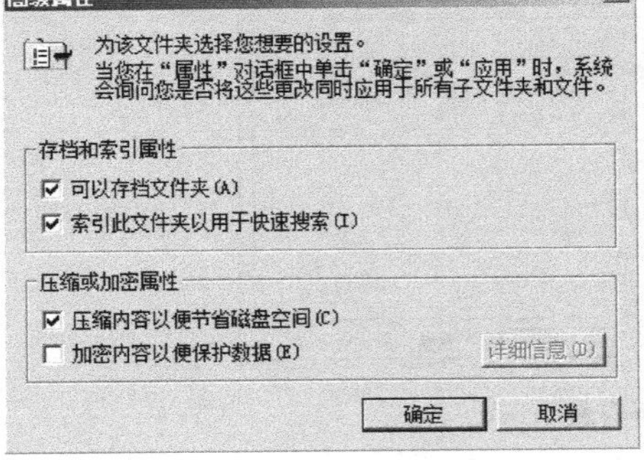

图 2-63　文件压缩

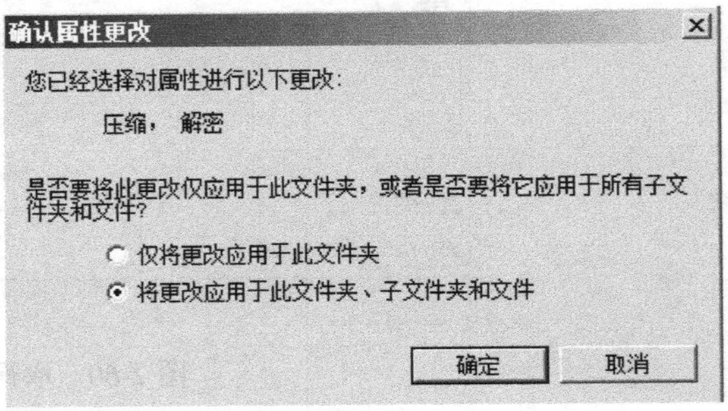

图 2-64　确认属性更改

任务验收

通过本任务的实施，学会 NTFS 文件系统管理的基本操作。

评价内容	评价标准
NTFS 文件系统管理	在规定时间内，完成 NTFS 文件系统管理的基本操作

拓展练习

在虚拟机内完成 NTFS 文件系统管理的初步操作。

任务二　共享文件夹创建与管理

任务描述

新兴学校信息中心为了使教师工作方便，想在一台计算机上存放共享的内容，以便有需要的教师访问和下载，管理员小赵请来飞越公司的工程师帮忙，他们利用共享来实现此功能。

任务分析

小赵的决定是正确的，因为员工之间进行的最简单的信息访问就是共享，这样可以解决员工的很多烦恼，管理员的工作量也不是很大。

任务实施

步骤 1：右击需要共享的文件夹，在弹出的快捷菜单中选择“属性”选项，弹出文件属性对话框，如图 2-65 所示。

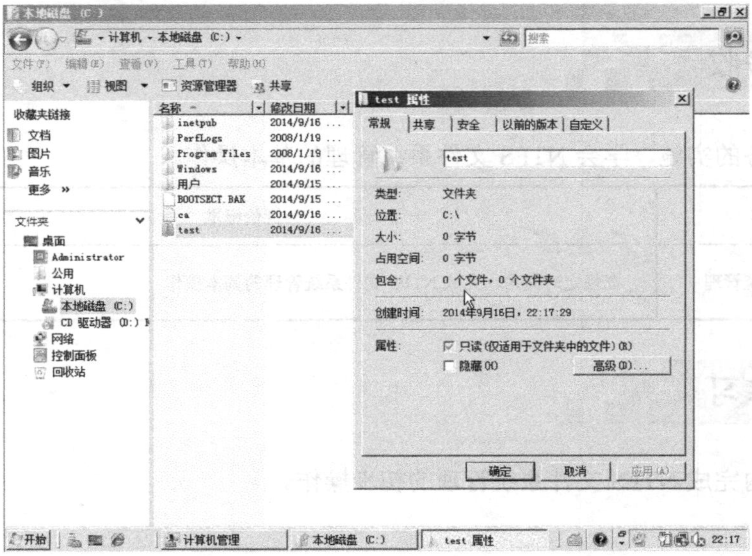

图 2-65　文件属性对话框

步骤 2：选择“共享”选项卡，单击“共享”按钮，弹出“文件共享”对话框，设置共享的用户，单击“共享”按钮，如图 2-66 所示。

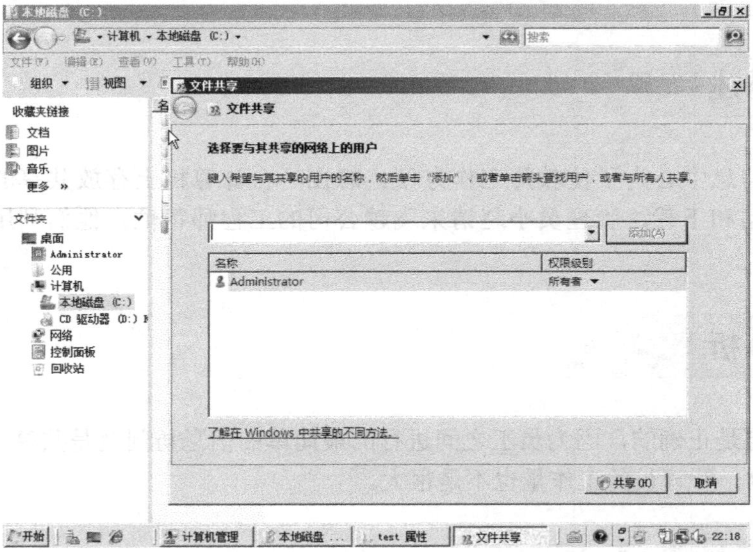

图 2-66　选择共享的用户

步骤 3：右击共享文件夹，在弹出的快捷菜单中选择“属性”选项，选择“共享”选项卡，单击“高级共享”按钮，弹出“高级共享”对话框，设置共享名，如图 2-67 所示。

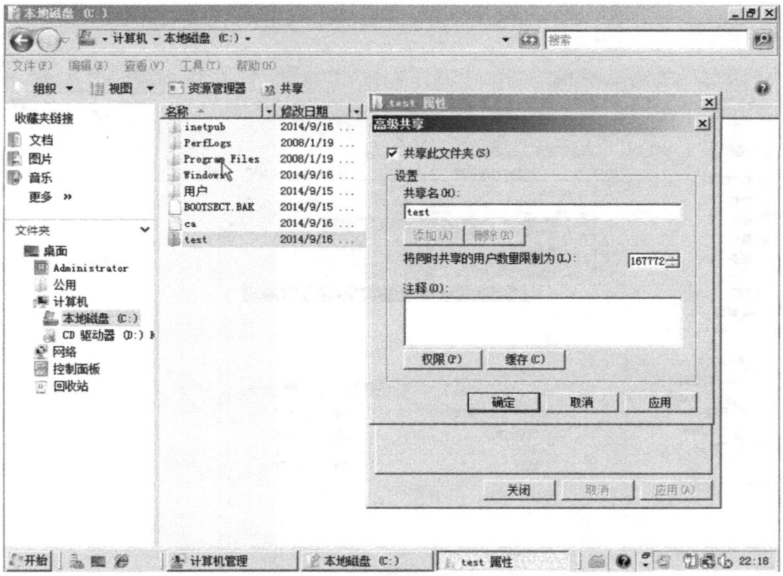

图 2-67　设置共享名

步骤 4：单击“添加”按钮，可以添加该文件的共享名称，并设置用户访问数量，单击“确定”按钮，如图 2-68 所示。

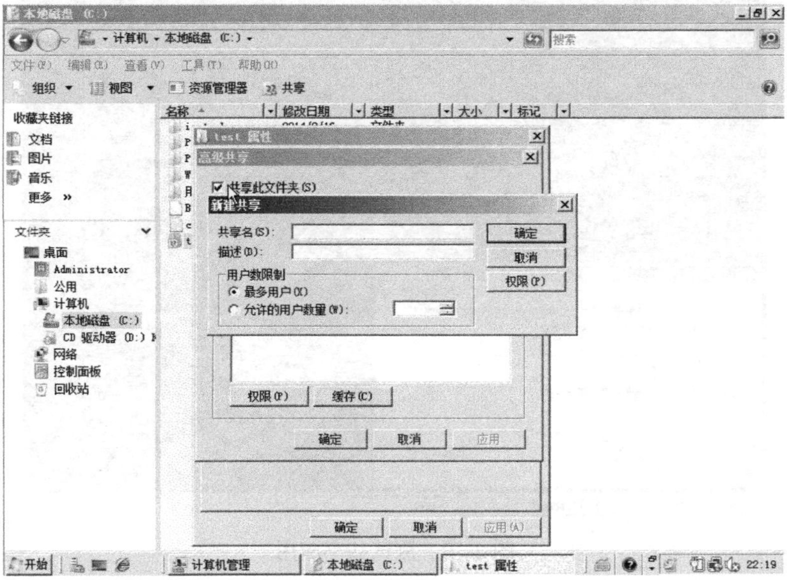

图 2-68　添加共享名称

步骤 5：单击“权限”按钮，弹出文件的权限对话框，设置用户访问该共享文件夹的权限，单击“确定”按钮，如图 2-69 所示。

步骤 6：测试共享。采用以下方法可以测试建立的共享是否正常：选择“开始”→“运行”选项，在弹出的“运行”对话框中输入“\\IP 地址”（如 IP 地址为 1.1.1.1，则输入“\\1.1.1.1”），如图 2-70 所示。

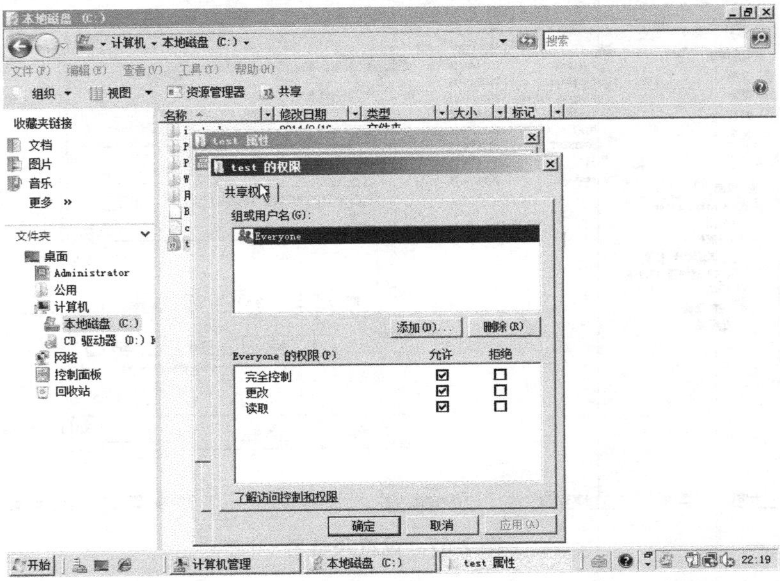

图 2-69 设置共享权限

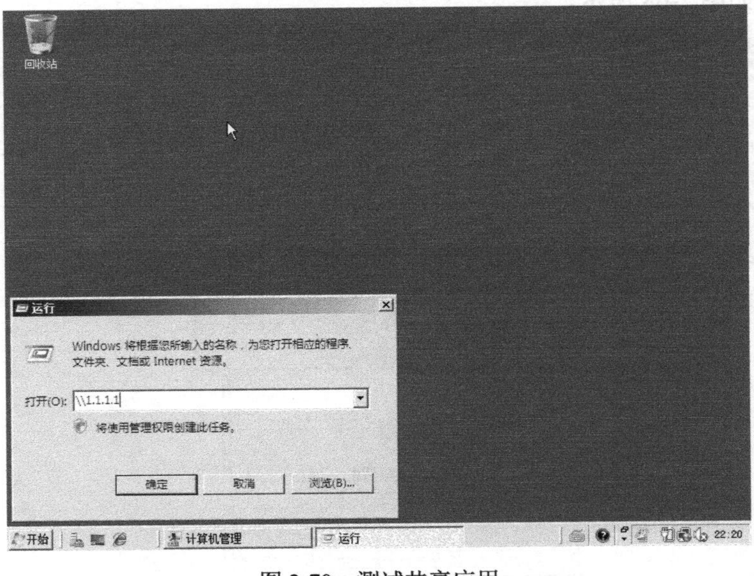

图 2-70 测试共享应用

任务验收

通过本任务的实施，学会共享文件夹的创建与管理。

评价内容	评价标准
共享文件夹创建与管理	在规定时间内，完成共享文件夹的创建与管理

拓展练习

通过虚拟机练习基本的共享文件夹的创建与管理。

项目评价

考核内容	评价标准
Windows Server 2008 R2 共享文件夹的创建与管理	熟练配置 Windows Server 2008 R2 共享文件夹的创建与管理

单元知识拓展 Windows Server 2008 R2 卷影副本

任务描述

新兴学校校园网的服务器上设置了一个共享目录，以方便员工工作，但管理员小赵发现，共享文件夹内的文件一旦被误删除，则无法恢复，这是很危险的。

任务分析

Windows XP 具有系统还原功能，但它只能还原本机的文件，对共享文件不起作用。但随着卷影副本技术的推出，这个问题已经迎刃而解。网络管理员小赵配合飞越公司的工程师，使用卷影副本技术来实现此功能。

校园网服务器上有共享文件夹 share，内有文件 config，但某天被员工误删了，好在管理员做了卷影副本，可以还原文件夹。

任务实施

一、服务器端的设置

步骤 1：在 C 盘上将 share 文件夹共享，此内容前面已有讲解，此处略。

步骤 2：在“我的电脑”窗口中右击要启用卷影副本的 C 盘，在弹出的快捷菜单中选择

“属性”选项，单击“卷影副本”选项卡中的“启用”按钮，再单击“是”按钮，如图 2-71 所示。

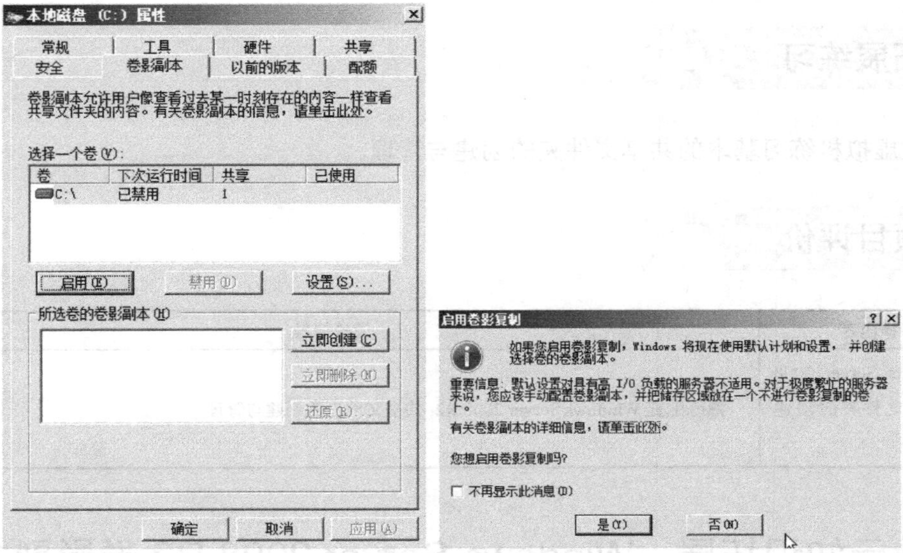

图 2-71　启动卷影副本

步骤 3：启动该功能后，系统会自动为该磁盘创建第一个卷影副本，如图 2-72 所示。

步骤 4：在图 2-72 中单击“立即创建”按钮，创建新的卷影副本，如图 2-73 所示。

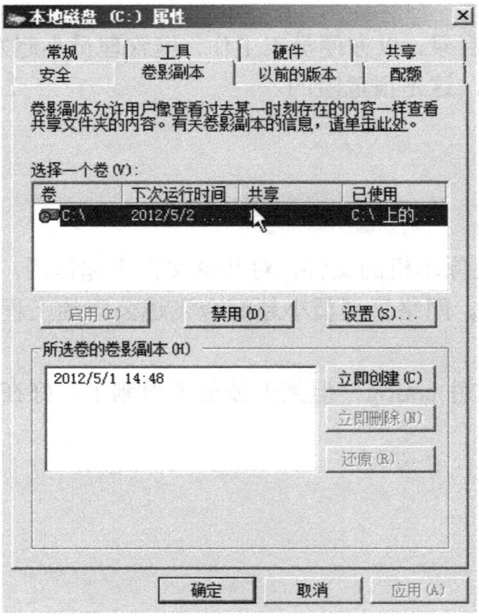

图 2-72　创建第一个卷影副本

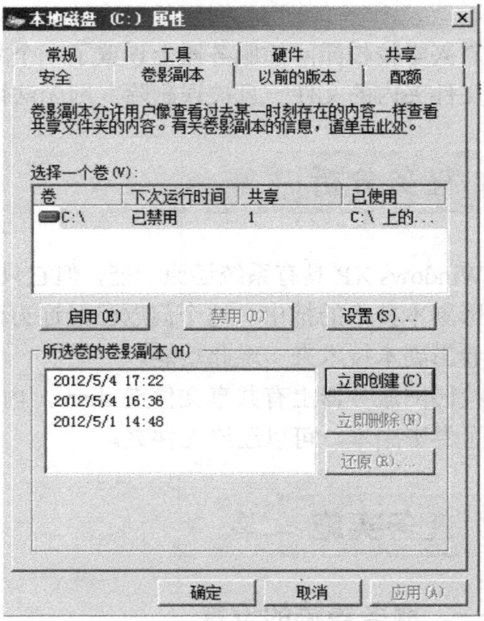

图 2-73　创建新的卷影副本

步骤 5：单击图 2-72 中的“设置”按钮，设置卷影副本存储区的容量大小，这里使用默认设置，如图 2-74 所示。

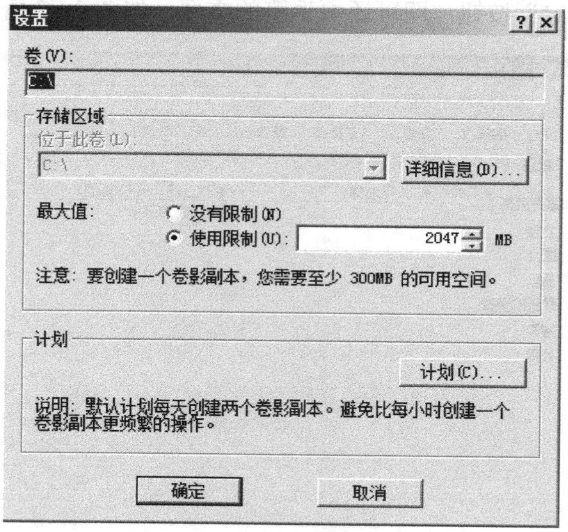

图 2-74　设置卷影副本存储区

步骤 6：此时，服务器端 share 文件夹中有 config 文件，如图 2-75 所示。

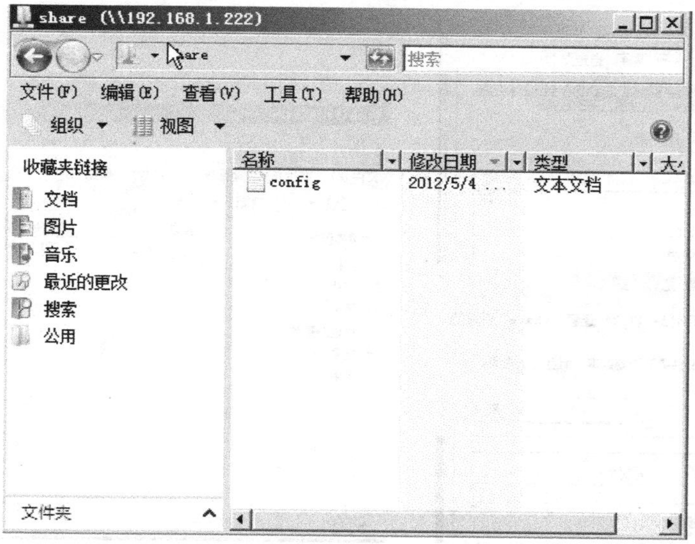

图 2-75　share 文件夹中的 config 文件

二、客户端访问卷影副本文件

客户端计算机通过网络连接共享文件夹后，若员工不小心误删了某网络文件，则可以通过以下步骤来恢复网络文件。

步骤 1：由于员工的误操作，share 共享文件夹中的 config 文件已经被误删，如图 2-76 所示。

步骤 2：右击共享文件夹（以 share 文件夹为例），选择“还原以前的版本”选项，在“文件夹版本”列表框中选择旧版本的文件，单击“还原”按钮，在弹出的提示对话框中单击“还原”按钮，再单击“确定”按钮，即可还原误删的文件，如图 2-77 所示。

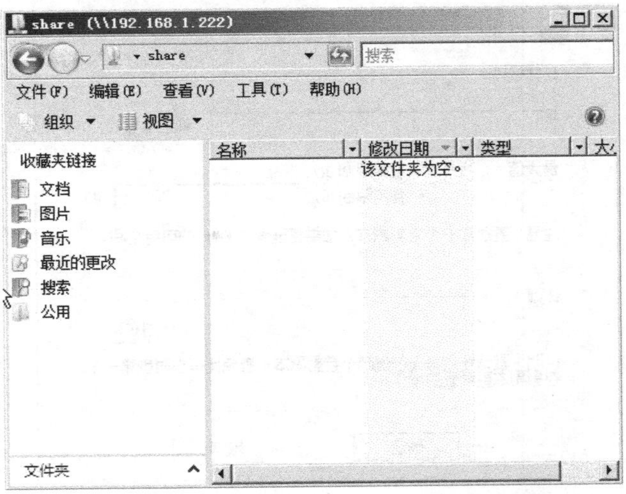

图 2-76　share 文件夹中的 config 文件被误删

步骤 3：再次打开 share 文件夹，发现 config 文件已经还原回来，如图 2-78 所示。

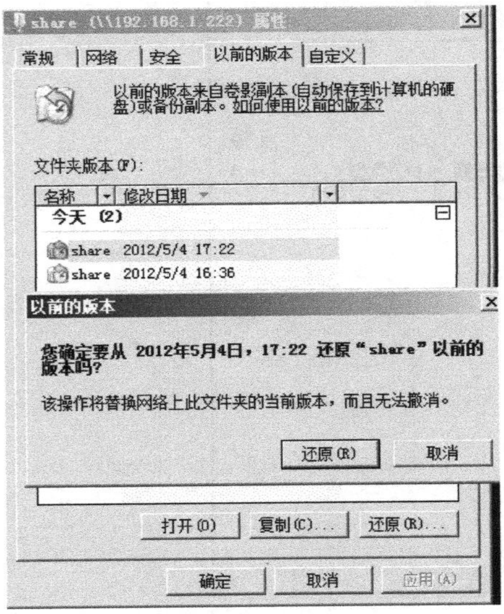

图 2-77　还原 config 文件

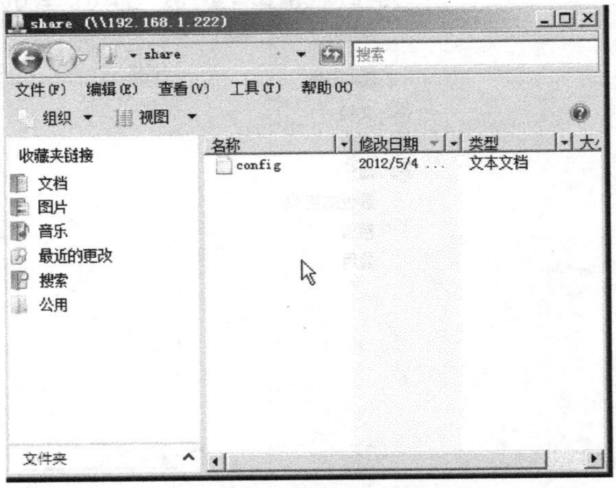

图 2-78　还原回来的 config 文件

任务验收

通过本任务的实施，学会共享文件夹的创建与管理。

评价内容	评价标准
卷影副本	在规定时间内，完成卷影副本的创建与管理

单元总结

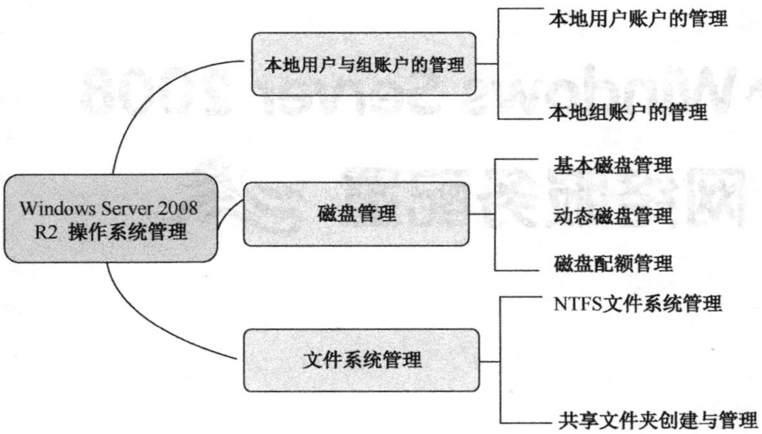
Windows Server 2008 R2 操作系统管理
本地用户与组账户的管理
本地用户账户的管理
本地组账户的管理
磁盘管理
基本磁盘管理
动态磁盘管理
磁盘配额管理
文件系统管理
NTFS文件系统管理
共享文件夹创建与管理

Windows Server 2008 R2 网络服务配置

学习单元三

☆ 单元概要

（1）目前，在全国职业院校技能大赛“网络搭建及应用”中，服务器平台主要使用 Windows Server 2003 R2 和 Windows Server 2008 R2。因此，本书主要以 Windows Server 2008 R2 为基础平台，学生不仅要掌握 Windows 系统管理及网络管理基础知识，如磁盘管理，NTFS 权限，资源共享方法，活动目录与用户账户管理，DNS、DHCP、IIS、VPN 等的配置与管理，还需要运用相关知识来解决 Windows Server 2008 R2 环境下的性能及优化、安全管理等问题，从而构建与管理基于 Windows 的企业网络。

（2）本单元主要介绍 Windows Server 2008 R2 基本网络环境服务的安装与配置。基础安装环境以全国职业院校技能大赛“网络搭建及应用”中软件技术平台要求为基准，使用 Oracle VM VirtualBox 4.3.6 安装和配置 Windows Server 2008 R2 操作系统，主要需要了解和学习域名服务器的搭建、FTP 服务器的搭建、Web 服务器的搭建、VPN 服务器的配置与管理。

☆ 单元情境

新兴学校的信息中心新购置了若干台服务器，准备安装 Windows Server 2008 R2 操作系统，为学校网站和内部办公提供网络和系统支持。现需要对内、对外提供 DNS 服务、FTP 服务、WWW 服务、VPN 服务和 DHCP 服务。因服务器是新部署的，未做任何配置，现需要网络管理员小赵部署服务器，实现学校要求的上述功能。

项目一　DNS服务器的搭建

项目描述

新兴学校的网络管理员小赵收到信息中心主管的邮件，要求他尽快为学校搭建基于Windows Server 2008 R2 操作系统的 DNS 服务，从而为以后的学校内部网站建设提供域名和IP 地址之间的互相解析。学校要求在 2 台服务器上建立一个简单易记的域名区域，要求有学校的网站主页地址、FTP 服务地址和邮件服务地址，并为主页地址和 FTP 服务地址分别建立一个别名记录。

项目分析

DNS 服务是网络基础服务中的重要内容之一。在建立好 DHCP 服务并获取 IP 地址以后，需要对学校的内部网络进行规划和设计，并对不同的部门建立 DNS 服务，从而有效地在网络域名和 IP 地址之间建立解析功能。

作为网络管理和技术人员，根据项目需求，首先要了解 DNS 服务支持。因为有 TCP/IP 协议的 NetBIOS 服务支持，它能够很好地在 Windows 的网络上运行。指定主机名称后，Windows 会很快进行处理，并确认指定的这个主机名是否与本地主机名匹配。假设这些名称不匹配，则在必要情况下，Windows 会检查 DNS 解析缓存器，并执行 DNS 名称查询请求，通过这个请求解析指定的主机名。当主机名不能被解析时，就需要使用其他解决办法，但最好使用 DNS 名称查询功能。DNS 名称查询请求对于解析主机名称非常有效，但是当计算机做域名解析请求时，如果与主机在同一个域中，则这个处理过程可能会失败；如果请求的主机不在同一个域中，则 DNS 代理开始执行。整个项目的认知与分析流程如图 3-1 所示。

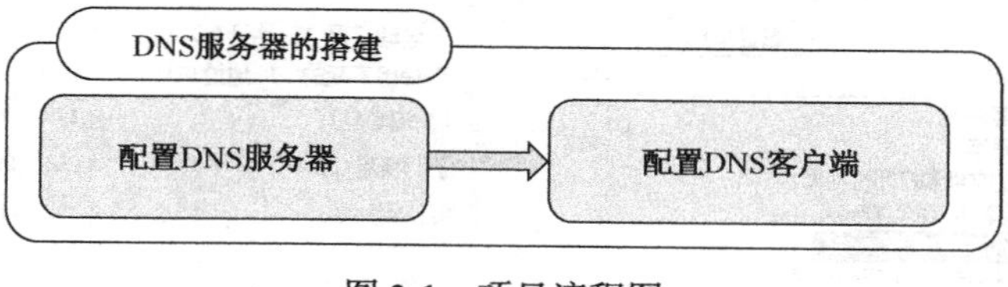

图 3-1　项目流程图

知识链接

域名系统（Domain Name System，DNS）是因特网上域名和 IP 地址相互映射的一个分布式数据库，能够使用户更方便地访问互联网，而不用记住能够被机器直接读取的 IP 数串。通过主机名，最终得到该主机名对应的 IP 地址的过程称为域名解析（或主机名解析）。DNS 协议运行在 UDP 协议之上，使用端口号 53。RFC 2181 中对 DNS 进行了规范说明，RFC 2136 对 DNS 的动态更新进行了说明，RFC 2308 对 DNS 查询的反向缓存进行了说明。

任务一　配置 DNS 服务器

任务描述

网络管理员小赵接到信息中心的任务，根据学校的需求，先安装了 DNS 服务，再完成 DNS 主配置文档和正反向配置文档的配置。要详细了解如何创建基于 Windows Server 2008 R2 操作系统下的 DNS 服务器，以及如何安装 DNS 服务器。

任务分析

提供 DNS 服务的是安装了 DNS 服务器端软件的计算机。服务器端软件可以是基于 Windows Server 2008 R2 操作系统的。安装好 DNS 服务器软件后，可以在指定的位置创建区域文件。所谓区域文件就是包含了此域中名称到 IP 地址解析记录的一个文件。由于小赵对此并不熟悉，于是请飞越公司的工程师来帮忙。

任务实施

一、安装 DNS 服务器

步骤 1：设置 DNS 服务器的 TCP/IP 属性，如图 3-2 和图 3-3 所示。

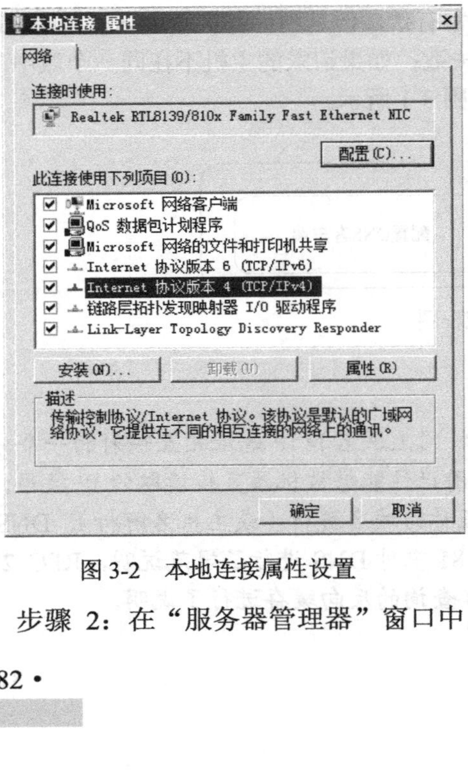

图 3-2　本地连接属性设置

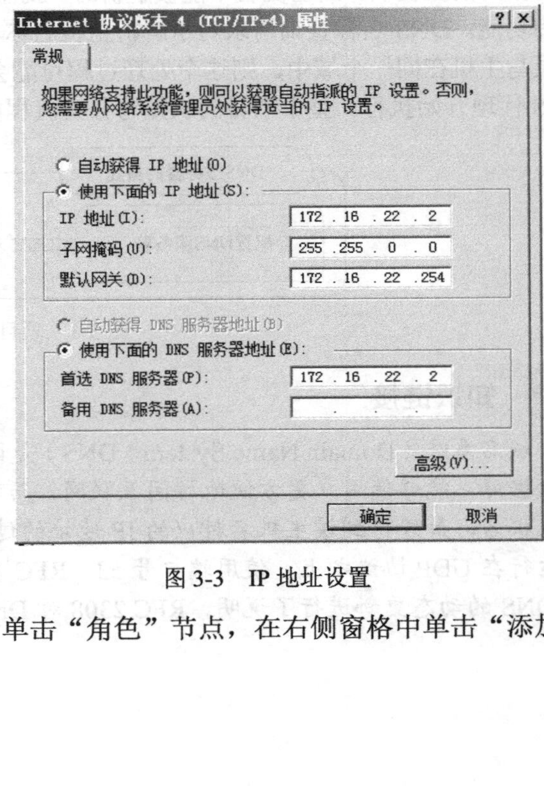

图 3-3　IP 地址设置

步骤 2：在“服务器管理器”窗口中，单击“角色”节点，在右侧窗格中单击“添加角色”超链接，弹出“添加角色向导”对话框。在弹出的“选择服务器角色”对话框中，选中“DNS 服务器”复选框，单击“下一步”按钮，如图 3-4 所示。

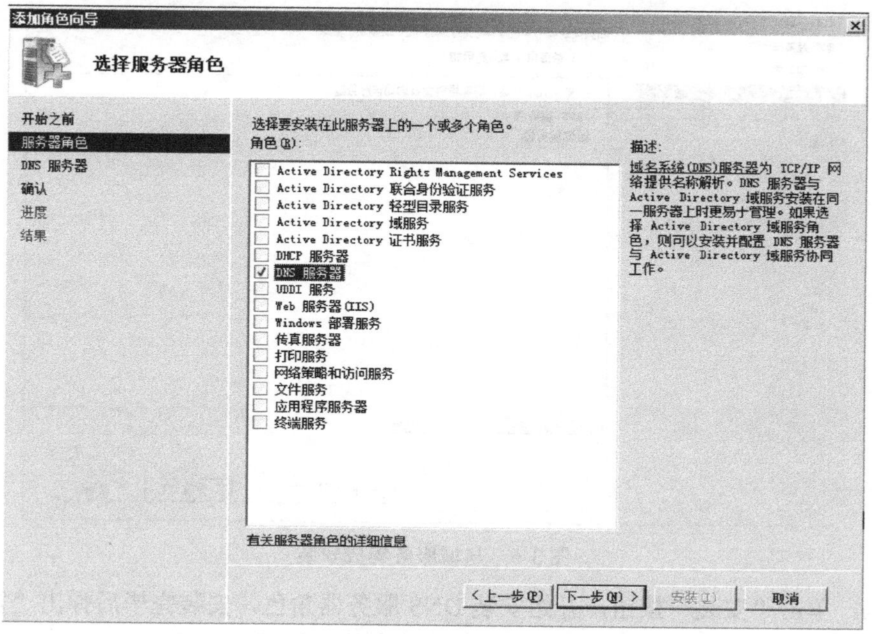

图 3-4　添加 DNS 服务器

步骤 3：在弹出的“DNS 服务器”对话框中，选择“DNS 服务器”选项卡，连续两次单击“下一步”按钮，弹出“确认安装选择”对话框，在域控制器上安装 DNS 服务器角色，区域将与 Active Directory 域服务器集成在一起，如图 3-5 和图 3-6 所示。

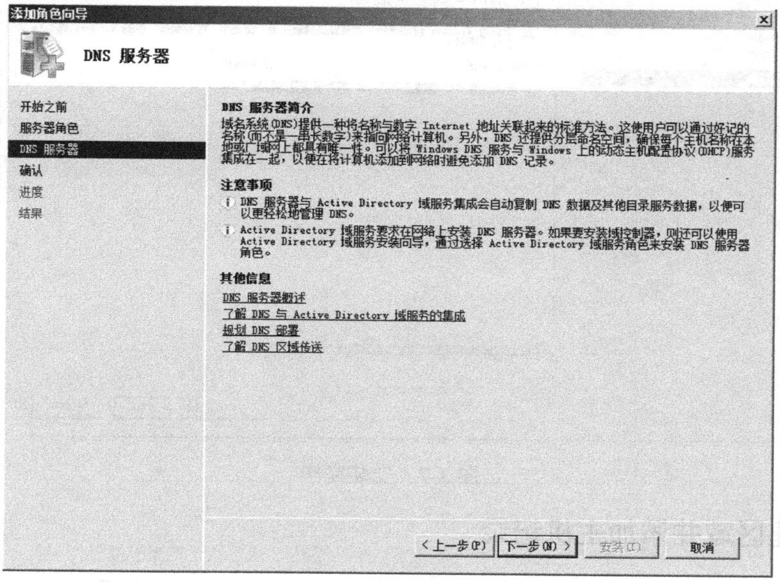

图 3-5　安装 DNS 服务器

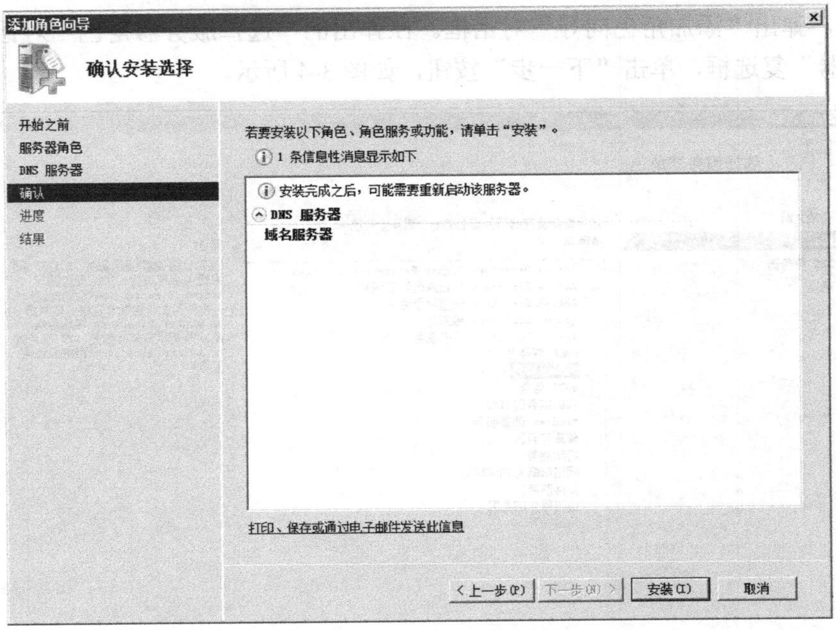

图 3-6　与域服务集成安装

步骤 4：单击“安装”按钮，开始安装 DNS 服务器角色，安装完毕后弹出“安装结果”对话框，单击“关闭”按钮，完成 DNS 服务器的安装，如图 3-7 所示。

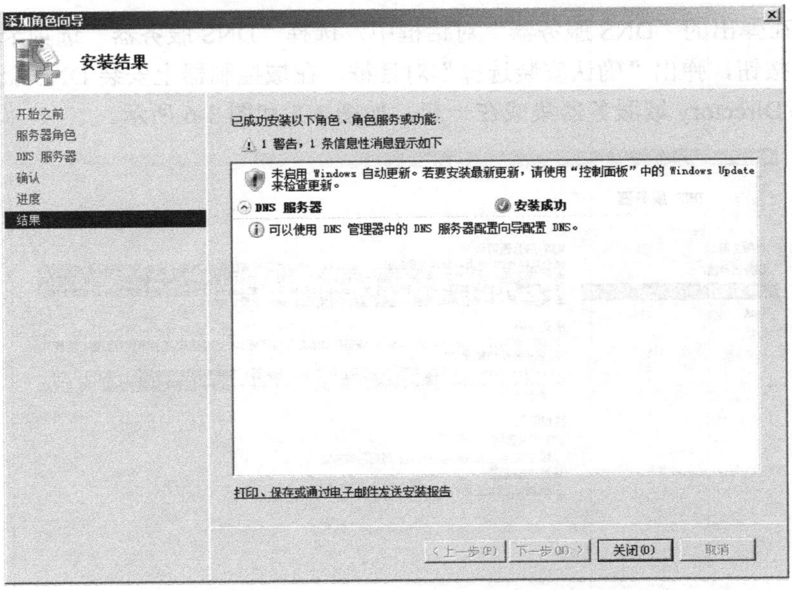

图 3-7　安装完毕

二、创建区域并添加主机记录

步骤 1：选择“开始”→“程序”→“管理工具”→“DNS”选项，打开“DNS 管理器”

窗口。在窗口中选中 DNS 服务器树形目录中的“正向查找区域”（图 3-8）并右击，在弹出的快捷菜单中选择“新建区域”选项，弹出“新建区域向导”对话框。

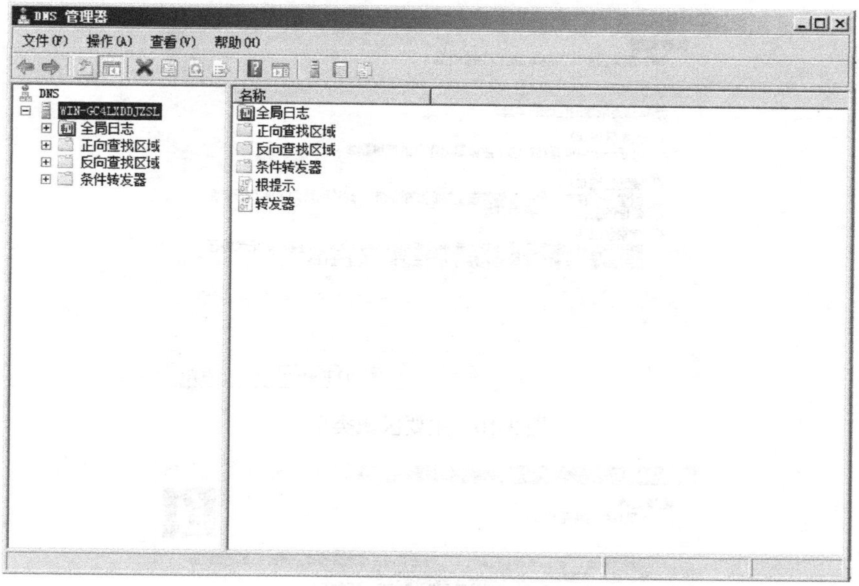

图 3-8　DNS 管理器

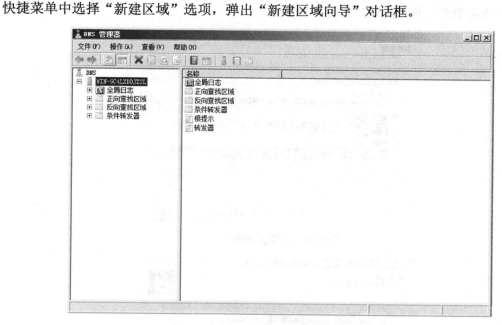

步骤 2：打开新建区域向导，单击“下一步”按钮，如图 3-9 所示。

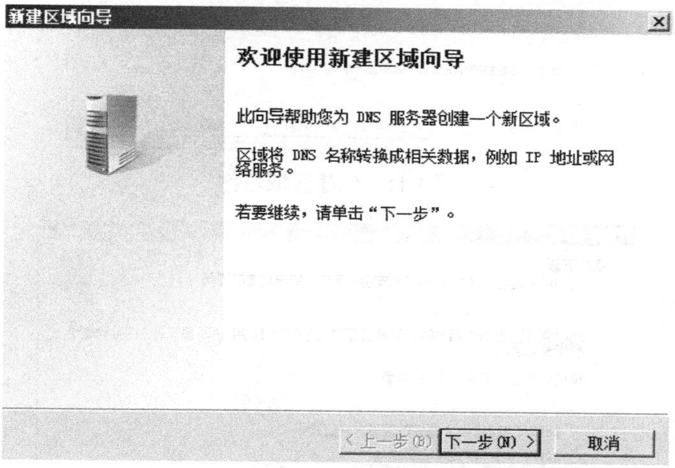

图 3-9　“新建区域向导”对话框

步骤 3：选择主要区域的类型，如图 3-10 所示。

步骤 4：当弹出如图 3-11 所示的对话框时，在“区域名称”文本框中输入需要创建区域的名称，如 linite.com，如图 3-11 所示。

步骤 5：单击“下一步”按钮，弹出“区域文件”对话框，直接单击“下一步”按钮。弹出“动态更新”对话框。如果企业内部网没有连接到其他网络，则在确保安全的前提下，可以运行非安全的及安全的自动更新。如果网络并不安全，则设置不允许动态更新。这里选中“不允许动态更新”单选按钮，如图 3-12 所示。

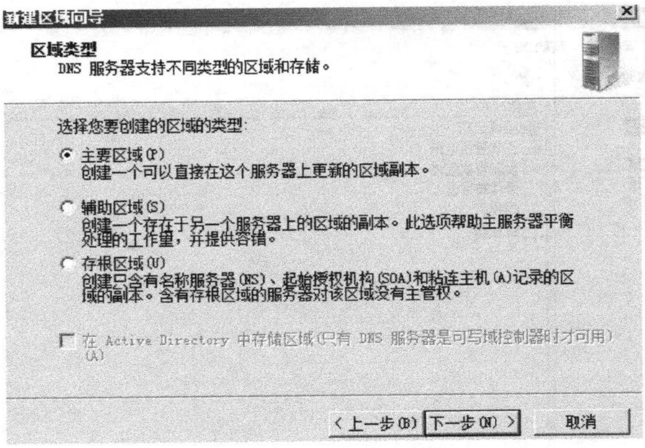

图 3-10　主要区域类型

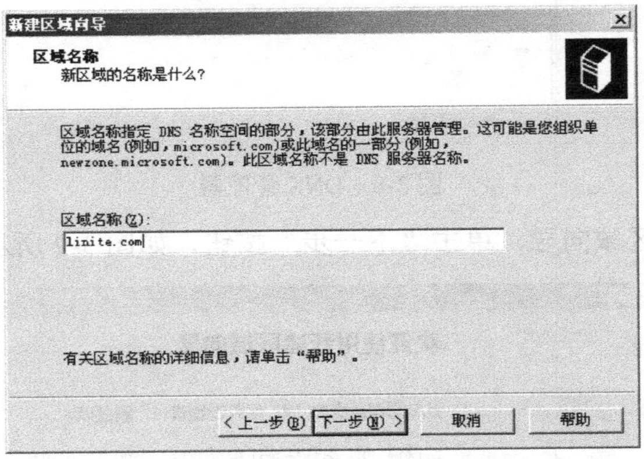

图 3-11　创建区域名称

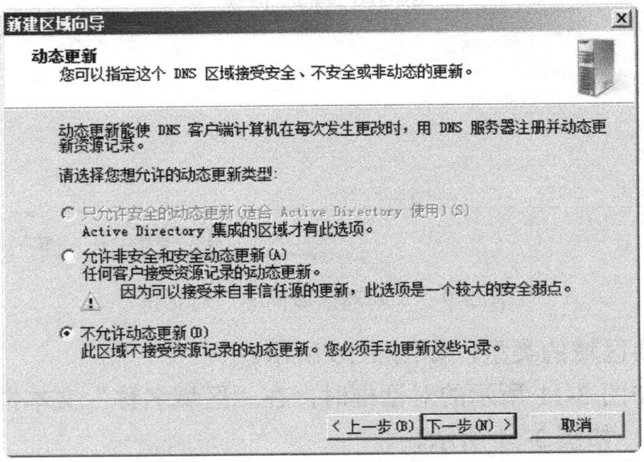

图 3-12　动态更新

步骤 6：单击"下一步"按钮，弹出"正在完成新建区域向导"对话框。返回"DNS 管理器"窗口，新建的区域 linite.com 将显示在窗口中，如图 3-13 和图 3-14 所示。

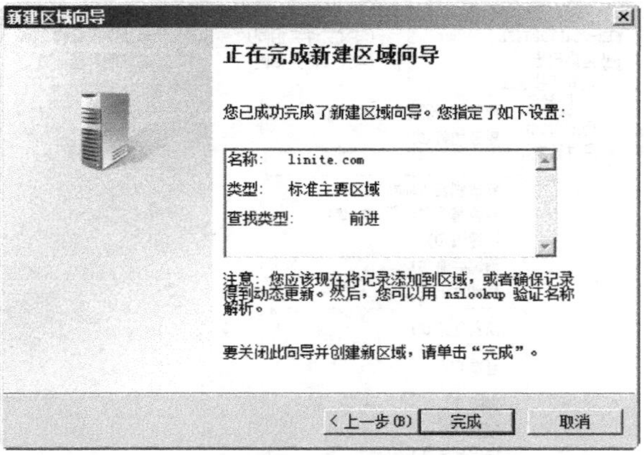

图 3-13 新建区域完成

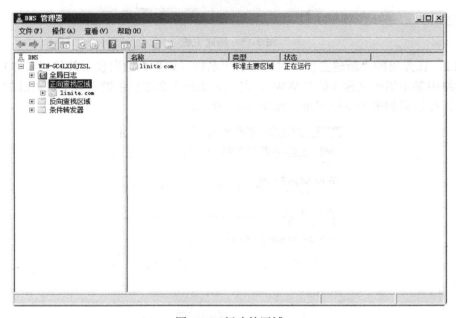

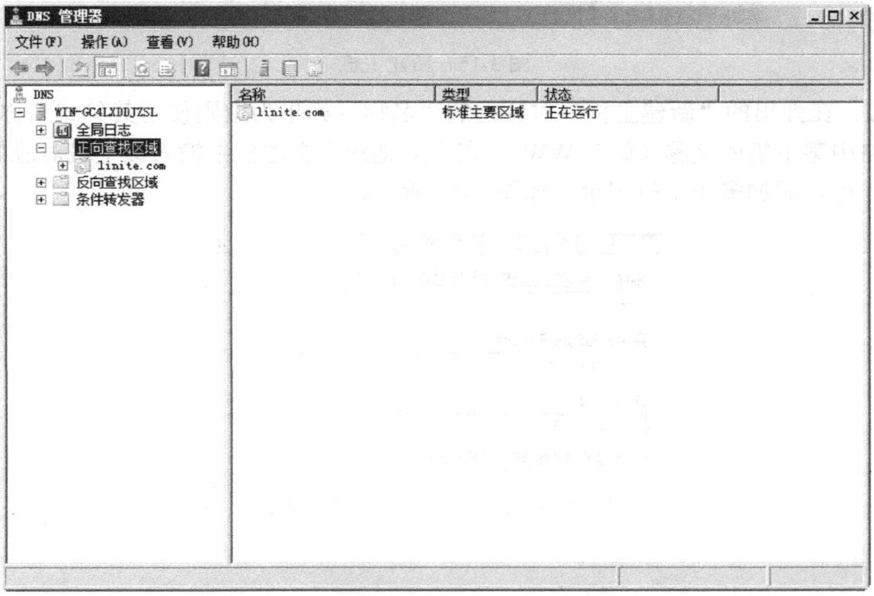

图 3-14 新建的区域

三、创建 WWW 主机记录的方法

步骤 1：选择"开始"→"程序"→"管理工具"→"DNS"选项，打开相应窗口。在窗口中选择已创建的主要区域 linite.com 并右击，在弹出的快捷菜单中选择"新建主机（A 或 AAAA）"选项，如图 3-15 所示。

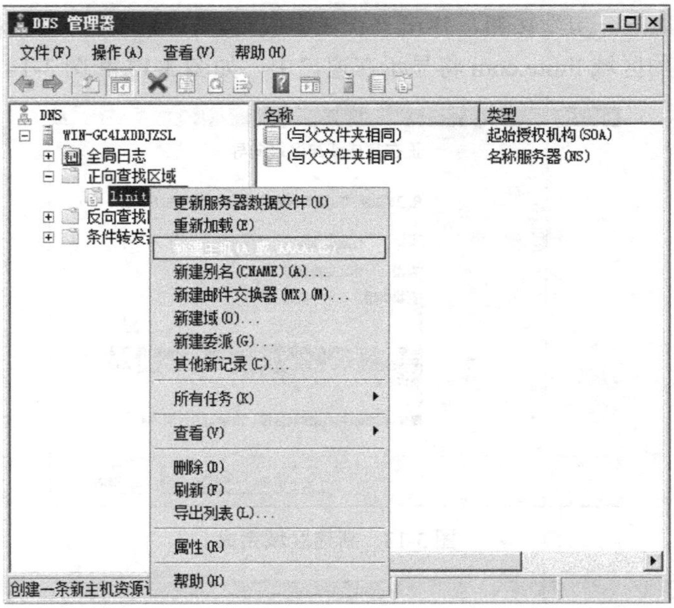

图 3-15　新建主机

步骤 2：在弹出的“新建主机”对话框的“名称（如果为空则使用其父域名称）”文本框中输入网络中某主机的名称（如 WWW），在“IP 地址”文本框中输入该主机对应的 IP 地址，根据需要，可以添加多个主机记录，如图 3-16 所示。

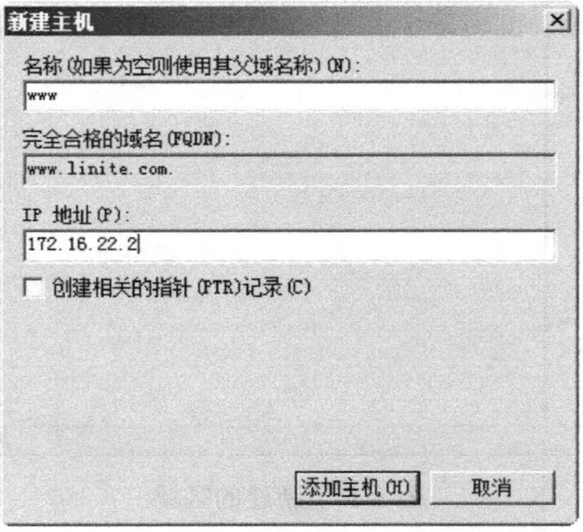

图 3-16　新建主机的参数设置

步骤 3：设置正确后，单击“添加主机”按钮，弹出“成功地创建了主机记录”提示信息，表示已成功地创建了一条主机记录。

步骤 4：单击“确定”按钮，如果需要，可重复以上步骤，继续创建其他主机记录。

步骤 5：当所有主机记录创建结束后，单击“完成”按钮，返回“DNS 管理器”窗口，创建的主机记录将全部显示在窗口右侧窗格中，如图 3-17 所示。

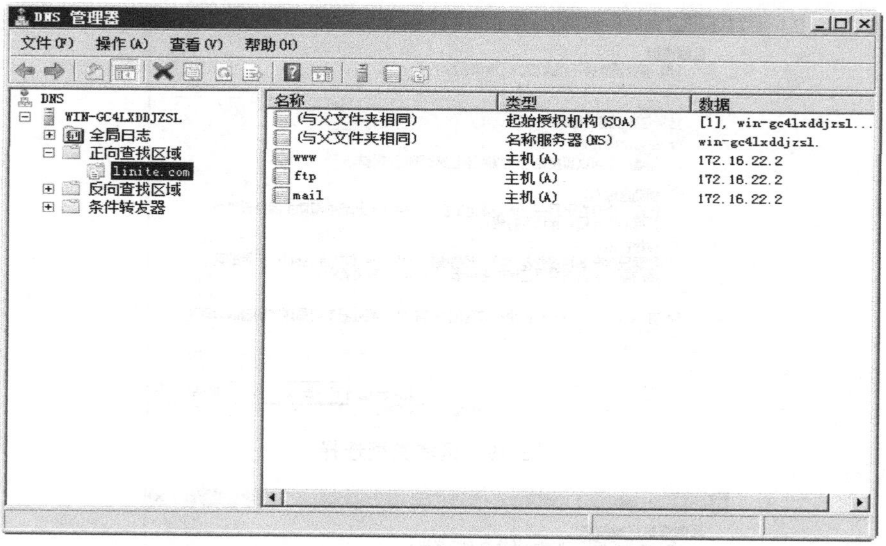

图 3-17 完成主机记录的创建

四、反向查找区域的创建

步骤 1：在 DNS 树形目录中选中“反向查找区域”选项并右击，在弹出的快捷菜单中选择“新建区域”选项，弹出“新建区域向导”对话框，如图 3-18 所示。

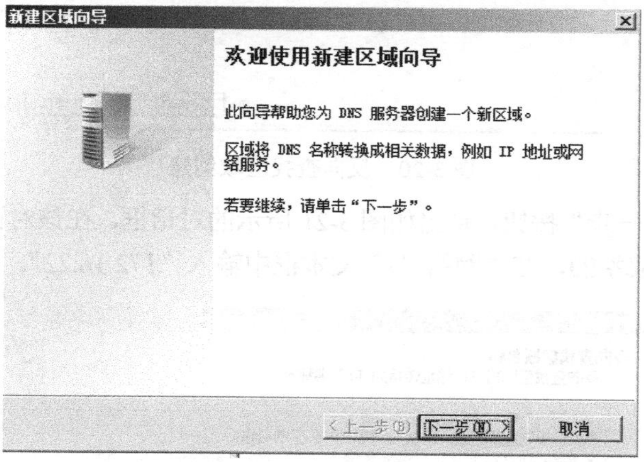

图 3-18 “新建区域向导”对话框

步骤 2：单击“下一步”按钮，在“区域类型”对话框中，选中“主要区域”单选按钮，取消选中“在 Active Directory 中存储区域（只有 DNS 服务器是可写域控制器时才可用）”复选框，这样 DNS 就不能和 Active Directory 域服务集成了，如图 3-19 所示。

步骤 3：单击“下一步”按钮，弹出“反向查找区域名称”对话框，在此选中“IPv4 反向查找区域”单选按钮，单击“下一步”按钮，如图 3-20 所示。

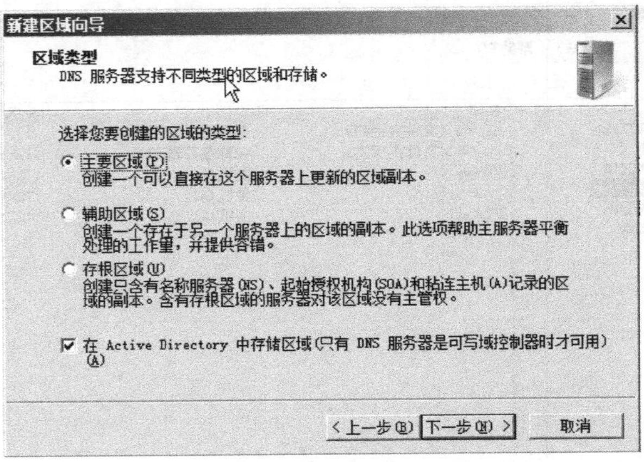

图 3-19　区域类型选择

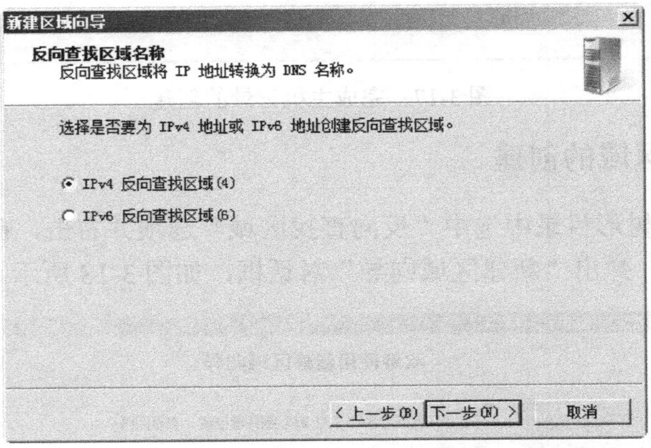

图 3-20　反向查找区域创建

步骤 4：单击“下一步”按钮，弹出如图 3-21 所示的对话框，在该对话框中输入反向查找区域的名称，需要使用网络 ID，在“网络 ID”文本框中输入“172.16.22”。

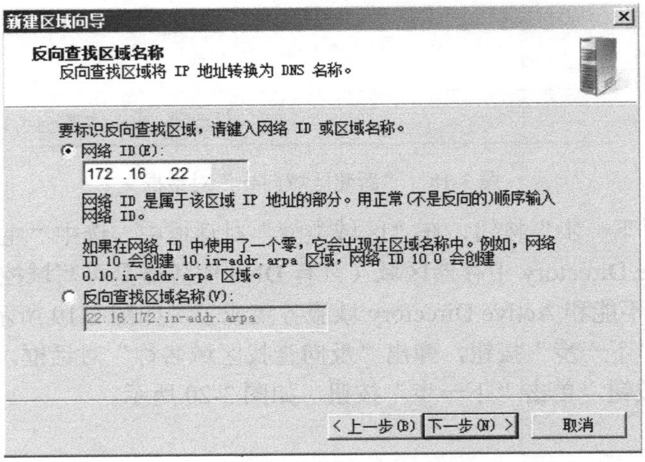

图 3-21　输入反向查找网络 ID

步骤 5：单击“下一步”按钮，弹出“区域文件”对话框，如果希望使用系统给定的默认文件名，则只需要单击“下一步”按钮，弹出“动态更新”对话框。选中“不允许动态更新”单选按钮，单击“下一步”按钮，如图 3-22 所示。

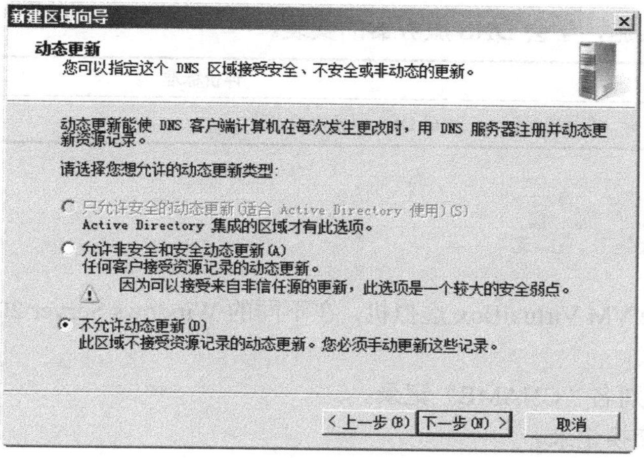

图 3-22　动态更新设置

步骤 6：弹出“正在完成新建区域向导”对话框，对显示的功能设置进行确认，如图 3-23 所示。

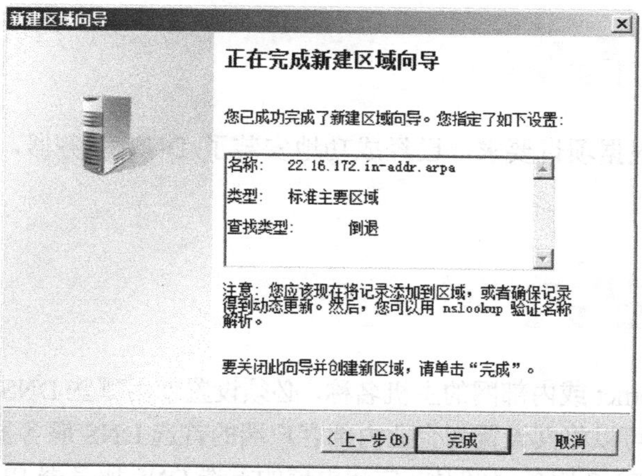

图 3-23　完成反向查找区域的创建

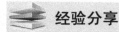

经验分享

在反向查找区域内创建记录

当创建了反向查找区域后，还必须在该区域内创建记录数据，只有这些记录数据在实际的查询中才是有用的，一般通过以下方式在反向查找区域中创建记录数据。

（1）在“DNS 管理器”窗口中，双击“反向查找区域”节点，扩展后出现具体的区域名称，如前面创建的 172.16.22.x Subnet，其域名为 www.linite.com。

（2）单击“确定”按钮，一个记录创建成功，还可以用同样的方式创建其他记录数据。

任务验收

通过本任务的实施，学会 DNS 服务器的安装。

评价内容	评价标准
DNS 服务器的安装	在规定时间内，完成 DNS 服务器的安装

拓展练习

（1）基于 Oracle VM VirtualBox 虚拟机，在不同的 Windows Server 2008 R2 操作系统上成功安装 DNS 服务器。

（2）创建 DNS 别名（CNAME）记录。

（3）创建邮件交换记录。

任务二　配置 DNS 客户端

任务描述

网络管理员小赵根据项目要求，已经成功地安装了 DNS 服务器，下一步需要配置 DNS 客户端。

任务分析

客户端要解析 Internet 或内部网的主机名称，必须设置使用哪些 DNS 服务器，如果企业有自己的 DNS 服务器，则可以将其设置为企业内部客户端的首选 DNS 服务器，否则设置 Internet 上的 DNS 服务器为首选 DNS 服务器(例如，广州电信的首选 DNS 服务器 IP 地址为 61.144.56.100)。

Windows 操作系统中 DNS 客户端的配置非常简单，只需在 IP 地址信息中添加 DNS 服务器的 IP 地址即可。

任务实施

一、DNS 客户端配置

步骤 1：打开“控制面板”窗口，在窗口中双击“网络连接”图标，打开“网络连接”

窗口。

步骤 2：选中“本地连接”选项并右击，在弹出的快捷菜单中选择“属性”选项，弹出“本地连接属性”对话框，如图 3-24 所示。

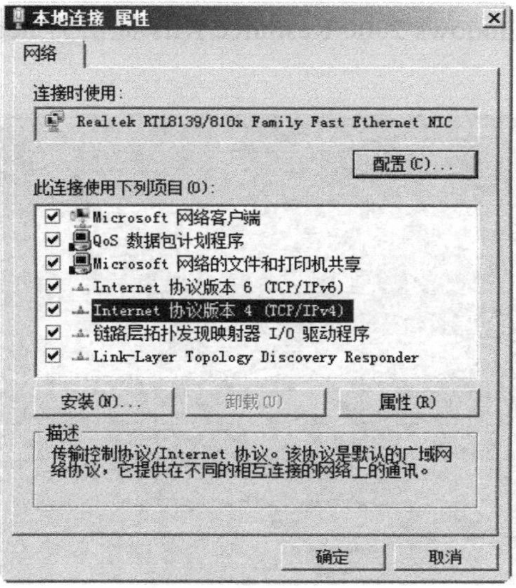

图 3-24　客户端本地连接属性配置

步骤 3：在“此连接使用下列项目”列表框中选中已安装的“Internet 协议版本 4（TCP/IPv4）”复选框，单击“属性”按钮，弹出如图 3-25 所示的对话框。

步骤 4：在“首选 DNS 服务器”文本框中输入 DNS 服务器的 IP 地址 172.16.22.2 ，如果网络中还有其他的 DNS 服务器，则可在“备用 DNS 服务器”文本框中输入这台备用 DNS 服务器的 IP 地址。也可以在备用 DNS 服务器文本框中输入 Internet 中的 DNS 服务器的 IP 地址。

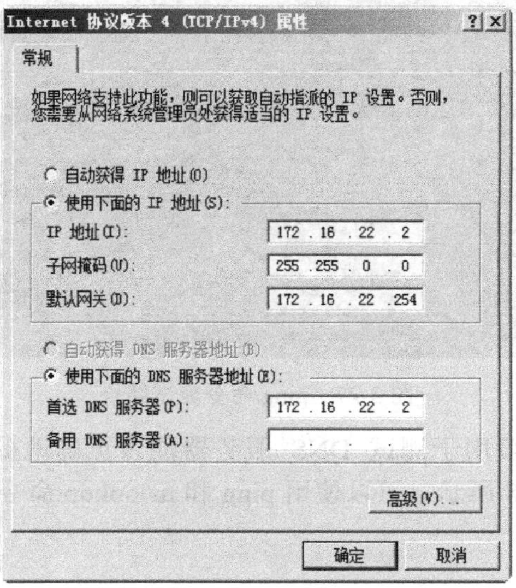

图 3-25　TCP/IPv4 属性配置

二、测试 DNS

步骤 1：DNS 服务器和客户端配置完成后，可以使用各种命令测试 DNS 配置是否正确。Windows Server 2003 内置了用于测试 DNS 的相关命令，如 ipconfig、ping 及 nslookup，如图 3-26 所示。同时，Windows 2000 Resource Kits 提供的 netdiag 命令也是很好的测试工具。

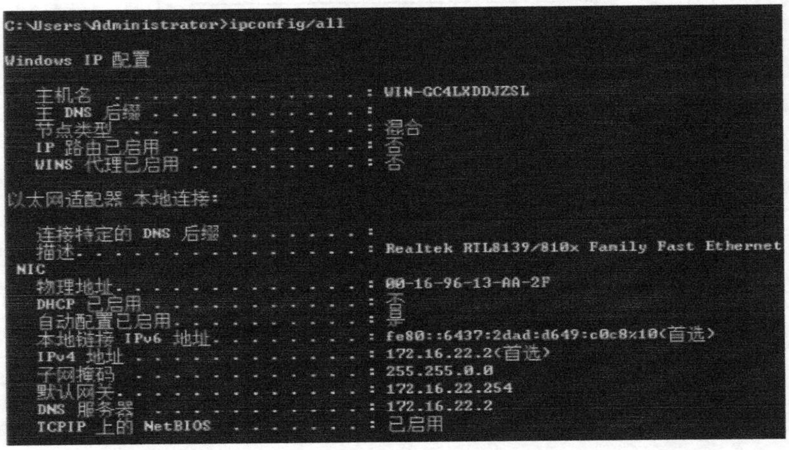

图 3-26　DNS 测试命令

步骤 2：确定 DNS 服务器配置正确后，使用 ping 命令来确定 DNS 服务器是否在线，如果 ping DNS 服务器的主机名，则会返回对应的 IP 地址及响应的简单统计信息。输入 ping www.linite.com 命令，其执行结果如图 3-27 所示。

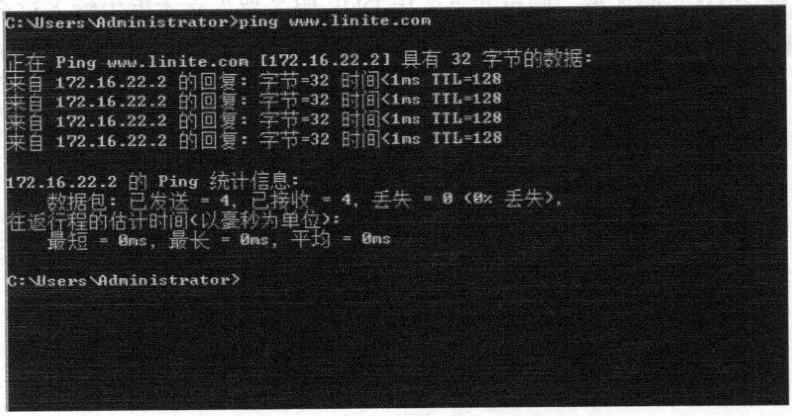

图 3-27　ping 命令测试结果

步骤 3：反向查询一般用于测试 DNS 服务器能否正确地提供名称解析功能，如运行 nslookup 的时候，如图 3-28 所示。可以使用 ping 和 nslookup 命令测试反向查询功能。

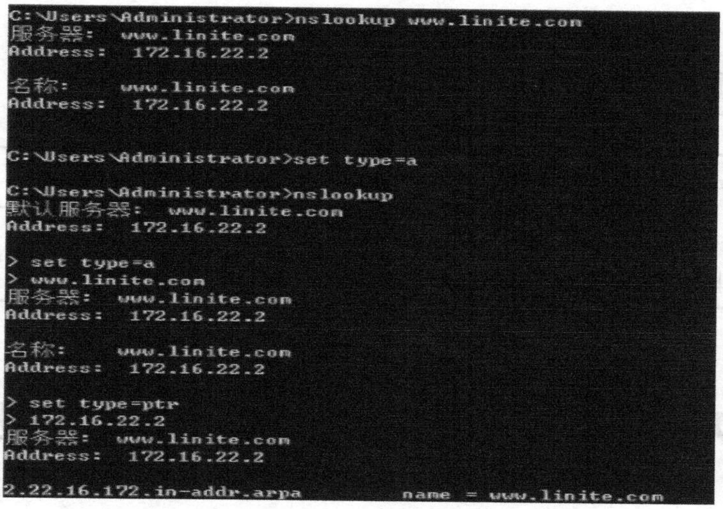

图 3-28 nslookup 命令测试结果

知识链接

DNS 服务器安装后，有时可能由于某些错误而导致无法正常启动服务或提供名称解析功能。以下是常见的 DNS 故障及排除方法。

（1）DNS 服务无法启动。

（2）DNS 服务器无法进行名称解析。

（3）DNS 服务器返回错误的结果。

（4）客户端获得错误的结果。

（5）DNS 服务器不能执行简单查询或递归查询。

任务验收

通过本任务的实施，学会配置与测试 DNS 客户端。

评价内容	评价标准
配置 DNS 服务器	在规定时间内，根据客户需求配置并测试 DNS 客户端

拓展练习

（1）基于 Oracle VM VirtualBox 虚拟机，在不同的 Windows Server 2008 R2 操作系统上成功配置 DNS 服务器客户端。

（2）学习 DNS 服务器高级应用（根提示和转发器、条件转发），以及 DNS 管理与监控。

（3）学习 DNS 故障排除的方法。

项目评价

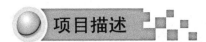

考核内容	评价标准
基于 Windows Server 2008 R2 操作系统配置 DNS 服务	与客户确认，在规定时间内，配置 DNS 并保证 DNS 能正常访问网页

项目二　FTP服务器的搭建

项目描述

由于新兴学校招生规模的扩大，需要搭建 FTP 服务器，现有一台 Windows Server 2008 R2 服务器，需要保证服务器的高效、高安全性和高稳定性，请飞越公司给出配置建议和实施方案。

项目分析

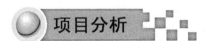

构建一台 FTP 服务器，为局域网中的计算机提供文件传送任务。要求能够对 FTP 服务器设置连接限制、日志记录、消息、验证客户端身份等属性，并能创建用户的 FTP 站点。作为网络管理员的小赵，根据项目需求，需先了解 DNS 服务支持，再创建一个 FTP 服务器，提供文件下载和上传功能。整个项目的认知与分析流程如图 3-29 所示。

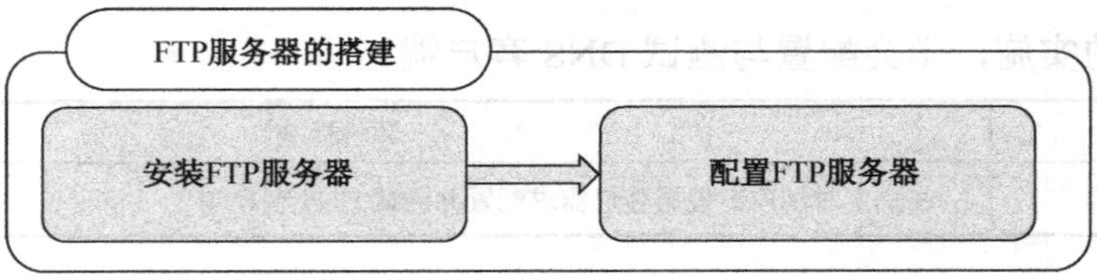

图 3-29　项目流程图

知识链接

文件传输协议使得主机间可以共享文件。FTP 使用 TCP 生成一个虚拟连接以控制信息，再生成一个单独的 TCP 连接用于数据传输。控制连接使用类似 Telnet 的协议在主机间交换命令和消息。文件传输协议是 TCP/IP 网络上两台计算机传送文件的协议，FTP 是在 TCP/IP 网络和 Internet 上最早使用的协议之一，它位于网络协议组的应用层。FTP 客户机可以给服务器发出命令以下载文件、上传文件、创建或改变服务器上的目录。

任务一　安装 FTP 服务器

任务描述

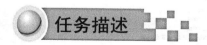

新兴学校的信息中心为了方便教师的文件备份，准备搭建 FTP 服务器环境。根据需求分析，网络管理员小赵安装了服务器操作系统，现在需要安装 FTP 服务器。

任务分析

FTP 服务是文件传输协议、TCP/IP 提供的标准机制。用来将文件从一个主机复制到另一个主机。FTP 使用 TCP 服务，FTP 提供了文件的共享（计算机程序/数据）；支持间接使用远程计算机；使用户不因各类主机文件存储器系统的差异而受到影响；可靠且有效地传输数据。由于小赵对此并不熟悉，于是请飞越公司的工程师来帮忙。

经验分享

FTP 是应用层的协议，它基于传输层，为用户服务，它们负责进行文件的传输。FTP 是一个 8 位的客户端-服务器协议，能操作任何类型的文件且不需要进一步处理，就像 MIME 或 Unicode 一样。但是，FTP 有着极高的延时，这意味着，从开始请求到第一次接收需求数据之间的时间会非常长，并且必须不时地执行一些冗长的登录进程。

尽管 FTP 可以直接被终端用户使用，但其应用主要是通过程序实现的。

FTP 控制帧即 Telnet 交换信息，包含 Telnet 命令和选项。然而，大多数 FTP 控制帧是简单的 ASCII 文本，可以分为 FTP 命令或 FTP 消息。FTP 消息是对 FTP 命令的响应，它由带有解释文本的应答代码构成。

任务实施

步骤 1：选择“开始”→“管理工具”→“服务器管理器”选项，打开“服务器管理器”窗口，如图 3-30 所示。

步骤 2：选中“窗口”左上角的“角色”节点，单击“添加角色”超链接，弹出“添加角色向导”对话框，单击“下一步”按钮，如图 3-31 所示。

步骤 3：在“选择服务器角色”对话框中选中“Web 服务器（IIS）”复选框，并选择添加必需的功能，如图 3-32 和图 3-33 所示。

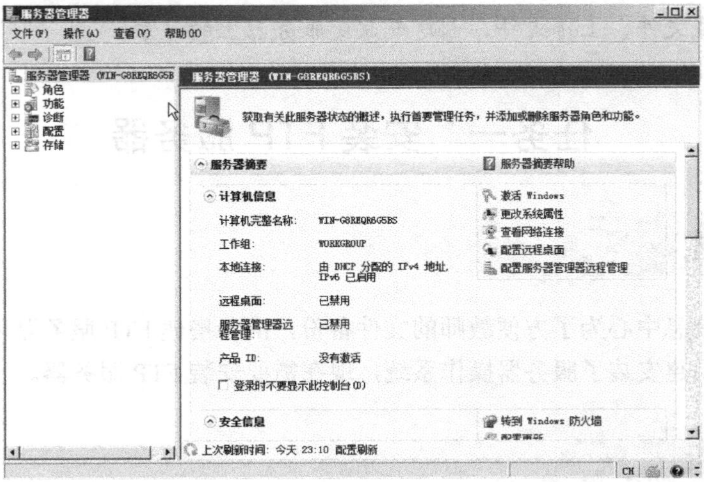

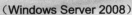

图 3-30 “服务器管理器”窗口

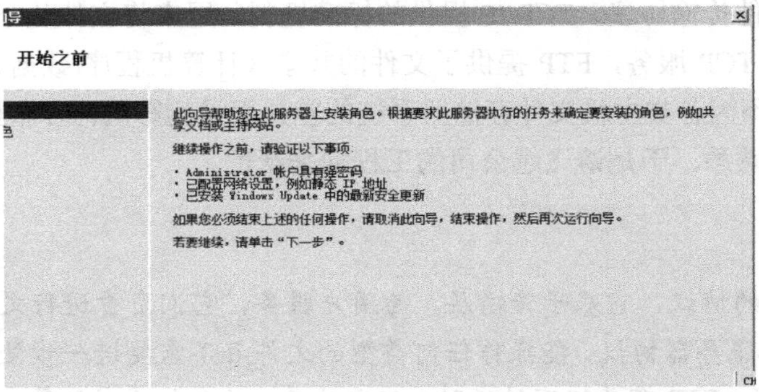

图 3-31 添加角色向导

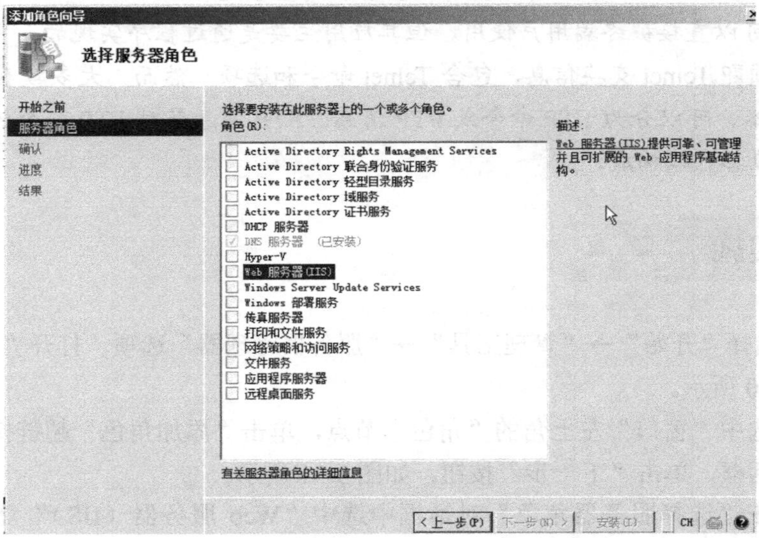

图 3-32 添加 IIS 功能

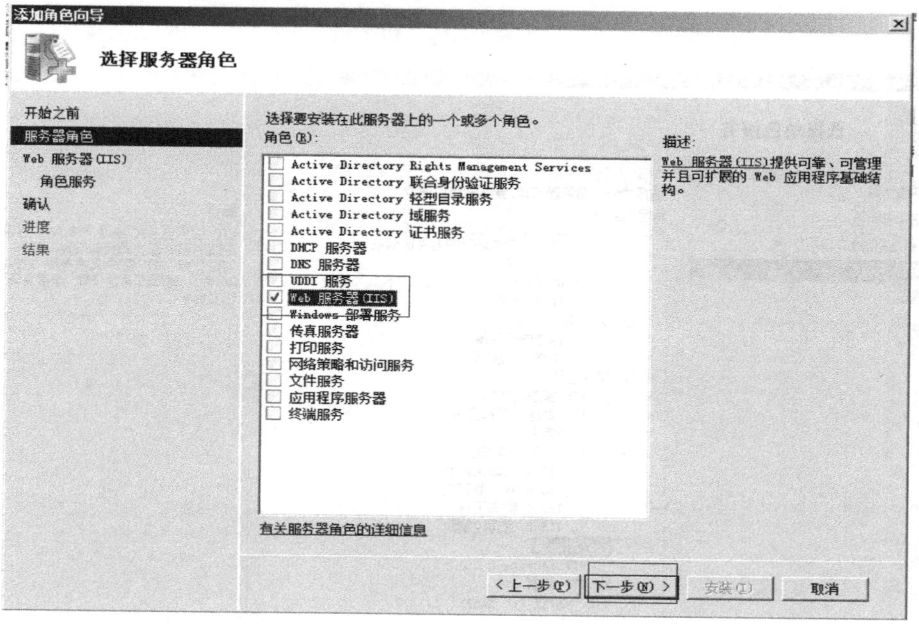

图 3-33　选择添加 Web 服务器

步骤 4：单击“下一步”按钮，弹出“Web 服务器（IIS）”对话框，单击“下一步”按钮，如图 3-34 所示。

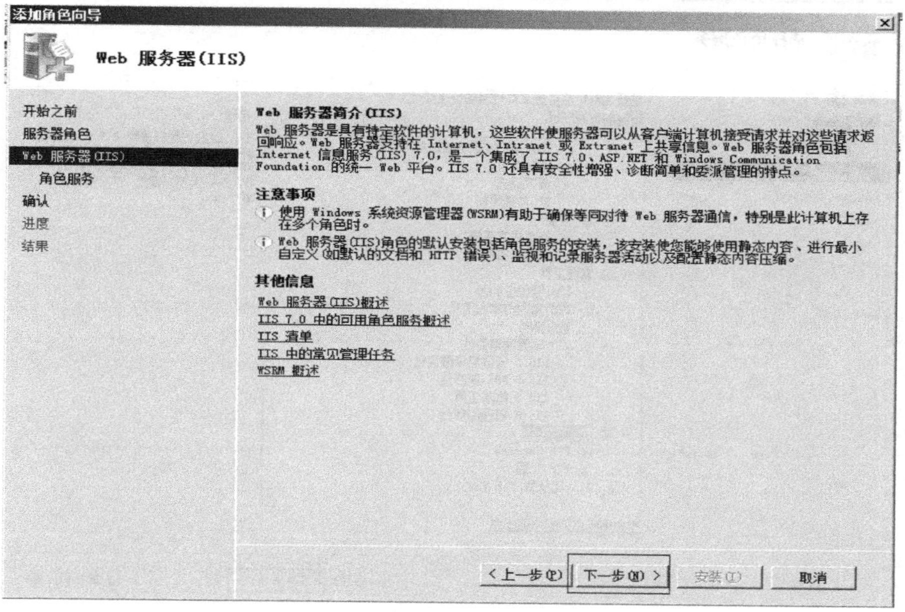

图 3-34　安装 Web 服务器

步骤 5：弹出“选择角色服务”对话框，选择为 Web 服务器 IIS 安装的角色服务，这里选中“FTP 服务器”复选框，添加必需的角色服务。单击“下一步”按钮，如图 3-35 和图 3-36

所示。

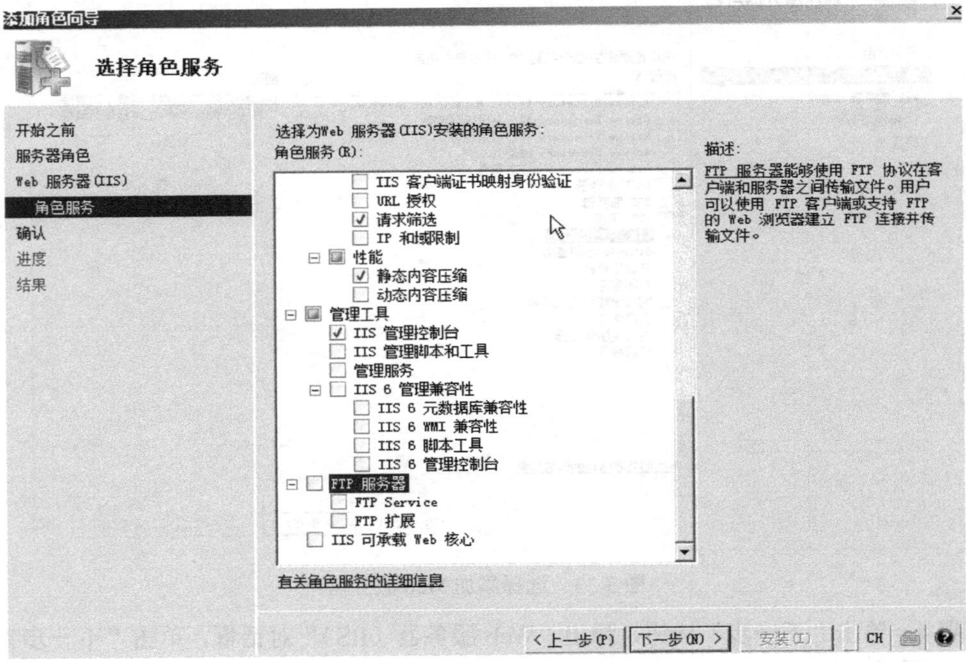

图 3-35　添加 FTP 服务器

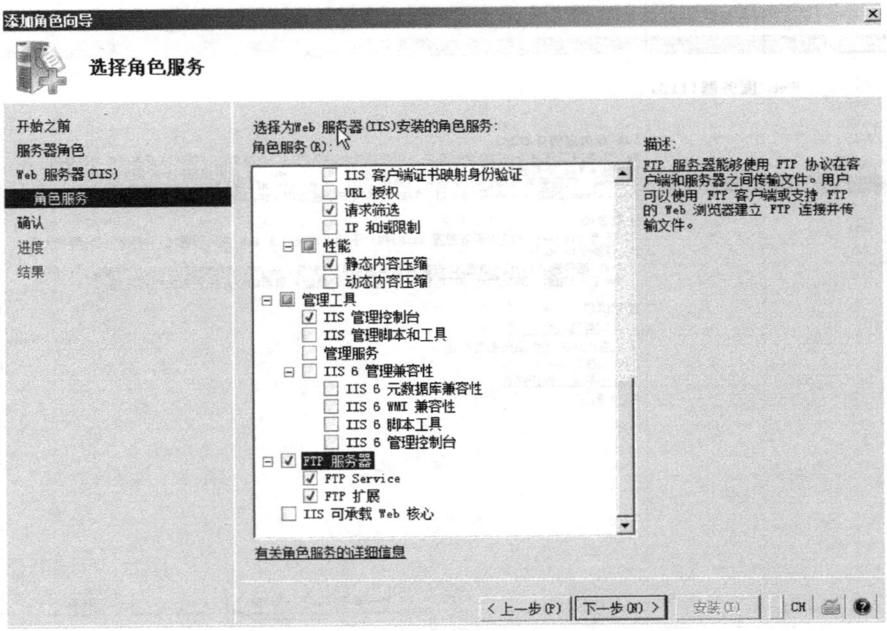

图 3-36　安装 FTP 服务器

步骤 6：在“确认安装选择”对话框中单击“安装”按钮，如图 3-37 所示。

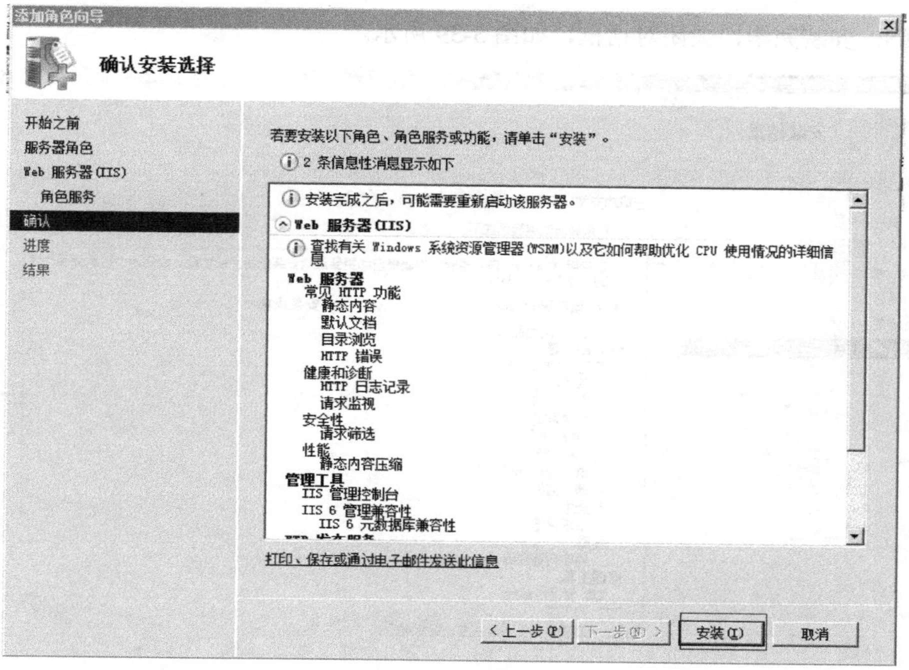

图 3-37 确认安装选择

步骤 7：安装进度，如图 3-38 所示。

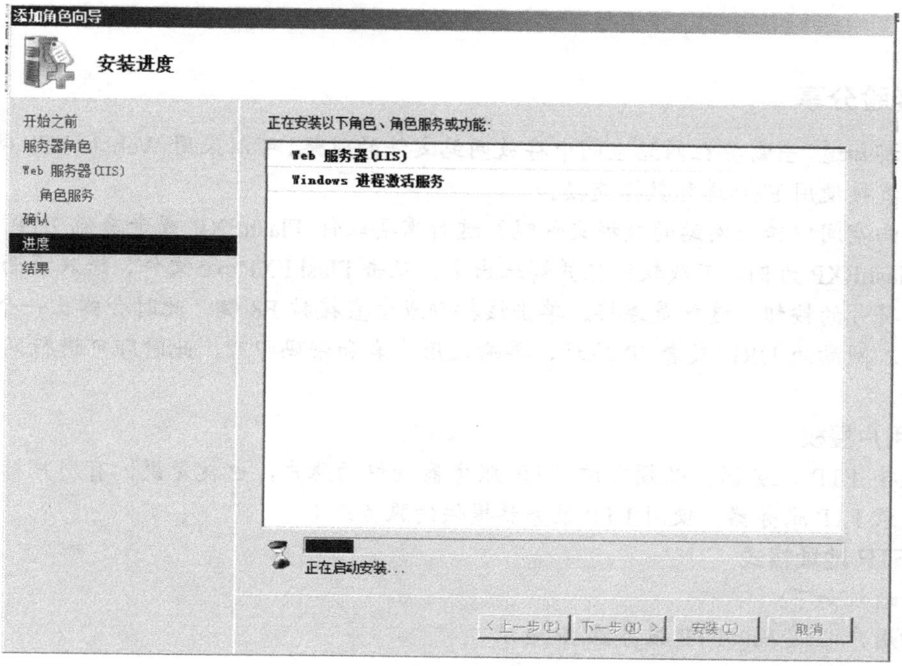

图 3-38 安装进度

步骤 8：安装完毕，关闭对话框，如图 3-39 所示。

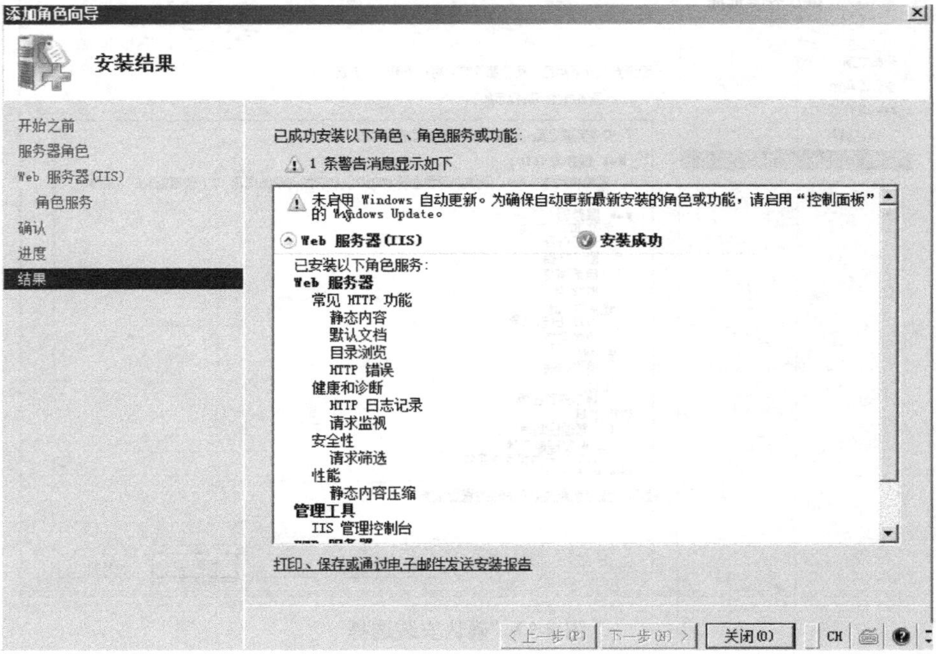

图 3-39　完成 FTP 服务器的安装

经验分享

大家都知道，当需要在网站空间中存放网站文件的时候，可以采用 Web 和 FTP 两种方法。这里建议直接使用 FTP 进行数据交换。

怎样向空间中传送网站的数据文件呢？这时需要软件 FlashFXP 或者其他 FTP 客户端。这里以 FlashFXP 为例，下载软件包并解压出来，双击 FlashFXP.exe 文件，进入页面之后，有一个闪电符号的按钮，这就是连接。单击该按钮或者直接按 F8 键，此时会弹出一个对话框，只需要输入网站的 URL 或者 IP 地址，再输入用户名和密码即可，此时即可进行网站数据文件的传输。

1．用户授权

要连接 FTP 服务器，必须有该 FTP 服务器授权的账户，也就是说，有用户标识和口令后才能登录 FTP 服务器，使用 FTP 服务器提供的服务。

2．FTP 地址格式

FTP 地址如下：

ftp://用户名:密码@FTP 服务器 IP 地址

或者

域名:FTP 命令端口/路径/文件名

上面的参数除 FTP 服务器 IP 地址或域名为必要项外，其他都不是必需的。

任务验收

通过本任务的实施，学会 FTP 服务器的安装。

评价内容	评价标准
FTP 服务器的安装	在规定时间内，完成 FTP 服务器的安装

拓展练习

基于 Oracle VM VirtualBox 虚拟机，在不同的 Windows Server 2008 R2 操作系统上配置 FTP 服务器。

任务二　配置 FTP 服务器

任务描述

新兴学校的网络管理员小赵按照学校的业务要求，已经成功地安装了 FTP 服务器。现信息中心要求配置 FTP 服务器，以实现教师和学生的使用。

任务分析

通过一个支持 FTP 协议的客户端程序，连接到远程主机上的 FTP 服务器。用户通过客户机程序向服务器程序发出命令，服务器程序执行用户发出的命令，并将执行的结果返回客户机。例如，用户发出一条命令，要求服务器向用户传送某个文件，服务器会响应这条命令，将指定文件送至用户的机器上。由于小赵对此并不熟悉，于是请飞越公司的工程师来帮忙。

任务实施

一、配置 FTP

1. *不隔离用户*

步骤 1：选择“开始”→“管理工具”→“Internet 信息服务（IIS）管理器”选项，打开其窗口，展开其树形目录，选中“网站”节点，单击“添加 FTP 站点”超链接，如图 3-40 所示。

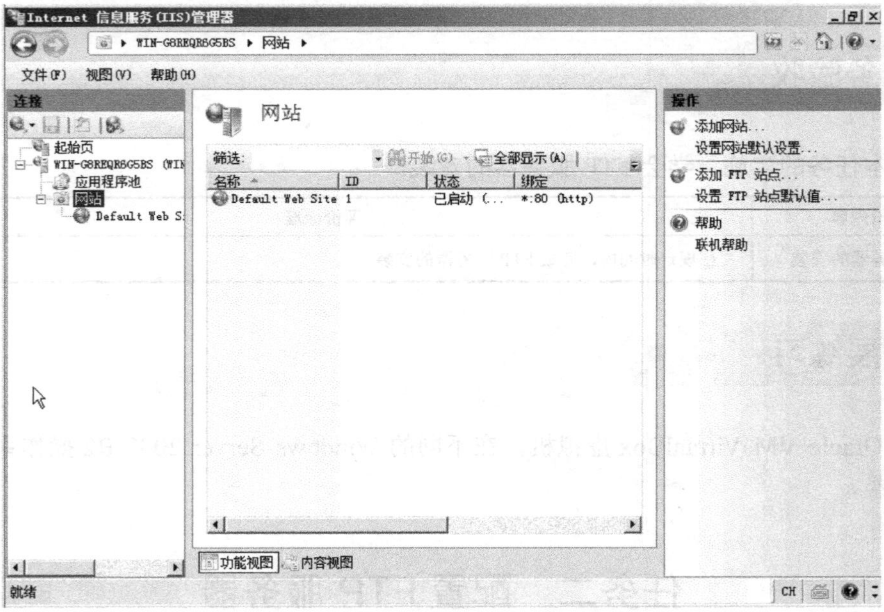

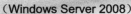

图 3-40　“Internet 信息服务（IIS）管理器”窗口

步骤 2：弹出“添加 FTP 站点”对话框，编辑“FTP 站点名称”，这里以“FTP 站点”为例；物理路径可随意选择，也可新建一个文件夹，如图 3-41 所示。

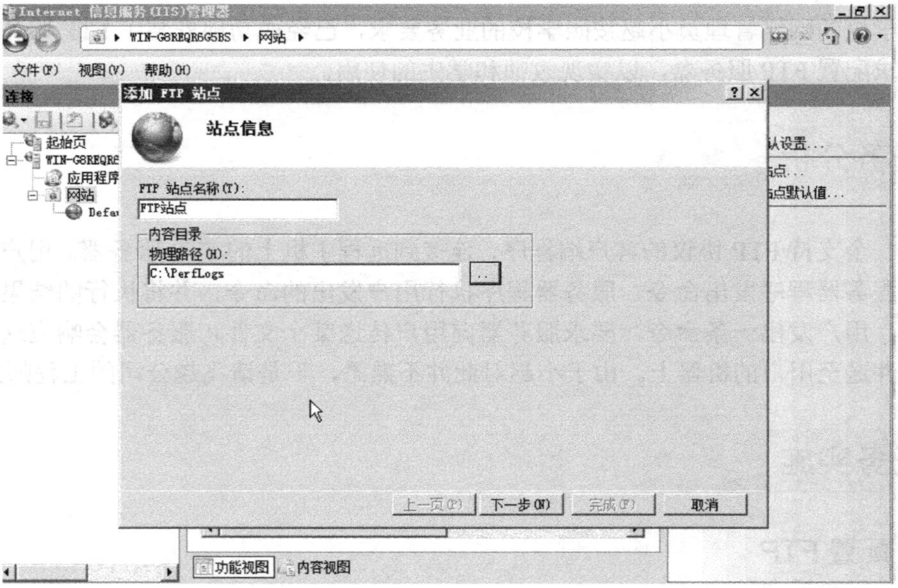

图 3-41　设置 FTP 名称和物理路径

步骤 3：单击“下一步”按钮，弹出“绑定和 SSL 设置”对话框，SSL 设置为“无”，单击“下一步”按钮，如图 3-42 所示。

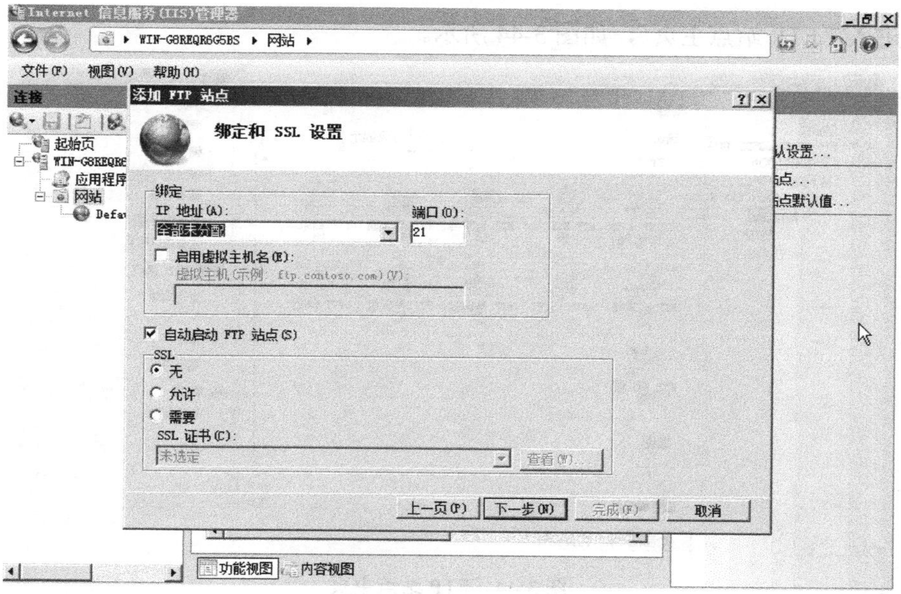

图 3-42　绑定和 SSL 设置

步骤 4：单击“下一步”按钮，设置访问权限（读取表示用户只能访问下载文件，写入表示用户可以上传文件），一般设置为“读取”。设置好后，单击“下一步”按钮，再单击“完成”按钮，安装完毕后启动服务，如图 3-43 所示。

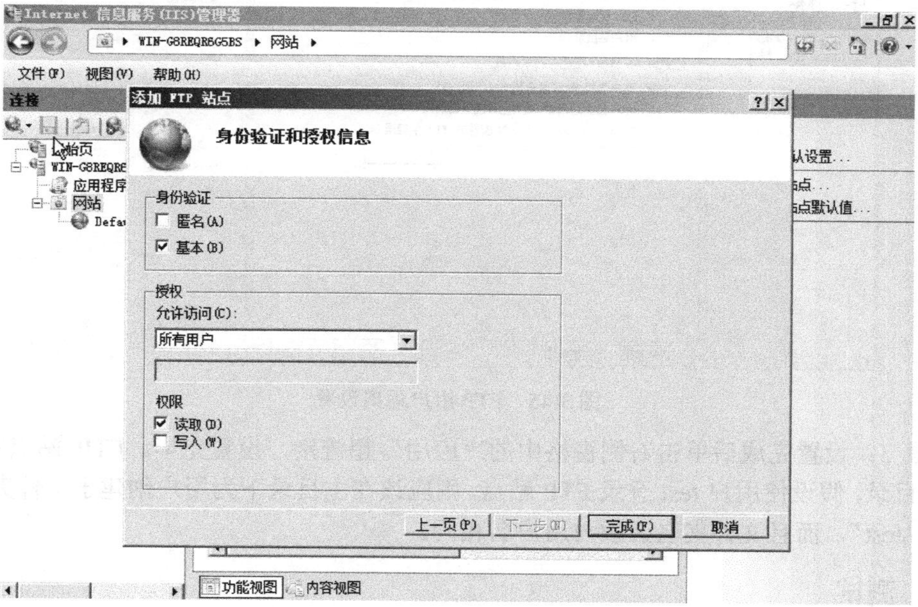

图 3-43　身份验证和授权信息

2. 隔离用户

步骤 1：选择“开始”→“管理工具”→“Internet 信息服务（IIS）管理器”选项，打开其窗口，进入“FTP 站点主页”，如图 3-44 所示。

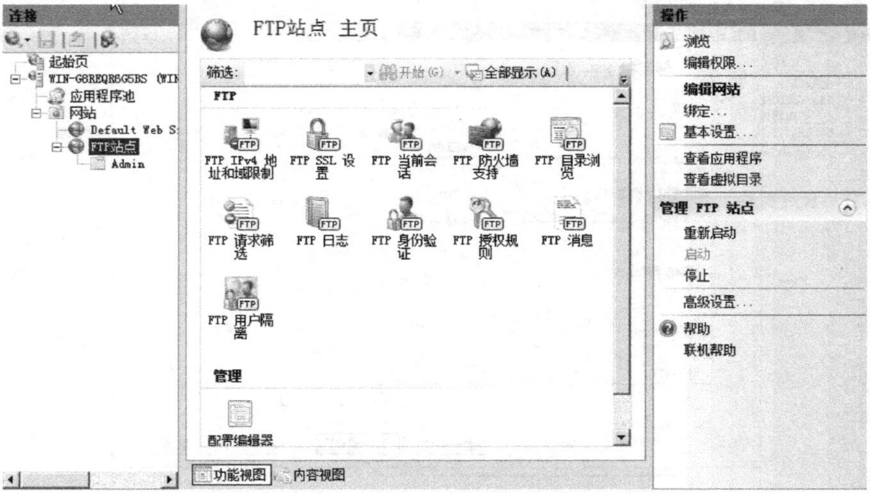

图 3-44　FTP 站点主页

步骤 2：单击“FTP 用户隔离”图标，设置访问权限，如图 3-45 所示。

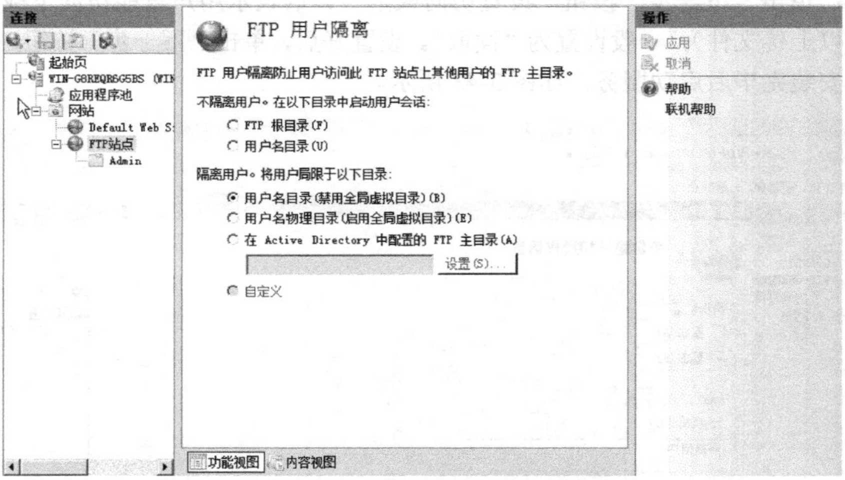

图 3-45　FTP 用户隔离设置

步骤 3：设置完成后单击右侧窗格中的“应用”超链接，设置完毕。FTP 站点主目录为“H:\ftp”目录，假设使用户 test 登录 FTP 站点，则应该在主目录下为用户创建子文件夹“H:\ftp\localuser \test”，而且文件夹名必须与用户名相同。

二、测试

1. 不隔离用户

方法一：可以在浏览器 Internet Explore 地址栏中输入“ftp://127.0.0.1”进行 FTP 匿名登录，如图 3-46 所示。

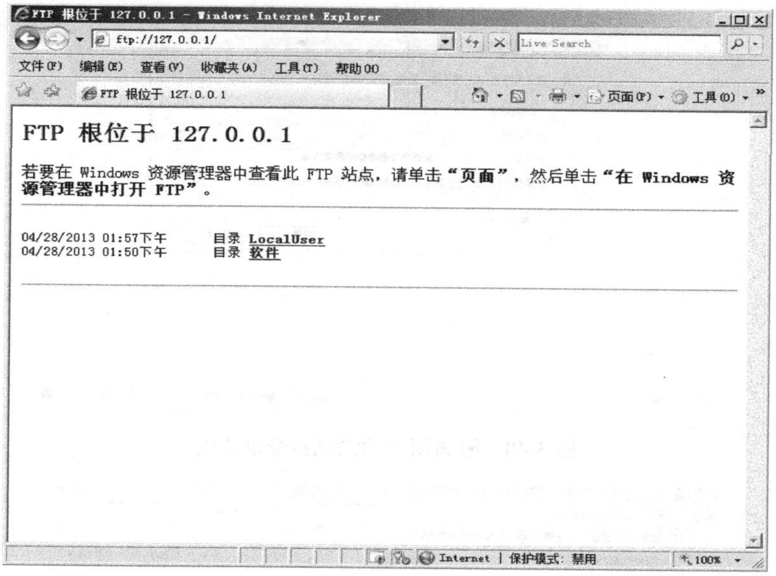

图 3-46 通过浏览器登录

方法二：通过资源管理器窗口登录，如图 3-47 所示。

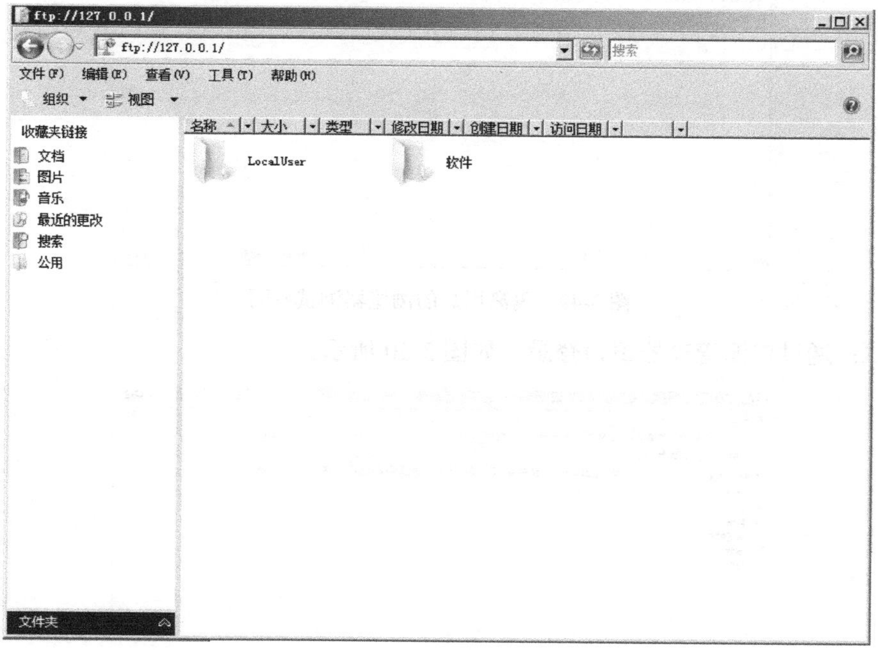

图 3-47 通过资源管理器登录

2. 隔离用户

方法一：可以在浏览器 Internet Explore 地址栏中输入“ftp://127.0.0.1”，并输入用户名和密码，进行 FTP 登录，如图 3-48 和图 3-49 所示。

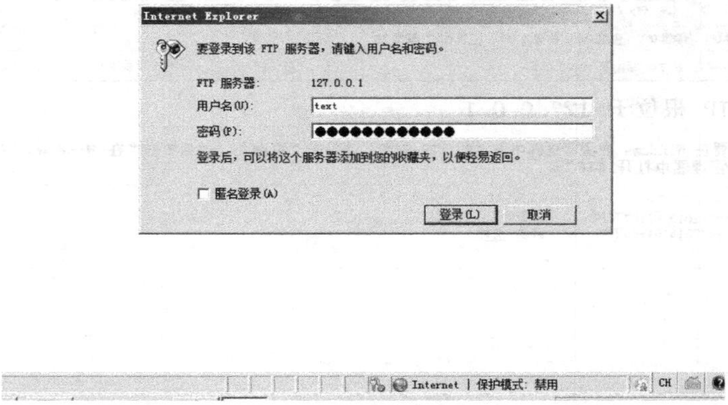

图 3-48　隔离用户的浏览器登录界面

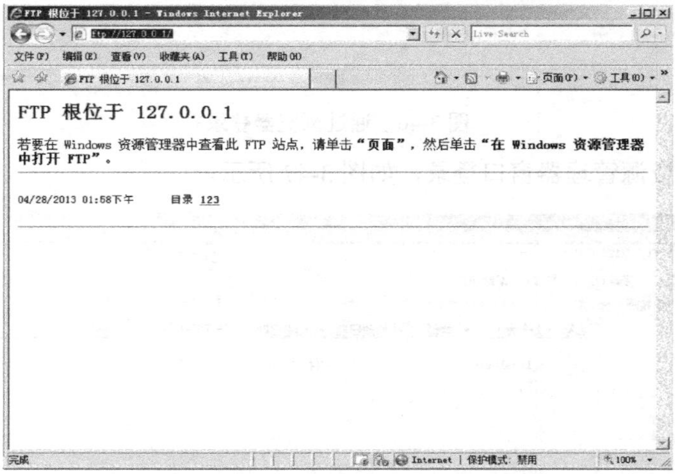

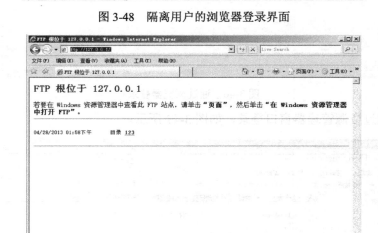

图 3-49　隔离用户的浏览器测试界面

方法二：通过资源管理器窗口登录，如图 3-50 所示。

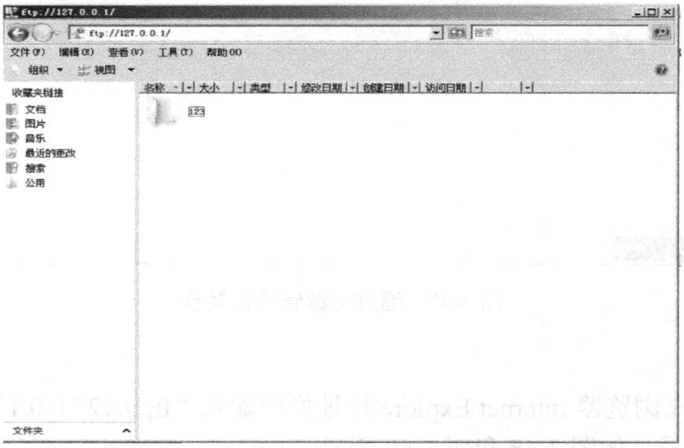

图 3-50　资源管理器登录界面

任务验收

通过本任务的实施，学会配置与测试 FTP 服务器。

评价内容	评价标准
配置 FTP 服务器	在规定时间内，根据客户需求配置并测试 FTP 服务器

拓展练习

基于 Oracle VM VirtualBox 虚拟机，在不同的 Windows Server 2008 R2 操作系统上配置 FTP 服务器客户端并测试通过。

项目评价

考核内容	评价标准
基于 Windows Server 2008 R2 操作系统配置 FTP 服务	与客户确认，在规定时间内，配置完成 FTP 的设置；并保证 FTP 能正常上传、下载文件

项目三　Web 服务器的搭建

项目描述

Web 服务是网络中应用最为广泛的服务，主要用来搭建 Web 网站，向网络发布各种信息。如今企业都拥有自己的网站，用来发布公司信息、宣传公司、实现信息反馈等。使用 Windows Server 2008 R2 可以轻松、方便地搭建 Web 网站。新兴学校由于需要对外宣传，现需构建一台 Web 服务器。

项目分析

作为网络管理和技术人员，根据项目需求，首先要了解相对于 Windows Server 2003 的 IIS 6.0 来说，Windows Server 2008 R2 推出的 IIS 7.0 为管理员提供了统一的 Web 平台，为管理员和开发人员提供了一个一致的 Web 解决方案，并针对安全方面做了改进，可以利用自定义服务器减少对服务器的攻击面。本项目安装的是 Windows Web Server 2008 R2，对应于使用的 Windows 7 操作系统。飞越公司的工程师要配合管理员小赵创建一个 Web 服务器，为学校进行网站宣传。整个项目的认知与分析流程如图 3-51 所示。

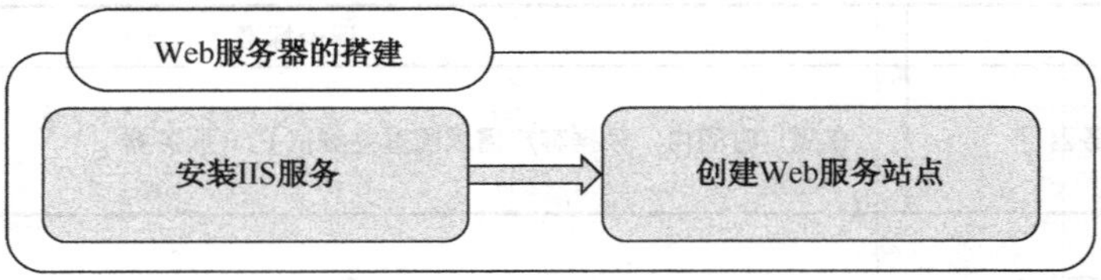

图 3-51　项目流程图

知识链接

Web 服务又称 WWW 服务，是 Internet 上使用最为广泛的服务。

Internet 信息服务（Internet Information Services，IIS）是 Windows Server 中提供的一个服务组件，可以统一提供 WWW、FTP、SMTP 服务，Windows Server 2008 R2 中的 IIS 版本为 7.5，与以前版本的 IIS 相比，IIS 7.5 在安全性方面有了很大的改善。

任务一　安装 IIS

任务描述

按照新兴学校的业务要求，网络管理员小赵需要搭建 Web 服务器。小赵要了解如何创建基于 Windows Server 2008 R2 操作系统的 Web 服务器，以及如何安装 Web 服务器。

任务分析

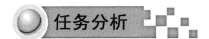

Web 服务采用“浏览器/服务器”模式，在客户端使用浏览器访问存放在服务器上的 Web 网页，客户端与服务器之间采用 HTTP 传输数据。服务器端使用的软件主要是 Windows 平台上的 IIS。由于管理员小赵对此并不熟悉，于是他决定请飞越公司的工程师来帮忙。

经验分享

安装好服务器后要对其进行更新，弥补漏洞，以免服务器搭建好后被他人攻击。而 Windows Server 2008 R2 安装好服务器之后，会在任务栏中显示服务器管理器，使用起来非常方便。

任务实施

步骤 1：选择“开始”→“管理工具”→“服务器管理器”选项，打开“服务器管理器”窗口，如图 3-52 所示。

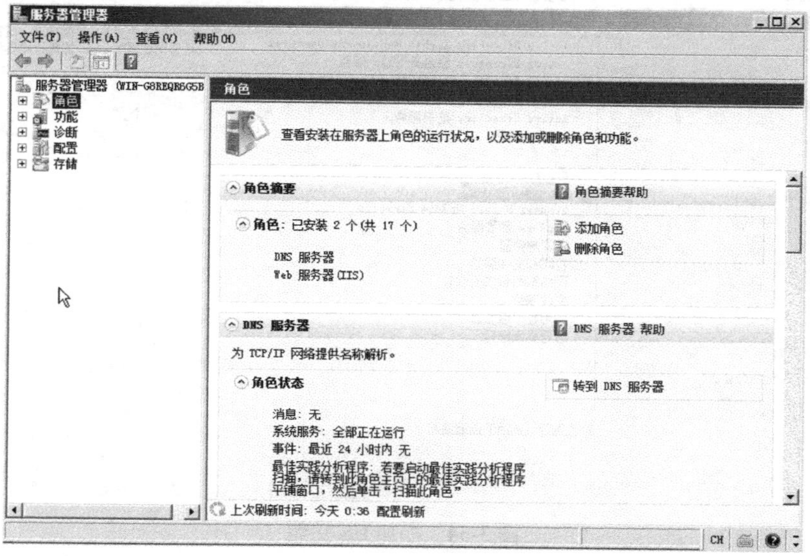

图 3-52　“服务器管理器”窗口

步骤 2：选中窗口左上角的“角色”节点，单击“添加角色”超链接，弹出“添加角色向导”对话框，单击“下一步”按钮，如图 3-53 所示。

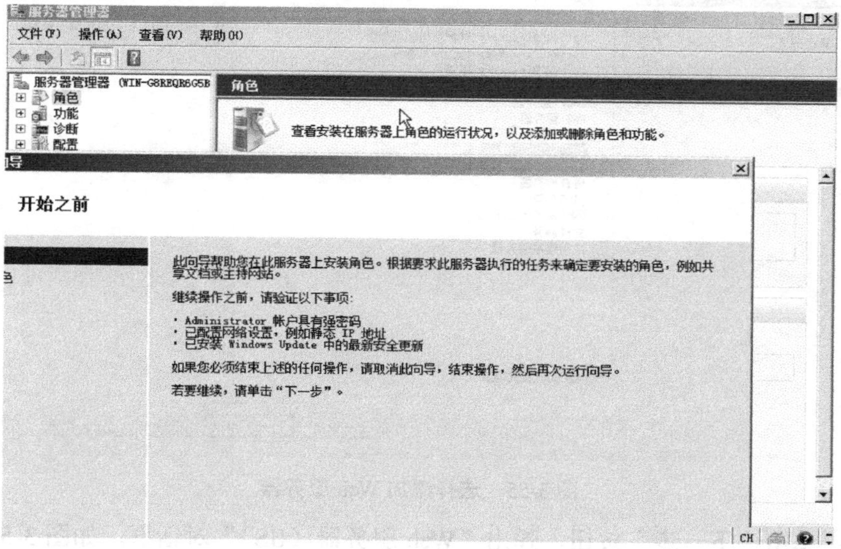

图 3-53　添加角色

步骤 3：选中“Web 服务器（IIS）”复选框，并添加必需的功能，如图 3-54 和图 3-55 所示。

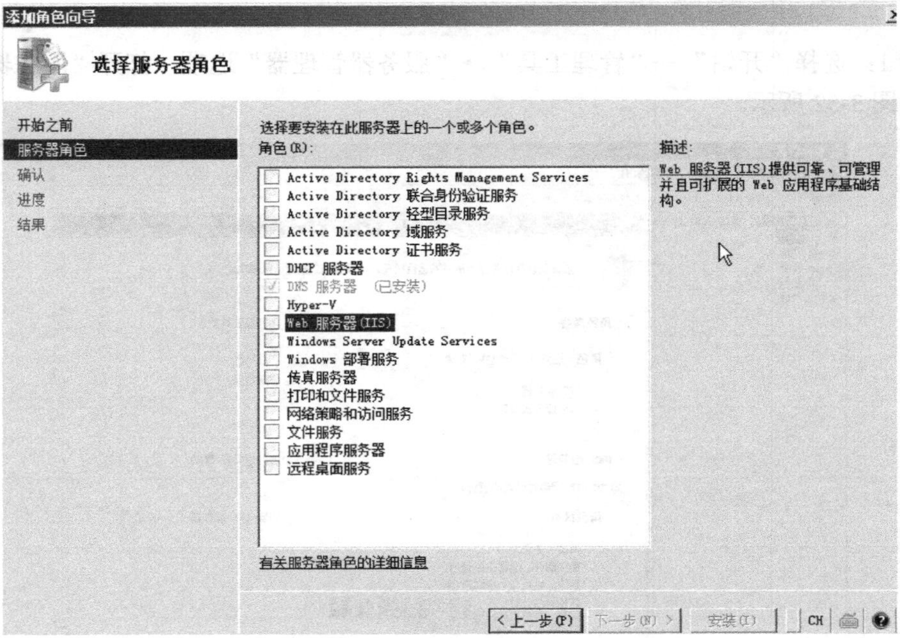

图 3-54　添加 IIS 功能

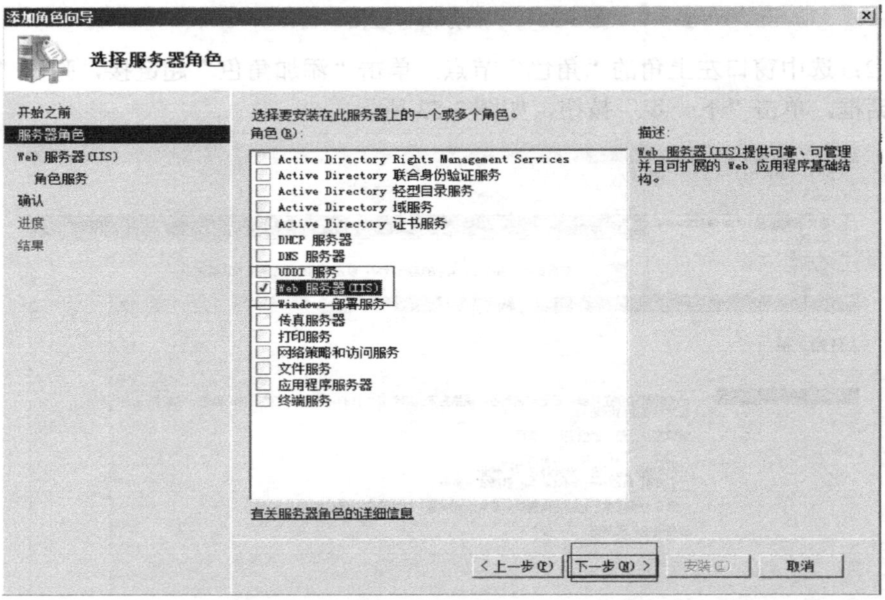

图 3-55　选择添加 Web 服务器

步骤 4：单击“下一步”按钮，弹出“Web 服务器（IIS）”对话框，如图 3-56 所示。

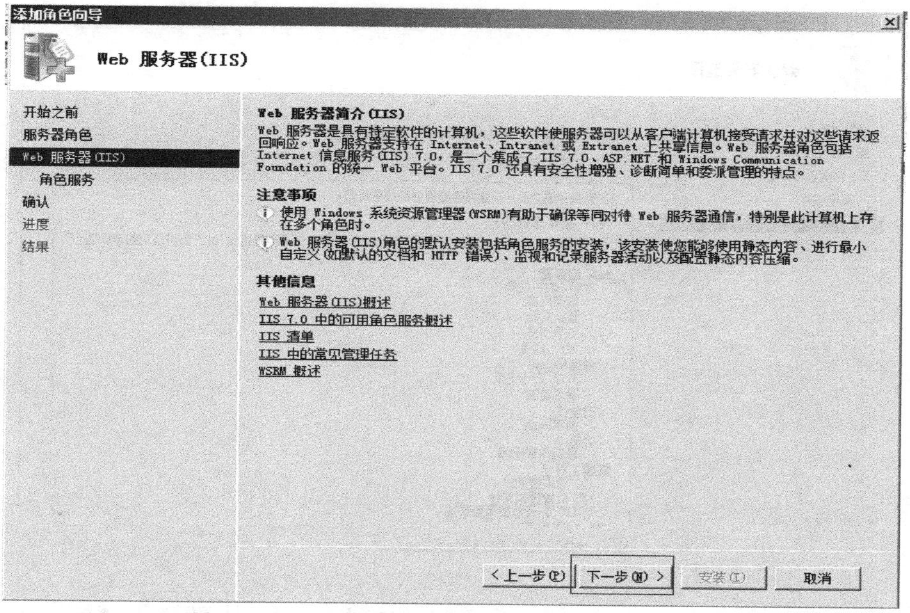

图 3-56　Web 服务器简介

步骤 5：在“选择角色服务”对话框中选择 Web 服务器安装的角色服务，这里选中“IIS 6 管理兼容性”复选框，单击“下一步”按钮，如图 3-57 所示。

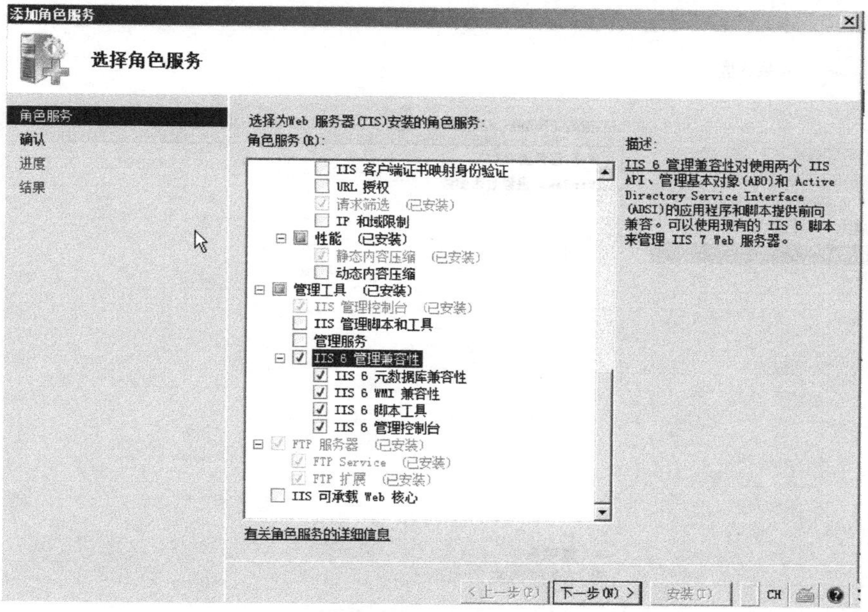

图 3-57　添加角色服务

步骤 6：在弹出的“确认安装选择”对话框中单击“安装”按钮，如图 3-58 所示。

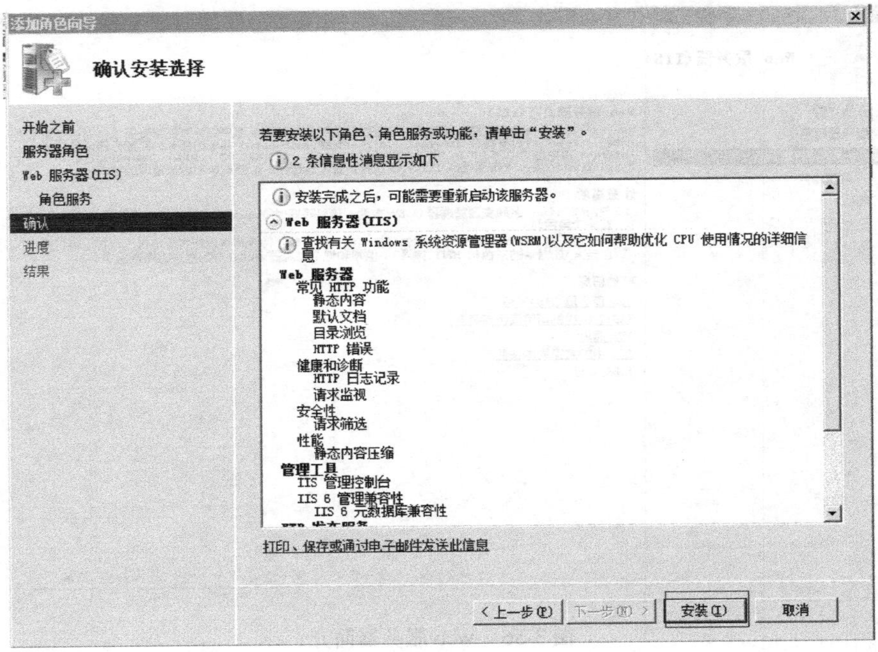

图 3-58　确认安装选择

步骤 7：安装制度如图 3-59 所示。

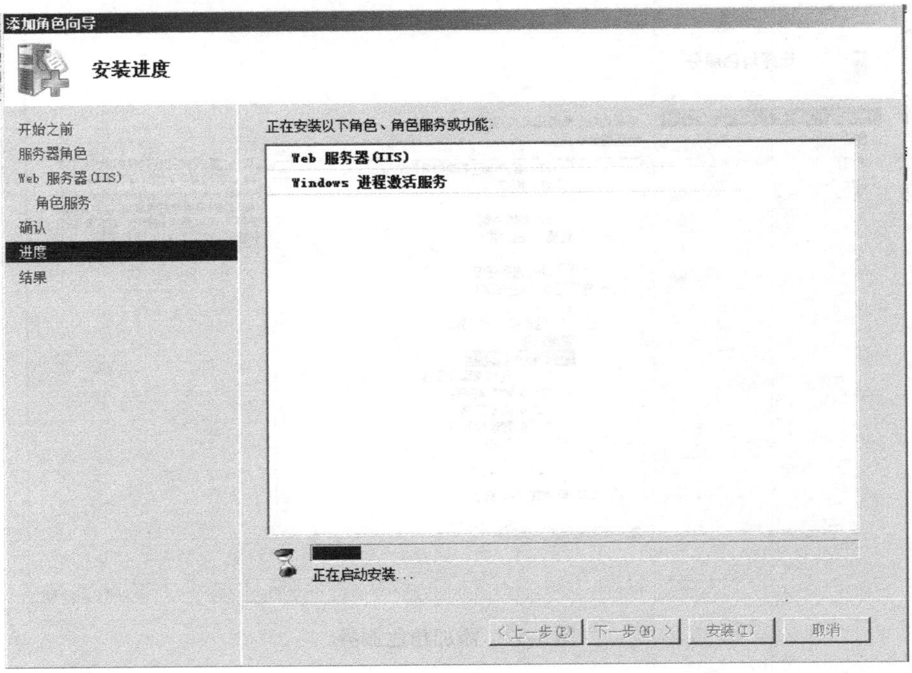

图 3-59　安装进度

步骤 8：安装完毕，关闭对话框，如图 3-60 所示。

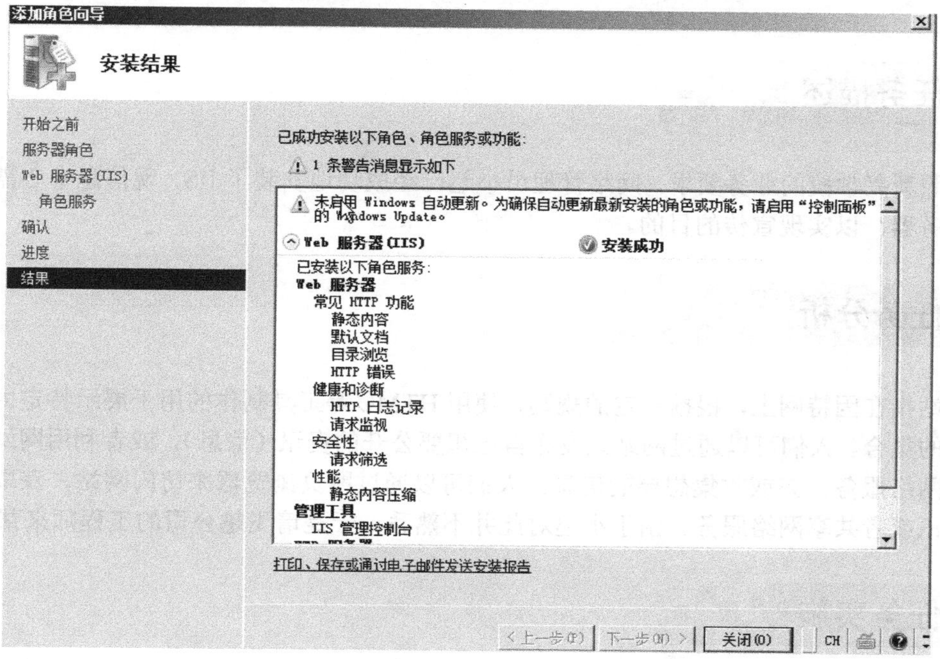

图 3-60　完成 Web 服务器的安装

经验分享

创建好后可以看到，IIS 6.0 中并没有默认的网站，而在 IIS 7.0 中，一旦安装成功，系统就会自动绑定创建的首页。

任务验收

通过本任务的实施，学会 IIS 的安装配置。

评价内容	评价标准
IIS 的安装配置	在规定时间内，完成 IIS 的安装配置

拓展练习

基于 Oracle VM VirtualBox 虚拟机，在不同的 Windows Server 2008 R2 操作系统上建立 IIS 并进行配置。

任务二　创建 Web 服务站点

任务描述

按照新兴学校的业务要求，网络管理员小赵已经成功地安装了 IIS，现信息中心需要配置 Web 服务器，以实现宣传的目的。

任务分析

网站指在因特网上，根据一定的规则，使用 HTML 等工具制作的用于展示特定内容的相关网页的集合。人们可以通过网站来发布自己想要公开的资讯（信息），或者利用网站来提供相关的网络服务，亦或收集想要的信息。人们可以通过网页浏览器来访问网站，获取自己需要的资讯或者共享网络服务。由于小赵对此并不熟悉，于是请飞越公司的工程师来帮忙。

任务实施

一、新建网站

步骤 1：打开 IIS 管理器，如图 3-61 所示。

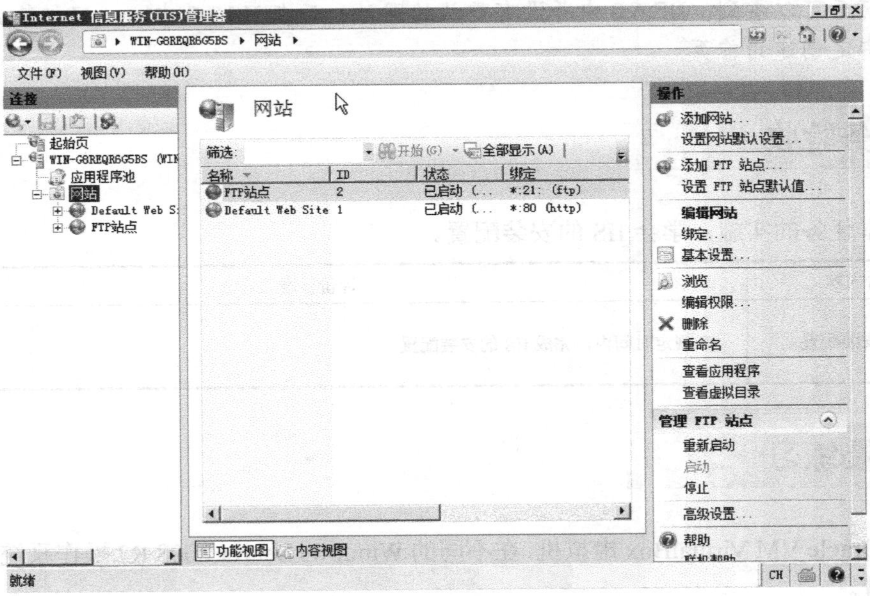

图 3-61　IIS 管理器

步骤 2：在“连接”窗格中，展开“站点”节点，选中网站，单击“添加网站”超链接，弹出“添加网站”对话框，如图 3-62 所示。

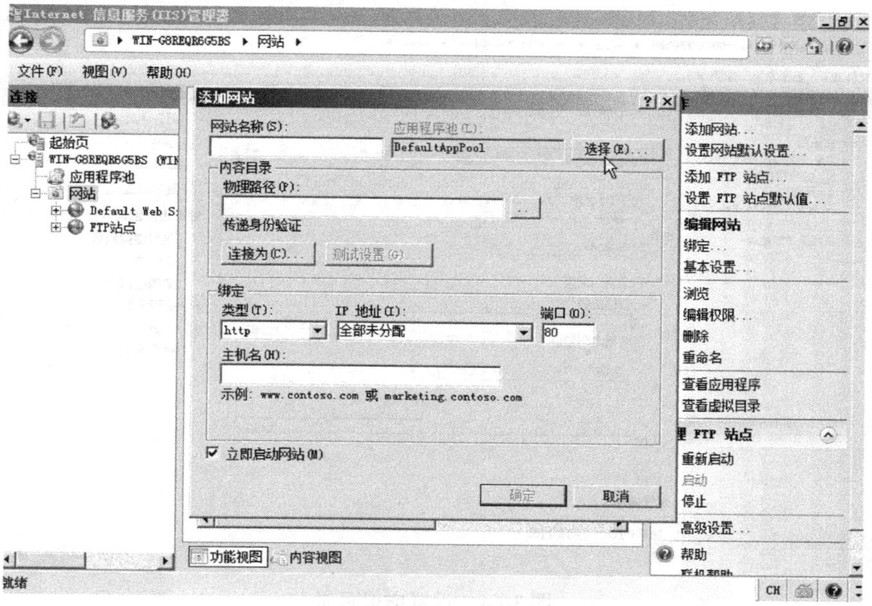

图 3-62　添加网站

二、添加虚拟目录

步骤 1：打开 IIS 管理器，在“连接”窗格中，展开“站点”节点，选中要创建虚拟目录的站点并右击，在弹出的快捷菜单中选择“添加虚拟目录”选项，如图 3-63 所示。

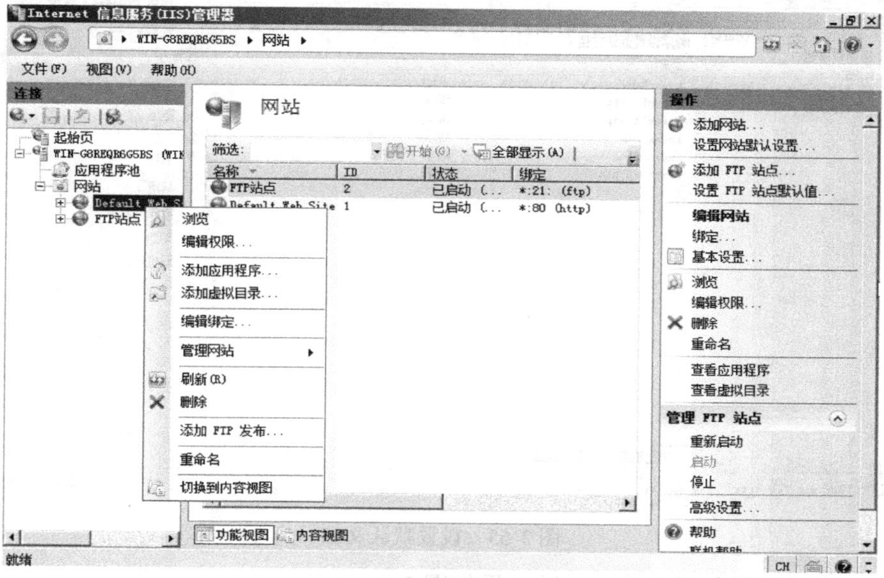

图 3-63　添加虚拟目录

步骤 2：弹出“添加虚拟目录”对话框，在“别名”文本框中输入一个名称，此别名用于通过 URL 访问网站内容，如图 3-64 所示。

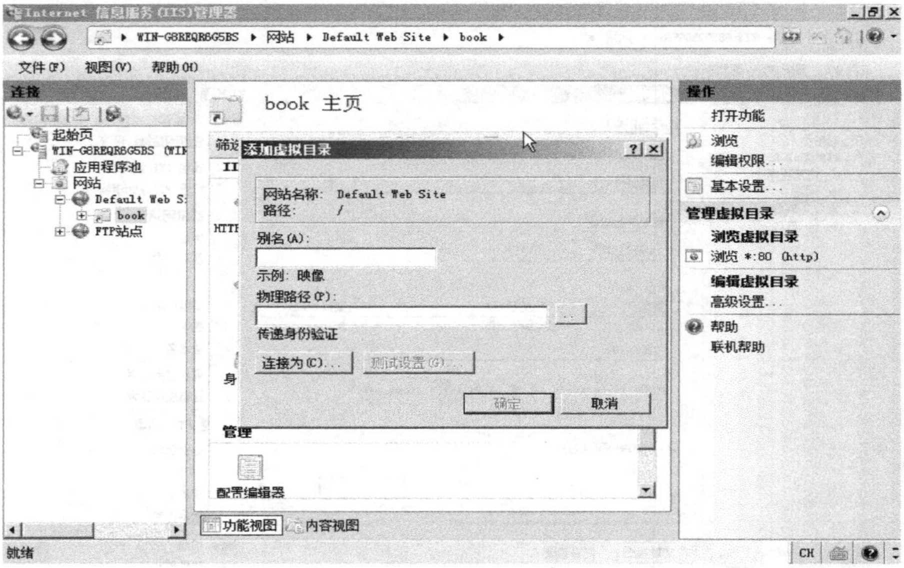

图 3-64　设置虚拟目录

步骤 3：设置默认文档，即网站默认主页，如图 3-65 所示。

图 3-65　设置默认文档

步骤 4：测试配置是否成功，测试结果如图 3-66 所示。

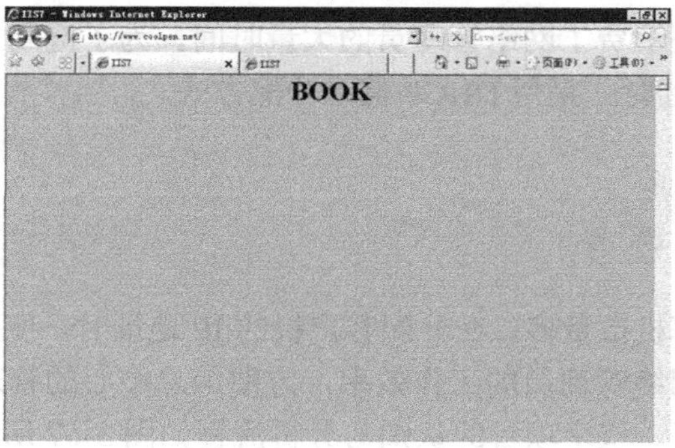

图 3-66 显示测试结果

任务验收

通过本任务的实施，学会如何为 Web 新建站点。

评价内容	评价标准
Web 站点的创建与配置	在规定时间内，完成 Web 站点的创建与配置

拓展练习

基于 Oracle VM VirtualBox 虚拟机，在不同的 Windows Server 2008 R2 操作系统上为 Web 新建站点。

项目评价

考核内容	评价标准
Web 服务器的搭建	与客户确认，在规定时间内，搭建 Web 服务器

项目四 DHCP 服务器的搭建

项目描述

新兴学校的校园网内计算机的数量比较多，使用人工的方式对每台计算机进行 IP 地址的设置，不仅容易出错，还浪费了网络管理员的大量时间。为了提高工作的效率和正确率，信息中心决定在分配 IP 地址时，采用 DHCP 自动分配方式。

项目分析

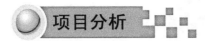

由于新兴学校的计算机数量多，在分配客户机的 IP 地址时，使用动态获取的方式是合理的，这样可以大大提高网络管理员的工作效率，方便信息中心的管理，只要在进行分配前进行合理的规划和划分即可。整个项目的认知与分析流程如图 3-67 所示。

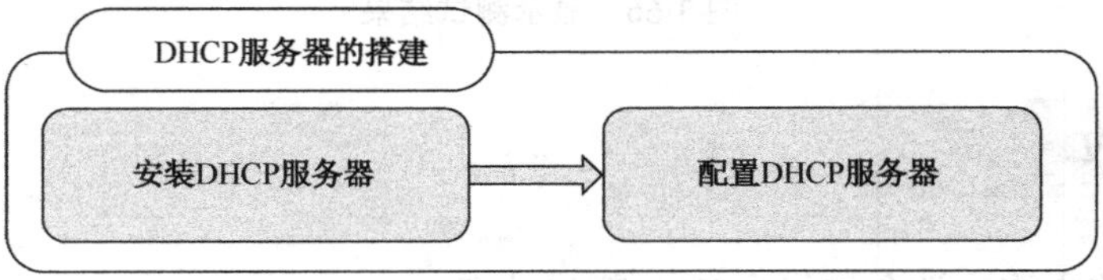

图 3-67　项目流程图

知识链接

DHCP 服务器提供了 3 种 IP 地址分配方式：自动分配（Automatic Allocation）、手动分配和动态分配（Dynamic Allocation）。

自动分配是当 DHCP 客户机第一次成功地从 DHCP 服务器获取一个 IP 地址后，就永久地使用此 IP 地址。

手动分配是由 DHCP 服务器管理员专门指定的 IP 地址

动态分配是客户机第一次从 DHCP 服务器获取 IP 地址后，并非永久使用此地址，每次使用完后，DHCP 客户机都需要释放此 IP 地址，供其他客户机使用。

任务一　安装 DHCP 服务器

任务描述

新兴学校的信息中心决定使用动态分配 IP 地址的方式为校园网的计算机分配 IP 地址。为局域网中的计算机提供 IP 地址时，需要构建 DHCP 服务器。信息中心将此任务分配给网络管理员小赵来完成。

任务分析

在安装 DHCP 服务器角色之前，需要完成以下工作：设置 TCP/IP、创建域、将 DHCP

计算机加入域、规划好要租给客户端计算机使用的 IP 地址范围（IP 作用域，这里假设 IP 地址为 192.168.1.11～192.168.1.200。由于小赵对此并不熟悉，于是请飞越公司的工程师来帮忙。

知识链接

客户机从 DHCP 服务器获得 IP 地址的过程称为 DHCP 的租约过程。

租约过程分为 4 个步骤，分别如下：客户机请求 IP 地址（客户机发送 DHCP Discover 广播包）、服务器响应（服务器发送 DHCP Offer 广播包）、客户机选择 IP 地址（客户机发送 DHCP Request 广播包）、服务器确定租约（服务器发送 DHCP ACK 广播包）。

任务实施

步骤 1：选择“开始”→“管理工具”→“服务器管理器”选项，打开“服务器管理器”窗口，如图 3-68 所示。

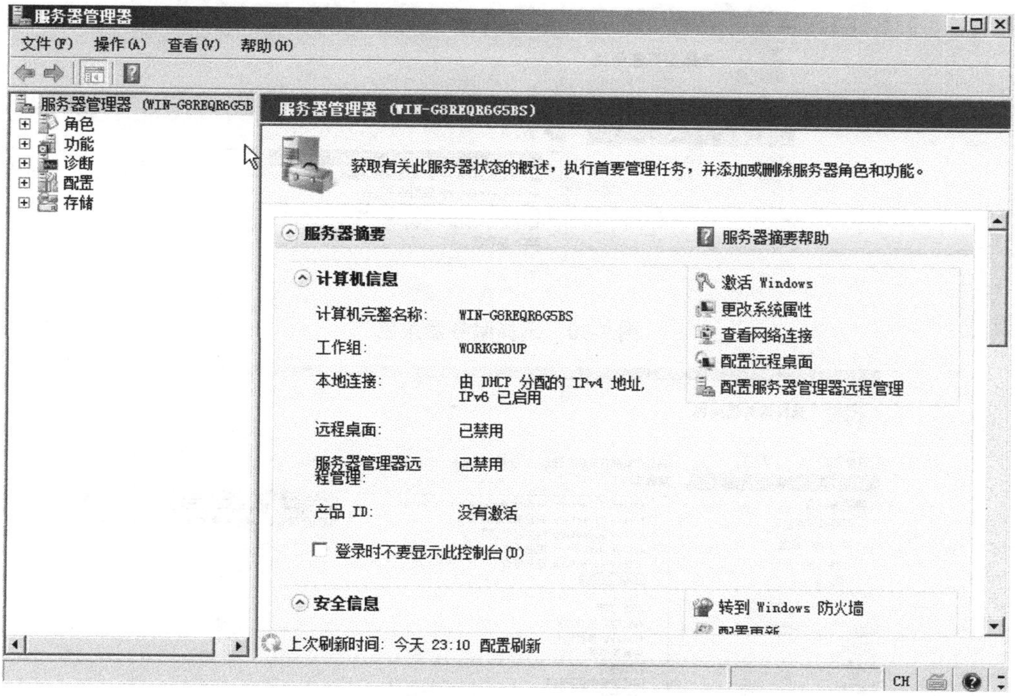

图 3-68 “服务器管理器”窗口

步骤 2：选中窗口中的“角色”节点，单击“添加角色”超链接，弹出“添加角色向导”对话框，单击“下一步”按钮，如图 3-69 所示。

步骤 3：弹出“选择服务器角色”对话框，如图 3-70 所示。

步骤 4：选中“DHCP 服务器”复选框，单击“下一步”按钮，弹出“DHCP 服务器”对话框，如图 3-71 和图 3-72 所示。

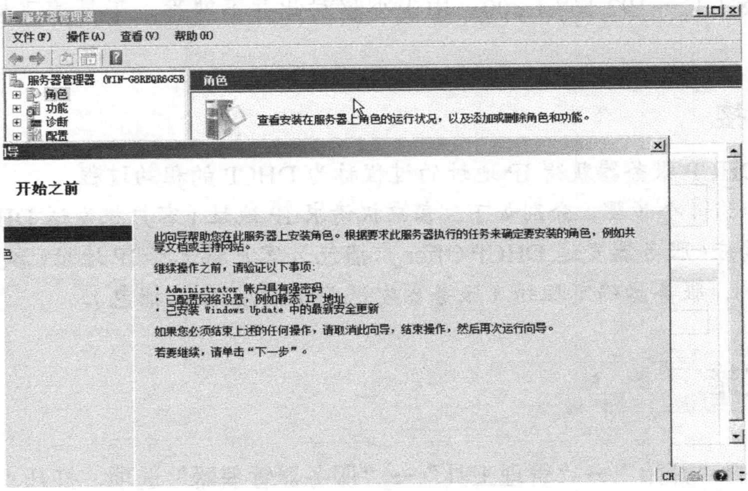

图 3-69　添加角色

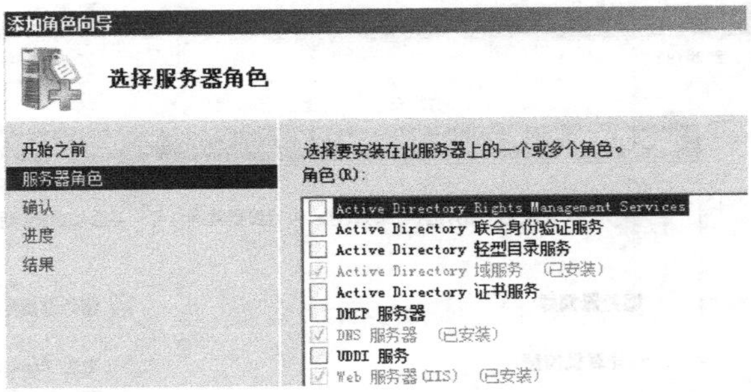

图 3-70　选择服务器角色

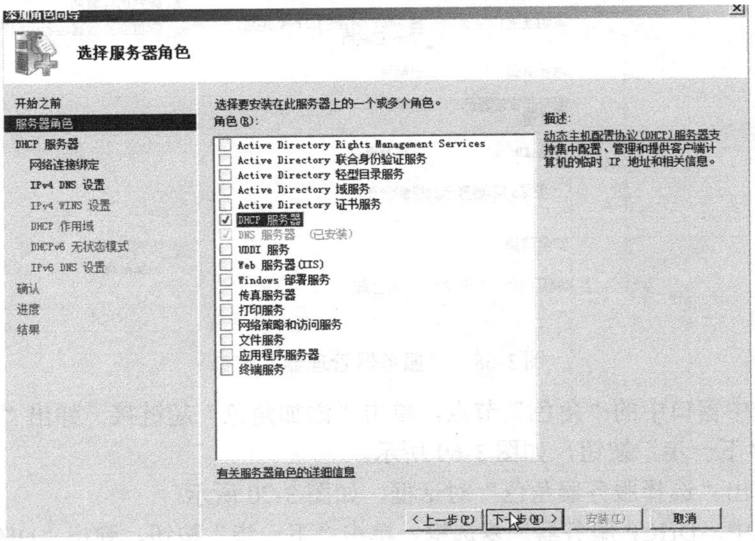

图 3-71　选择添加 DHCP 服务器

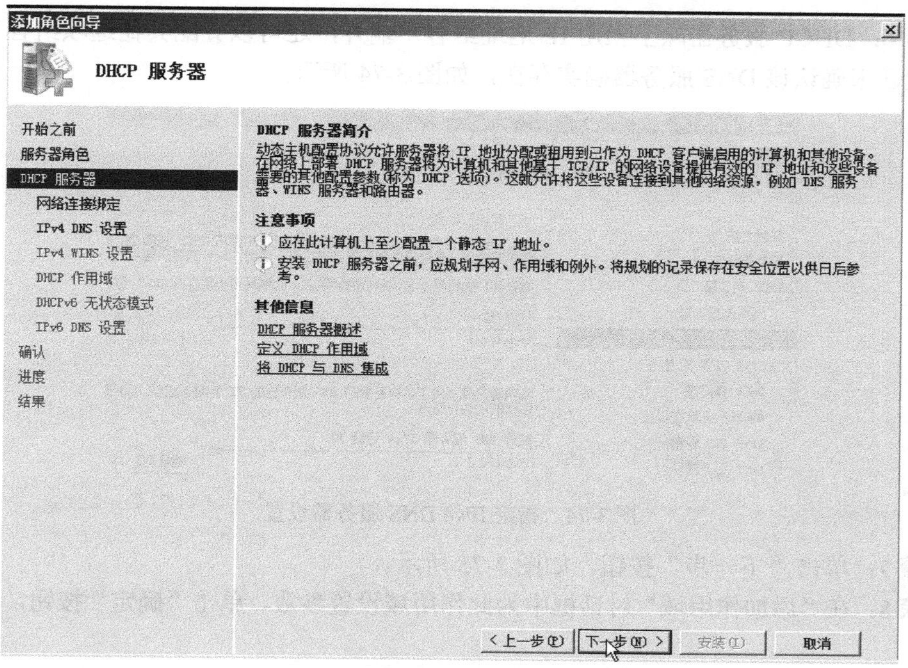

图 3-72 “DHCP 服务器”对话框

步骤 5：单击“下一步”按钮，安装程序自动检测并显示这台计算内应用 IP 地址的网络连接。选择要提供 DHCP 服务的网络连接，只有通过此连接发送的 DHCP 请求，这台服务器才能提供服务，如图 3-73 所示。

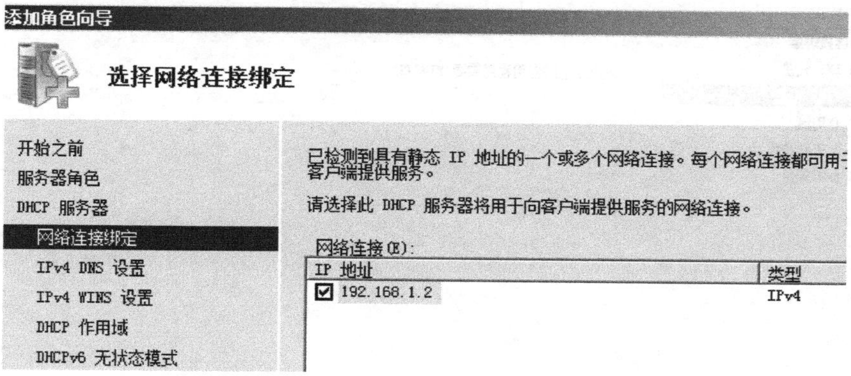

图 3-73 向客户端提供服务的网络连接

知识链接

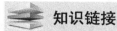

DHCP 是 TCP/IP 协议簇中的一种，主要用来给局域网客户机分配动态的 IP 地址。其缺点如下：一方面，DHCP 存在较多的广播开销，对用户量较多的城域网会造成网络运行效率下降和配置困难；另一方面，DHCP 仍然无法解决用户自行配置 IP 地址的问题。

公有 IP 地址的动态分配主要通过 PPPoE 来实现。

步骤 6：DHCP 服务器除了租用 IP 地址给客户端外，还可以分配其他选项给客户端。可以通过验证来确认该 DNS 服务器确实存在，如图 3-74 所示。

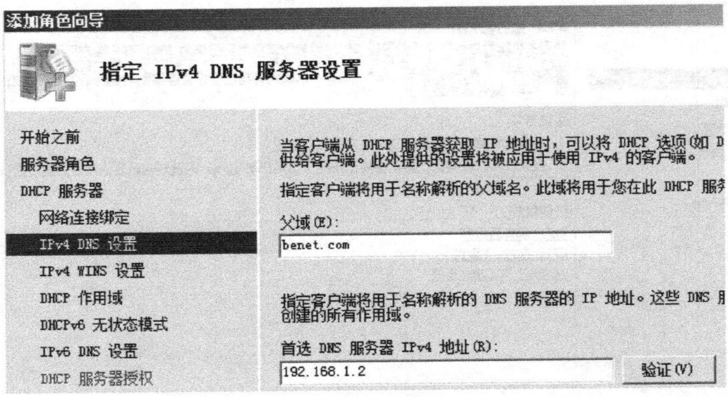

图 3-74　指定 IPv4 DNS 服务器设置

步骤 7：单击“下一步”按钮，如图 3-75 所示。

步骤 8：在“添加作用域”对话框中为此作用域设置参数，单击“确定”按钮，如图 3-76 所示。

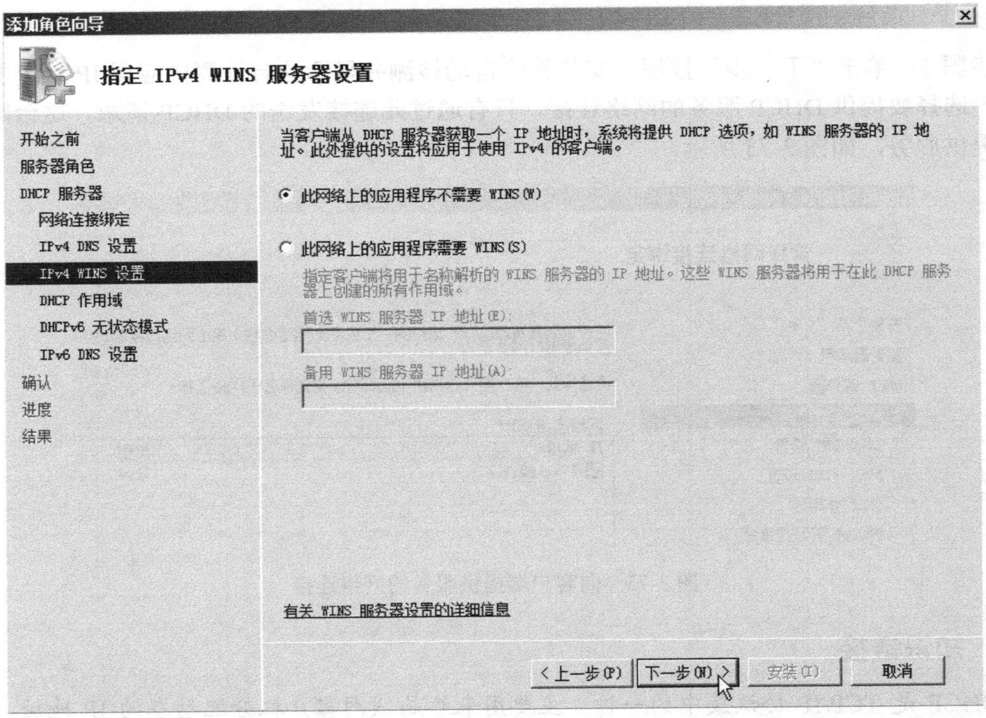

图 3-75　指定 IPv4 WINS 服务器设置

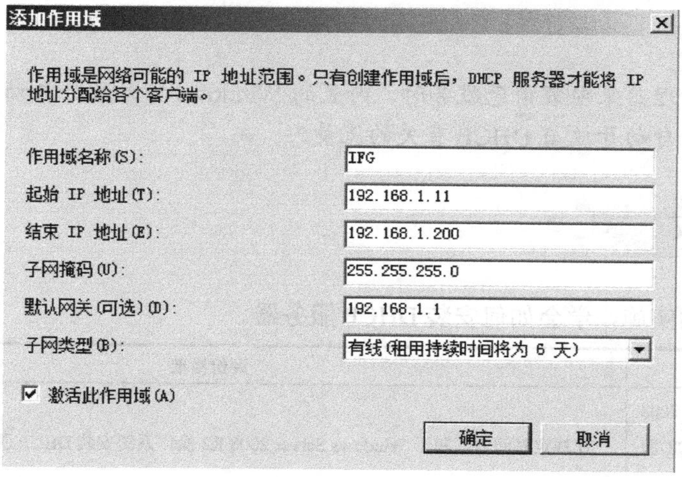

图 3-76　“添加作用域”对话框

步骤 9：选择用来给这台服务器授权的用户账户。注意，只有必须是隶属于域 Enterprise Admins 组的成员才有权限执行授权的工作，而注册时使用了域 Administrator 的身份，它就是此组的成员，故可如图 3-77 所示选中“使用当前凭据”单选按钮，单击“下一步”按钮。

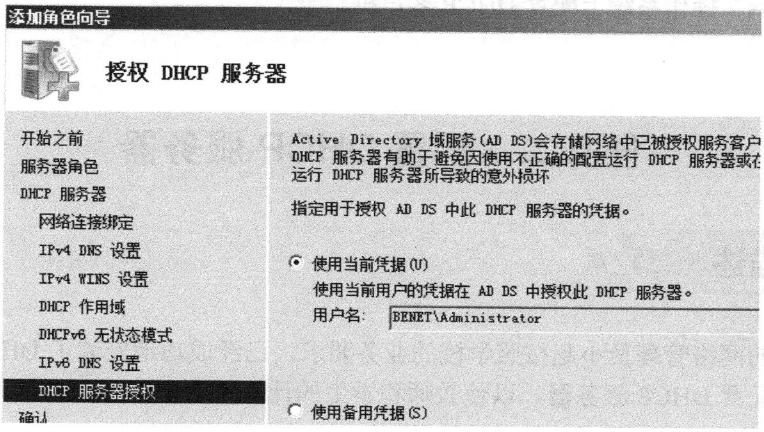

图 3-77　为 DHCP 服务器授权

步骤 10：若“确认安装选择”对话框中的设置无误，则可单击“安装”按钮。确认“安装结果”对话框中显示安装成功后单击“关闭”按钮，如图 3-78 所示。

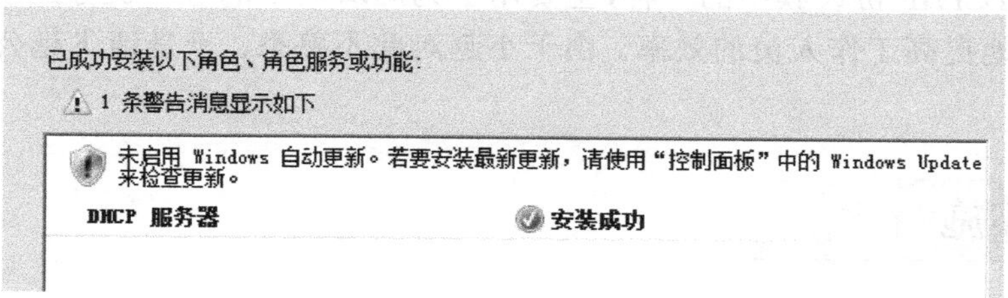

图 3-78　安装成功

经验分享

通过服务器管理器来安装角色服务时，内置的 Windows 防火墙会自动开放与该服务有关的流量，如此处会自动开放与 DHCP 有关的流量。

任务验收

通过本任务的实施，学会如何安装 DHCP 服务器。

评价内容	评价标准
基于 Windows Server 2008 R2 操作系统安装 DHCP 服务器	在规定时间内，基于 Windows Server 2008 R2 操作系统安装 DHCP 服务器

拓展练习

在 Windows 7 操作系统上配置 DHCP 客户机。

任务二 配置 DHCP 服务器

任务描述

新兴学校的网络管理员小赵按照学校的业务要求，已经成功地安装了 DHCP 服务器。现信息中心需要配置 DHCP 服务器，以使教师和学生的计算机获得 IP 地址。

任务分析

DHCP 是 TCP/IP 协议簇中的一种，主要用于为局域网中的客户机分配动态的 IP 地址，这样可以极大地提高工作人员的效率。由于小赵对此不熟悉，于是请飞越公司的工程师来帮忙。

任务实施

步骤 1：选择“开始”→“管理工具”→“DHCP”选项，如图 3-79 所示，打开“DHCP”

窗口。

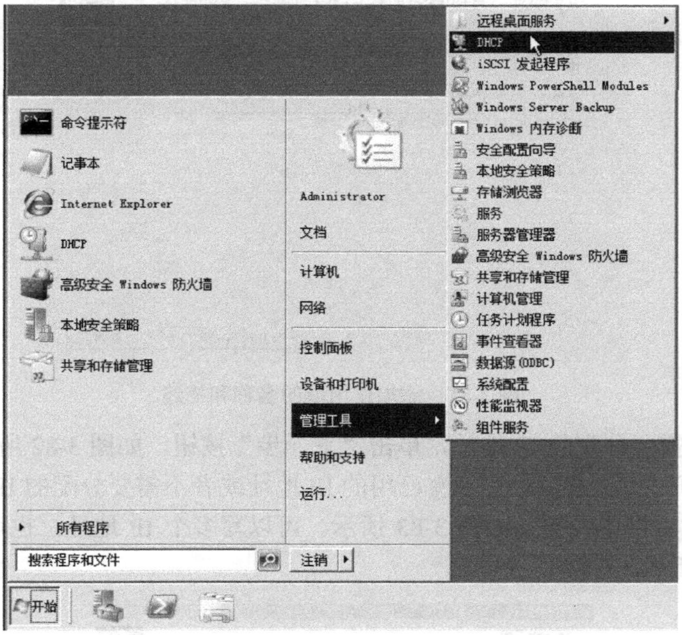

图 3-79　打开 DHCP 服务器

步骤 2：右击“IPv4”节点，在弹出的快捷菜单中选择“新建作用域”选项，如图 3-80 所示。

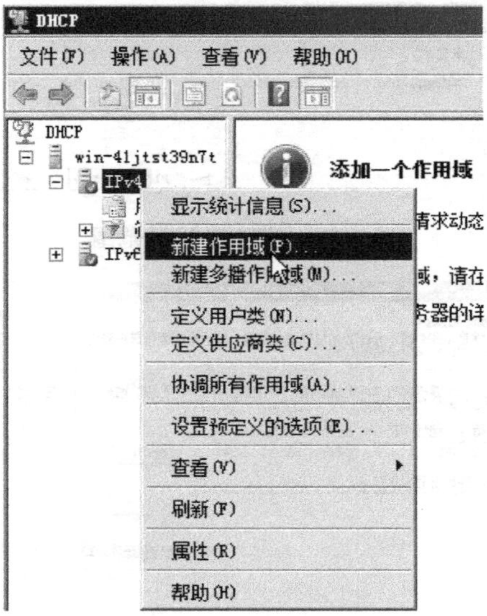

图 3-80　新建作用域

步骤 3：弹出“新建作用域向导”对话框，为这个新建作用域添加名称和描述，单击“下一步”按钮，如图 3-81 所示。

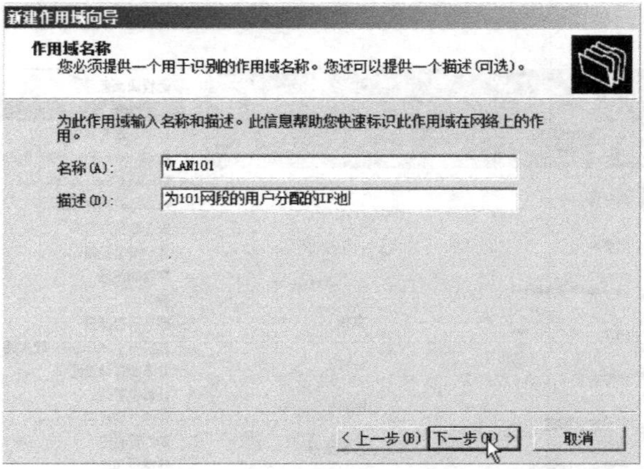

图 3-81　添加作用域的名称和描述

步骤 4：填写需要分配的 IP 地址，单击“下一步”按钮，如图 3-82 所示。

步骤 5：在分配的地址池中，可能有已用的 IP 地址或者不需要分配的 IP 地址，可以在“添加排除与延迟”对话框中设置，如图 3-83 所示。可以写多个 IP 地址，也可以直接写单个 IP 地址，如图 3-84 所示。

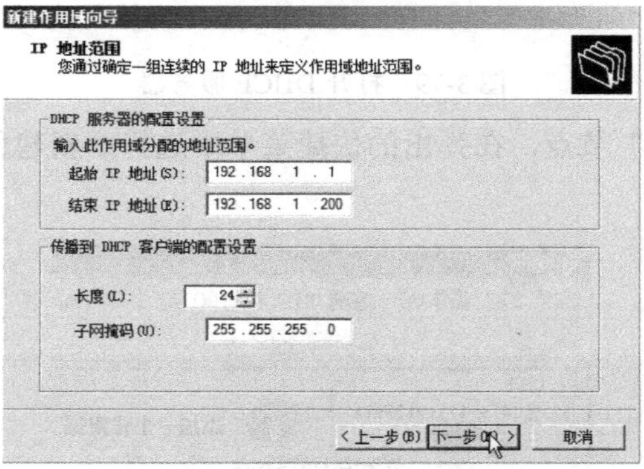

图 3-82　填写 IP 地址范围

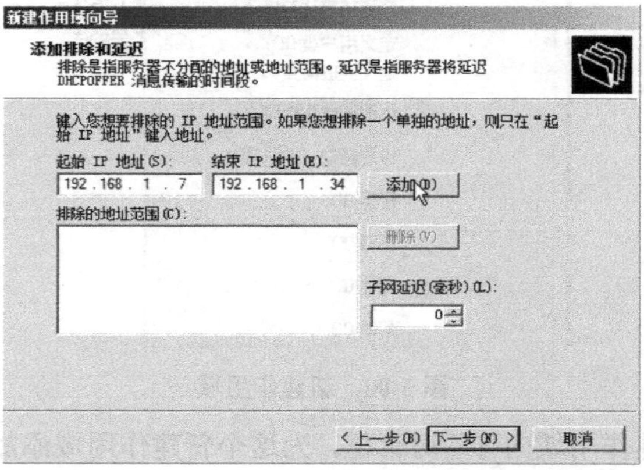

图 3-83　添加排除与延迟

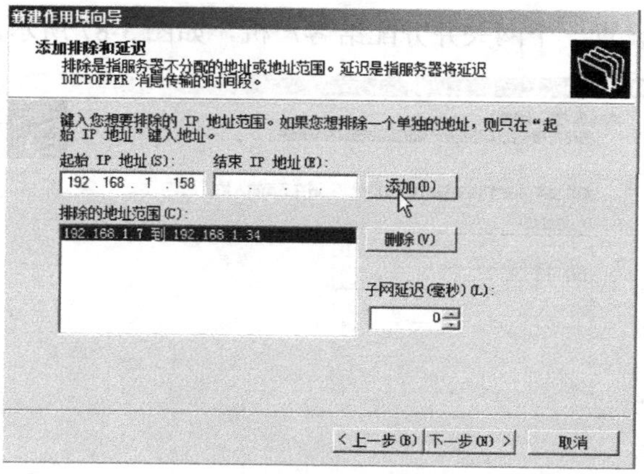

图 3-84　添加排除的地址范围

步骤 6：设置一个租用时间，即设置一个 IP 地址分配出去后，客户机可以使用多久，如图 3-85 所示。

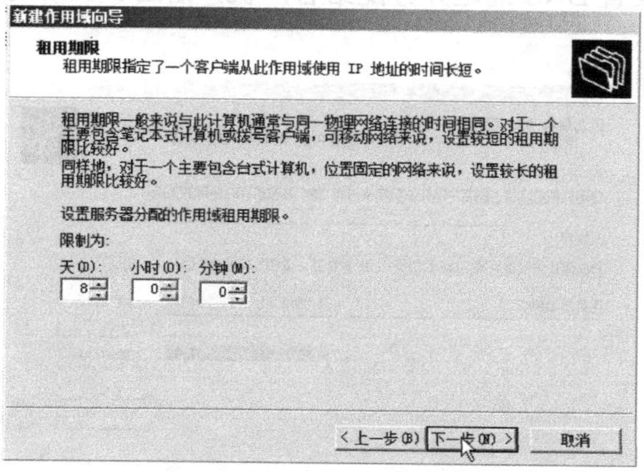

图 3-85　设置租用期间

步骤 7：若直接选中“否，我想稍后配置这些选项”单选按钮，分配 IP 地址；若选中“是，我想现在配置这些选项”单选按钮，则继续配置网关、DNS 等，如图 3-86 所示。

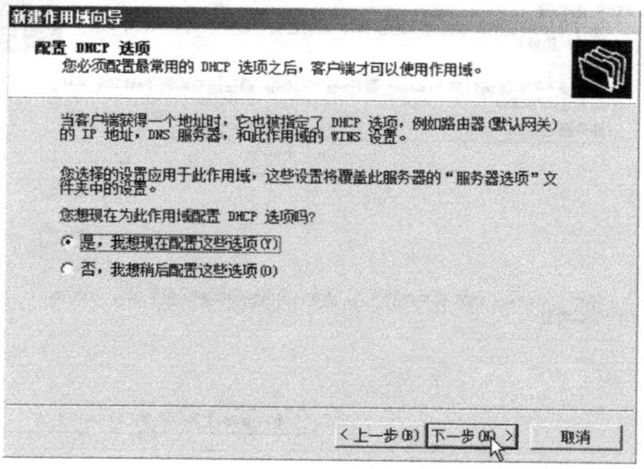

图 3-86　是否配置其他选项

步骤 8：为作用域设置一个网关并分配给客户机，如图 3-87 所示。

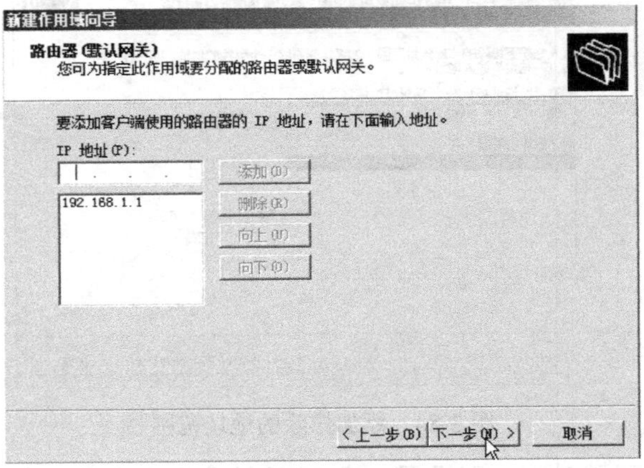

图 3-87　设置默认网关

步骤 9：为作用域设置 DNS 地址并分配给客户机，如图 3-88 所示，使客户机正常解析域名，如图 3-89 所示。

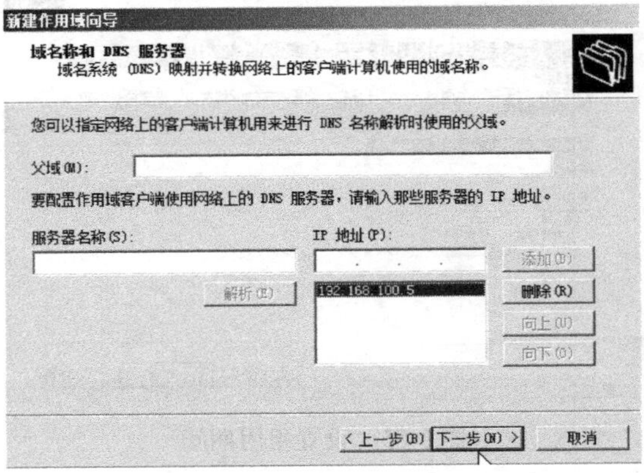

图 3-88　配置 DNS 服务器

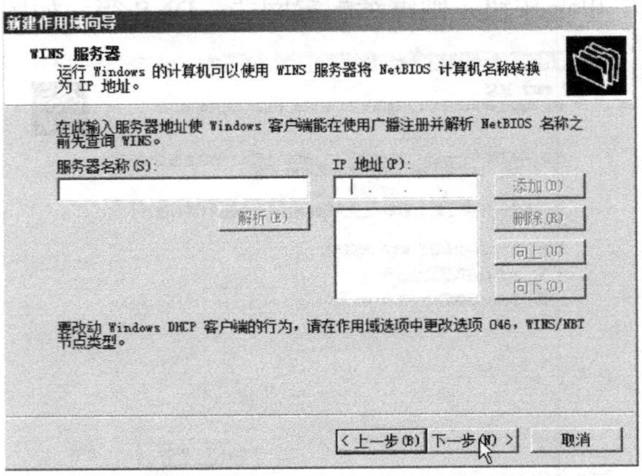

图 3-89　配置 WINS 服务器

经验分享

在架设 DHCP 服务器的过程中，当安装虚拟机的时候，网卡选择桥接即可。

DHCP 基于客户机/服务器模式。当 DHCP 客户端启动时，它会自动与 DHCP 服务器通信，由 DHCP 服务器为 DHCP 客户端提供自动分配 IP 地址的服务。

安装了 DHCP 服务软件的服务器称为 DHCP 服务器，而启用了 DHCP 功能的客户机称为 DHCP 客户端。DHCP 服务器是以地址租约的方式为 DHCP 客户端提供服务的。

步骤 10：DHCP 的作用域设置完成，只要客户机与 DHCP 服务器连通，即可获得 DHCP 服务器分配的 IP 地址，如图 3-90 所示。

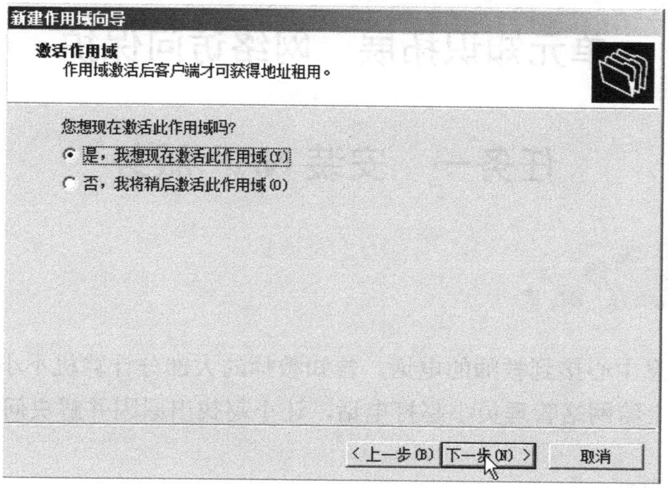

图 3-90 激活作用域

任务验收

通过本任务的实施，学会如何配置 DHCP 服务器。

评价内容	评价标准
基于 Windows Server 2008 R2 操作系统配置 DHCP 服务器	在规定时间内，学会建立 DHCP 服务器，并配置 DHCP 服务器，为局域网中的用户提供 IP 地址

拓展练习

使用 Windows Server 2008 R2 操作系统配置 DHCP 服务，建立 DHCP 服务器，并配置 DHCP 服务器，为局域网中的用户提供 IP 地址。

项目评价

考核内容	评价标准
基于 Windows Server 2008 R2 操作系统配置 DHCP 服务器	与客户确认，在规定时间内，完成 DHCP 服务的安装；为局域网中的用户提供 IP 地址

单元知识拓展　网络访问保护

任务一　安装 NAP 服务

任务描述

新兴学校的信息中心接到教师的电话，告知教师的大部分计算机不小心中了病毒，无法正常工作，主管马上给网络管理员小赵打电话，让小赵找出原因并解决问题。

任务分析

经过排查，发现出现问题的计算机没有安装最新的系统补丁，杀毒软件也没有及时更新，防火墙处于关闭状态，导致病毒广泛传播。但根源是一台几乎没有任何防护措施的员工的笔记本式计算机接入了公司的网络。经过讨论，主管决定通过部署 Windows Server 2008 R2 中的网络访问保护（Network Access Protection，NAP）服务技术来解决网络安全隐患。由于小赵对此不熟悉，于是请飞越公司的工程师来帮忙。

搭建 NAP 环境，需要两台 Windows Server 2008 R2 服务器，一台 Windows XP 或者 Windows 7(32 位或 64 位)计算机；如果客户端是 Windows XP 计算机，则必须安装 NAP Client 软件。

3 台机器的配置环境分别如下。

（1）Win2008-1：操作系统为 Windows Server 2008，网卡 IP 地址为 192.168.0.20/24，网卡设在 VMNet2，域控制器。

（2）Win2008-2：操作系统为 Windows Server 2008，网卡 IP 地址为 192.168.0.21/24，网卡设在 VMNet2，域中成员机，充当 DHCP、NAP 服务器。

（3）Winxp-1：操作系统为 Windows XP，网卡 IP 地址为 192.168.0.14/24，网卡设在 VMNet2，域成员机，安装了 Windows XP SP3 补丁。

要想实现 NAP 功能，首先要有一个域环境，选中其中的一台 Windows Server 2008，将它设置为 DC，域的名称为 NAP.com。在此计算机上安装 AD、DNS 和 Network Access Services，当安装 Network Access Services 时，只选择安装其中的 Router and Remote Access。

将另外一台 Windows Server 2008 加入 NAP.com 域，配置为成员服务器。在其上安装 DHCP 和 Network Access Services。在安装的过程中，系统将会询问是否安装 WAS 和 IIS，这里确定安装。环境配置好后，先配置 DHCP，然后配置 Network Policy Service。在计算机服务中启动 DHCP 服务，因为 DHCP 服务默认是不启动的。

知识链接

NAP 是 Windows Server 2008 和 Windows Vista 操作系统附带的组件，它提供了一个平台以帮助确保专用网络上的客户端计算机符合管理员定义的系统健康要求。NAP 策略为客户端计算机的操作系统和关键软件定义了所需的配置和更新状态。例如，可能要求计算机安装具有最新签名的防病毒软件，安装当前操作系统的更新并且启用基于主机的防火墙。通过强制符合健康要求，NAP 可以帮助网络管理员降低因客户端计算机配置不当而导致的一些风险，这些不当配置会使计算机暴露给病毒和其他恶意软件。

网络访问保护包括 3 个主要的特性组件，它们都包含在 Windows Server 2008 的功能中。

1．健康状况组件

系统健康状态代理（System Health Agent）：检查系统健康状态，如补丁、反病毒、反间谍软件的新旧程度等。

系统健康验证器（System Health Validator）：验证系统健康状态代理提供的信息，并给出声明。

系统健康状态服务器：定义客户端的健康状态需求。在 Windows Server 2008 中，一般指网络策略服务器（Network Policy Server）。

修正服务器：为不符合健康状态要求的客户端提供修补，如安装补丁、升级杀毒软件病毒库，使之处于健康状态。

2．强制组件

强制客户端（Enforcement Client）：指使用 NAP 平台的客户端。Windows 7、Windows Vista、Windows XP SP3 都支持 NAP，并且都内置了系统健康代理组件。强制客户端请求访问网络、与提供网络访问的 NAP 服务器（如 NAP 服务器）交流客户端计算机的健康状态，并与 NAP 客户端体系结构的其他组件交流客户端计算机的受限状态。

网络访问设备：提供 NAP 客户端的网络访问，如交换机和无线 AP。

健康注册机构：给健康客户端颁发安全证书。

3．隔离平台组件

隔离代理（Quarantine Agent）：报告客户端健康状态，以及 SHA 和 EC 之间的协作。

隔离服务器（Quarantine Server）：根据系统健康代理提供的客户端健康状态信息，限制客户的网络访问。

任务实施

步骤 1：右击“角色”节点，在弹出的快捷菜单中选择“添加角色”选项，弹出“添加角色向导”对话框，选中“DHCP 服务器”复选框，如图 3-91 所示。

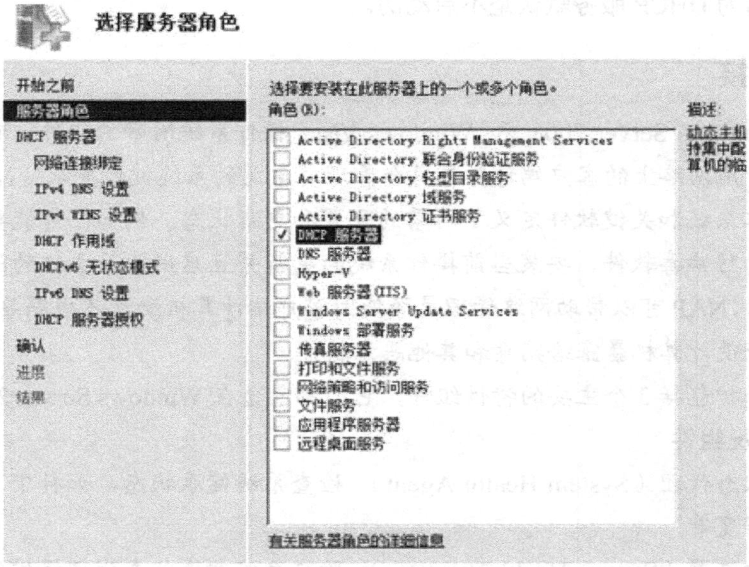

图 3-91　选择服务器角色

步骤 2：在 Win2008-2 上安装 NAP、DHCP 服务，如图 3-92 所示；配置 DHCP 服务，如图 3-93 所示。

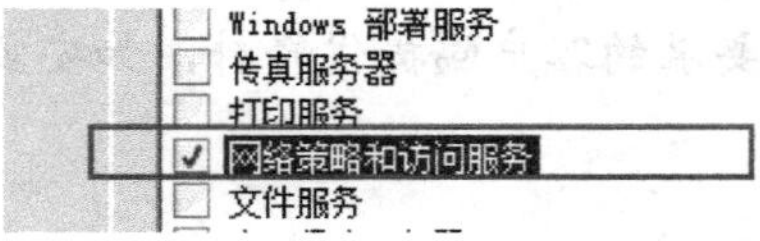

图 3-92　网络策略和访问服务

图 3-93　DHCP 服务

步骤 3：创建并配置 DHCP 作用域，如图 3-94 所示。

步骤 4：在 Winxp-1 上将网卡设为自动获得 IP 地址，如图 3-95 所示。

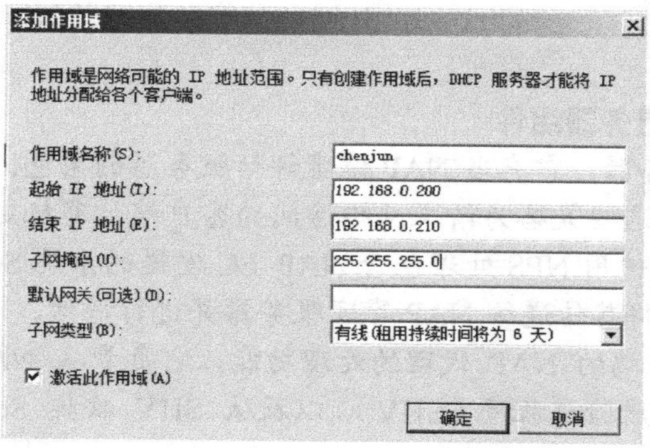

图 3-94　添加作用域

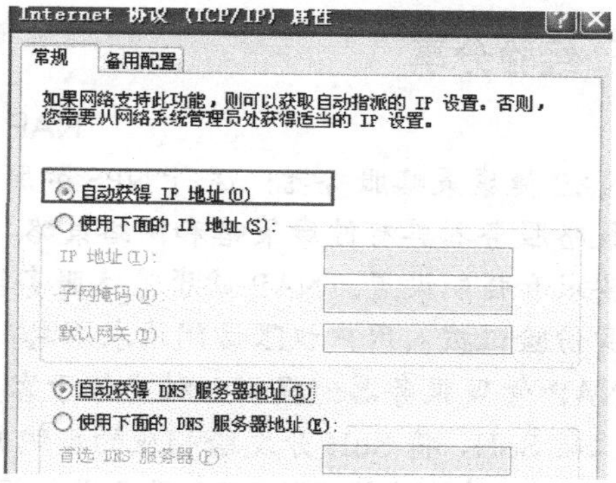

图 3-95　设置客户机动态获得 IP 地址

步骤 5：检查获得的 IP 地址，如图 3-96 所示。

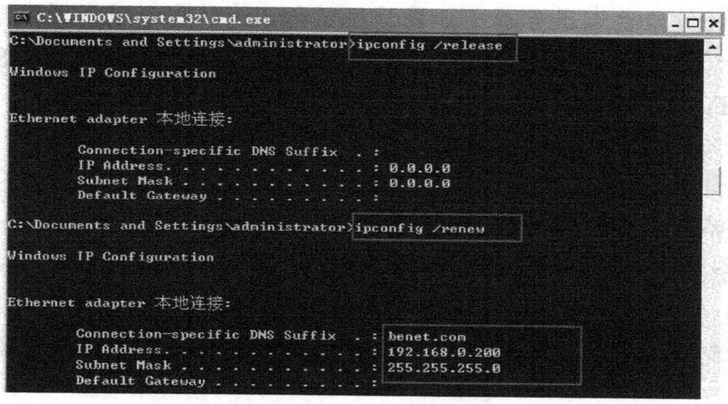

图 3-96　Internet 协议

步骤 6：在 Win2008-2 上配置 DHCP 作用域。在“DHCP”窗口中右击“IPv4”节点，在弹出的快捷菜单中选择“属性”选项，弹出“IPv4 属性”对话框，在“网络访问保护”选项卡中单击“对所有作用域启用”按钮，如图 3-97 所示。

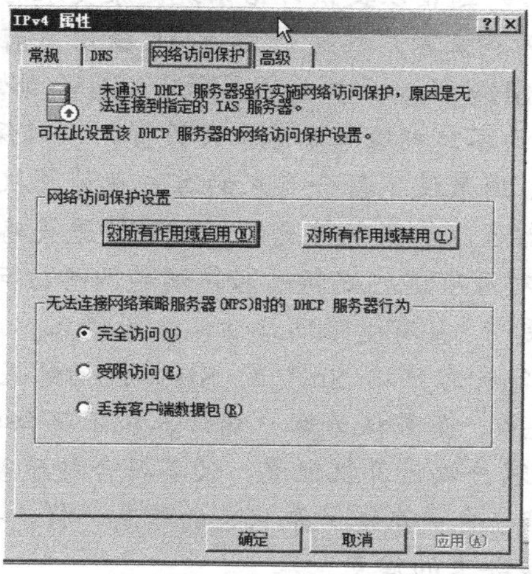

图 3-97　“IPv4 属性”对话框

经验分享

NAP 服务器组件

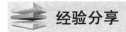

NAP 健康策略服务器：运行 NPS 的服务器，它充当 NAP 健康评估服务器的角色。NAP 健康策略服务器具有健康策略和网络策略，这些策略为请求网络访问的客户端计算机定义了健康要求和强制设置。NAP 健康策略服务器使用 NPS 处理包含 NAP EC 发送的系统 SoH 的远程身份验证拨入用户权限访问请求消息，将其传递给 NAP 管理服务器并进行评估。

NAP 管理服务器：提供一种类似于客户端的 NAP 代理的处理功能。它负责从 NAP 强制点收集 SoH，将 SoH 分发给相应的系统健康验证程序（SHV），以及从 SHV 收集 SoH 响应（SoHR）并将其传递给 NPS 服务进行评估。

系统健康验证程序：服务器软件对应于 SHA。客户端上的每个 SHA 在 NPS 中都具有相应的 SHV。SHV 验证客户端计算机上与其对应的 SHA 创建的 SoH。SHA 和 SHV 相互匹配，并且与相应的健康要求服务器（如果适用）和可能的更新服务器匹配。SHV 还可以检测到尚未接收 SoH（如 SHA 从未安装或者已损坏或删除的情况）。无论 SoH 符合还是不符合定义的策略，SHV 都向 NAP 管理服务器发送健康声明响应消息。一个网络可能具有多种 SHV。如果情况如此，则运行 NPS 的服务器必须调整所有 SHV 中的输出，并且确定是否限制不符合要求的计算机的访问。如果用户部署使用了多个 SHV，则需要了解它们交互的方式，在配置健康策略时还要仔细计划。

NAP 强制服务器（NAP ES）：与所使用 NAP 强制方法的相应 NAP EC 相匹配。NAP ES 接收来自 NAP EC 的 SoH 列表，并将其传递给 NPS 进行评估。根据响应，它向支持 NAP 的客户端提供有限制或无限制的网络访问。根据 NAP 强制的类型，NAP ES 可以是 NAP 强制点的一个组件。

NAP 强制点：使用 NAP 或与 NAP 结合使用，以要求评估 NAP 客户端的健康状况并提供受限网络访问或通信的服务器或网络访问设备。NAP 强制点可以是健康注册机构（IPSec 强制）、身份验证交换机或无线访问点（802.1x 强制）、运行路由和远程访问的服务器（VPN 强制）、DHCP 服务器（DHCP 强制）或 TS 网关服务器（TS 网关强制）。

健康要求服务器：与 SHV 通信以提供评估系统健康要求时使用的信息的软件组件。例如，健康要求服务器可以是为验证客户端防病毒 SoH 提供当前签名文件版本的防病毒签名服务器。健康要求服务器与 SHV 匹配，但并不是所有 SHV 都需要健康要求服务器。例如，SHV 可以只指导支持 NAP 的客户端检查本地系统设置，以确保启用基于主机的防火墙。

更新服务器：承载 SHA 用来使不符合要求的客户端计算机变为符合要求的客户端计算机的更新。例如，更新服务器可以承载软件更新。如果健康策略要求 NAP 客户端安装最新的软件更新，则 NAP EC 将对没有这些更新的客户端的网络访问加以限制。为了使客户端能够获得符合健康策略所需的更新，具有受限网络访问权限的客户端必须能够访问更新服务器。

健康声明响应（SoHR）：包含客户端 SoH 的 SHV 评估结果。沿 SoH 的路径，将 SoHR 反向发送回客户端计算机 SHA。如果认为客户端计算机不符合要求，则 SoHR 包含更新说明，SHA 会使用该说明更新客户端计算机配置，使其符合健康要求。

就像每种类型的 SoH 都包含关系统健康状态的信息一样，每个 SoHR 消息都包含有关如何使客户端计算机符合健康要求的信息。

任务验收

通过本任务的实施，学会如何安装和启动 NAP 服务。

评价内容	评价标准
网络访问保护服务器	在规定时间内，启动 NAP 服务

拓展练习

使用 Windows Server 2008 R2 操作系统上部署 NAP 服务，将部署启动的截图保存到 Word 文档中。

配置环境如下。

（1）Win2008-1：操作系统为 Windows Server 2008，网卡 IP 地址为 192.168.0.20/24，网卡设在 VMNet2，域控制器。

（2）Win2008-2：操作系统为 Windows Server 2008，网卡 IP 地址为 192.168.0.21/24，网卡设在 VMNet2，域中成员机，充当 DHCP、NAP 服务器。

（3）Winxp-1：操作系统为 Windows Server XP，网卡 IP 地址为 192.168.0.14/24，网卡设在 VMNet2，域成员机，并且安装了 Windows Server XP SP3 补丁。

任务二　配置 NAP 服务

任务描述

网络管理员小赵在飞越公司工程师的协助下，已经对 NAP 进行了安装和部署，现需要对 NAP 进行相应的配置，使其更好地发挥功能。

任务分析

部署好 NAP 服务器后，设置 NAP 服务拒绝对不符合要求的客户机分配安全访问网络的权限，它们只能访问受限网络；配置域的组策略，以控制客户机，使 NAP 设置在客户机上。由于小赵对此并不熟悉，于是请飞越公司的工程师来帮忙。

经验分享

执行 NAP 的健康确定分析的中心服务器是运行 Windows Server 2008 和网络策略服务器(NPS)的计算机。NPS 是远程身份验证拨入用户服务(RADIUS)服务器和代理的 Windows 实现。NPS 将取代 Windows Server 2003 操作系统中的 Internet 身份验证服务（IAS）。访问设备和 NAP 服务器充当基于 NPS 的 RADIUS 服务器的 RADIUS 客户端。

NPS 根据配置的系统健康策略对网络连接尝试执行身份验证和授权，确定是否符合计算机健康要求，以及如何限制不符合要求的计算机的网络访问。

任务实施

一、配置 NAP 服务器端

步骤 1：在 Win2008-2 上配置 NAP 服务，配置“动态主机配置协议（DHCP）”，拒绝为不符合要求的客户机分配安全访问网络的权限，只能访问受限网络，如图 3-98 所示。

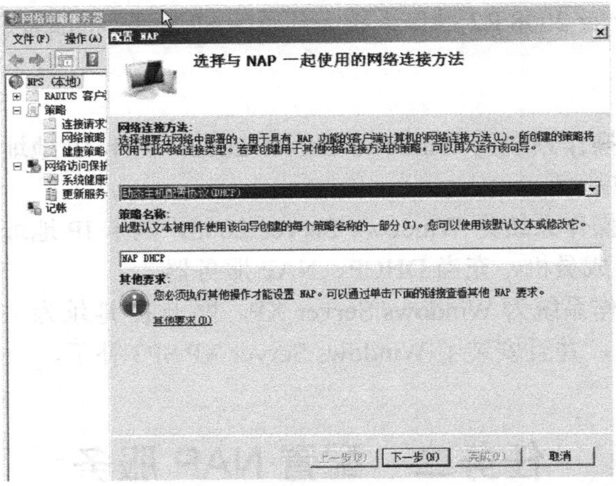

图 3-98 配置 NAP 服务

步骤 2：在 Win2008-1 上配置域的组策略，以控制客户机，使 NAP 设置在客户机上生效。依次展开“计算机配置”→“策略”→“Windows 设置”→“安全设置”→“Network Access Protection”→“NAP 客户端配置”→“强制客户端”节点，启用“DHCP 隔离强制客户端”功能，如图 3-99 所示。

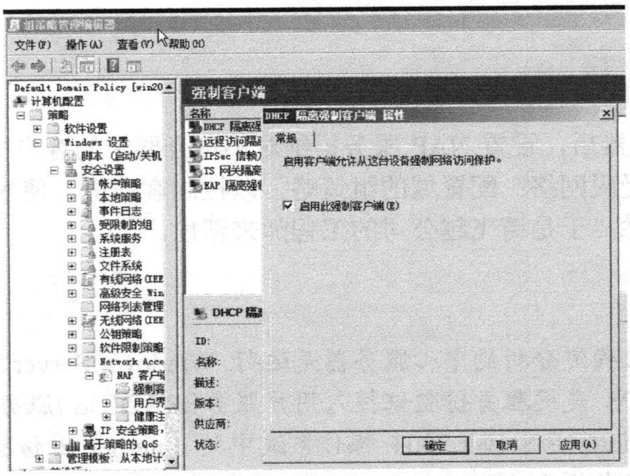

图 3-99 启用“DHCP 隔离强制客户端”功能

步骤 3：依次展开“计算机配置”→“策略”→“Windows 设置”→“安全设置”→“系统服务”→“Network Access Protection Agent”节点，选择服务启动模式为“自动”，如图 3-100 所示。

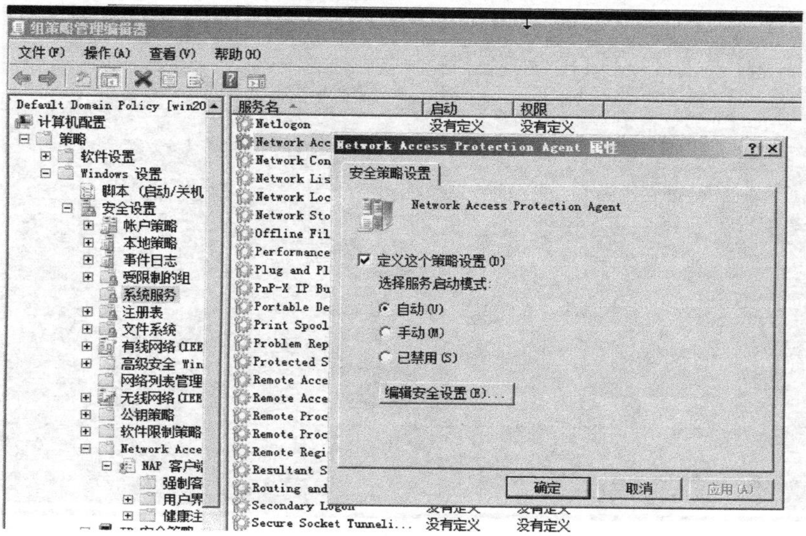

图 3-100 启用代理

步骤 4：依次展开“计算机配置”→“策略”→“管理模板”→“Windows 组件”→“安全中心”节点，启用安全中心（仅限域 PC）功能，如图 3-101 所示。

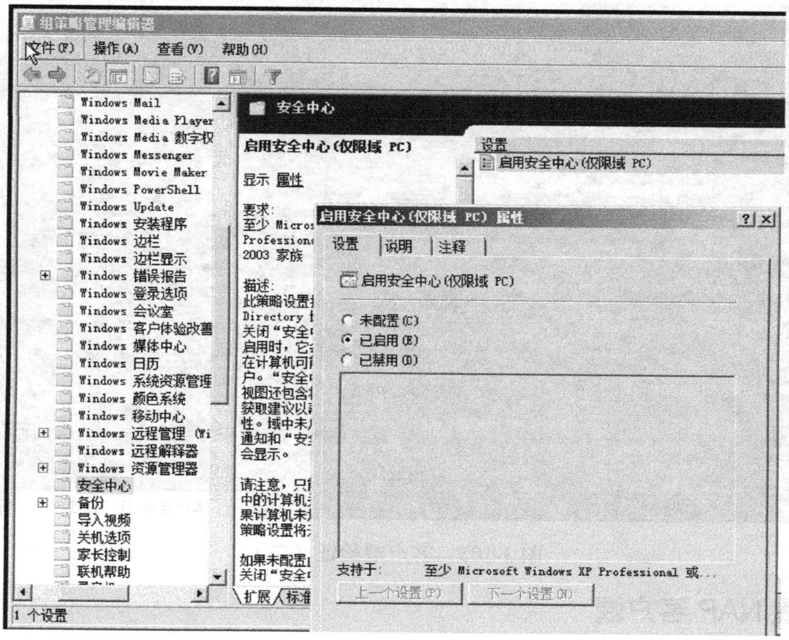

图 3-101 启用安全中心（仅限域 PC）

步骤 5：在 Winxp-1 上将防火墙关闭，并设置网卡重新自动获得 IP 地址，发现获得 IP 地址的子网掩码为 255.255.255.255，并且无法连接其他主机，如图 3-102 所示。

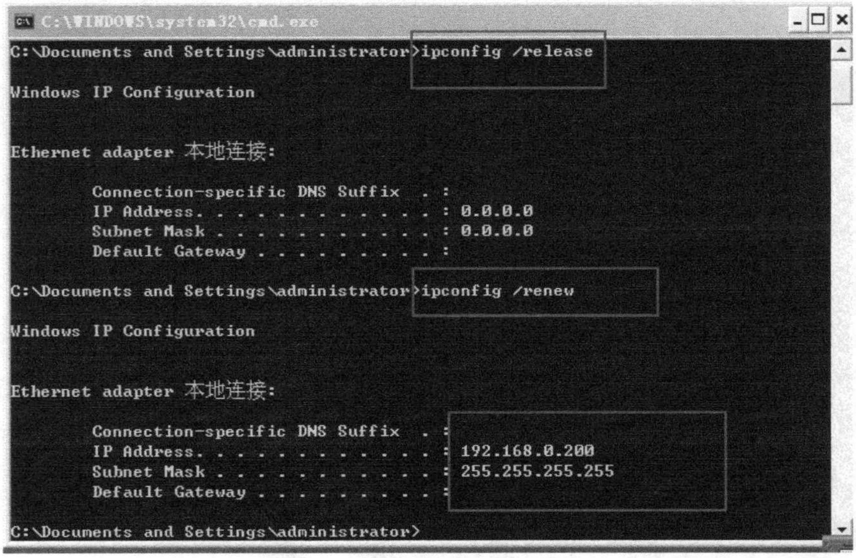

图 3-102　客户端验证（一）

步骤 6：打开防火墙，则获得的 IP 地址和子网掩码分别为 192.168.0.200，255.255.255.0，如图 3-103 所示。

图 3-103　客户端验证（二）

二、配置 NAP 客户端

如果要使用 Windows XP 计算机进行演示，则需要在 Windows XP 上安装一个 NAP 的客户端，可以在 Microsoft 官方网站下载。Windows Vista 计算机已经有了 NAP 的客户端，但是首先需要在 Windows Vista 计算机服务中将其开启，选择“开始”→“运行”选项，弹出“运行”对话框，在其中添加“napclcfg.msc”。

至此，NAP 的配置工作全部完成，如果配置没有问题，则用户可以将客户端加入到域中，然后开启“安全中心”服务（加入域后，默认是关闭安全中心的）。关闭防火墙，一会儿后会在机器的右下角弹出一个标志，表明计算机是不安全的，被限制访问内部网络。而重启后可以发现防火墙会自动开启。

任务验收

通过本任务的实施，学会如何配置服务器端、客户端 NAP 服务。

评价内容	评价标准
基于服务器系统配置 NAP 服务	在规定时间内，构建 NAP 服务器，并学会 NAP 针对存在风险的客户提供了 3 种解决方案：第一种是通过策略限制其在内网中的访问，第二种是将这些用户隔离到一个指定的网段以等待下一步处理，而第三种则是直接为这些用户下载最新的更新内容、安全设置、防火墙设置和病毒签名等

拓展练习

使用 Windows Server 2008 R2 操作系统配置 NAP 服务，首先需要在服务器端搭建好环境，安装 WAS 和 IIS 等环境；然后需要安装 DHCP 和 Network Access Services，并把客户端加入保护范畴。

单元总结

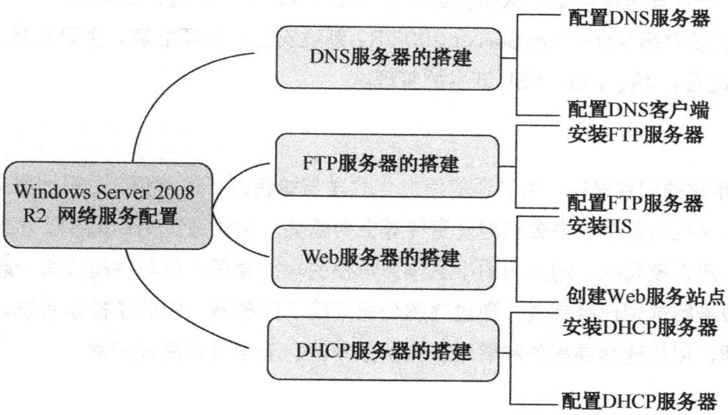

Windows Server 2008 R2 域服务

学习单元四

☆ 单元概要

（1）在小型网络中，网络管理员通常独立管理每台计算机，如最为常用的用户管理。但当网络规模扩大到一定程度后，如超过 10 台计算机，而每台计算机上有 10 个用户，则网络管理员要创建 100 个以上的用户账户，相同的工作要重复很多遍。此时，可以将网络中的多台计算机在逻辑上组织到一起，进行集中管理，这种区别于工作组的逻辑环境称为域（Domain）。

若将域比喻成一个国家，那么域控制器就是国家的首脑，管理域内的成员计算机。注意：域是逻辑分组，与网络的物理拓扑无关。

（2）目前，在全国职业院校技能大赛“网络搭建及应用”中，服务器平台主要使用 Windows Server 2003 R2 和 Windows Server 2008 R2。因此，这里主要以 Windows Server 2008 R2 为基础平台，学生不仅要掌握 Windows 操作系统管理及网络管理基础知识，如磁盘管理，NTFS 权限，资源共享方法，活动目录与用户账户管理，DNS、DHCP、IIS、VPN 等配置与管理，还需要运用相关知识来解决 Windows Server 2008 R2 环境下的性能及优化、安全管理等问题，从而构建与管理基于 Windows 的企业网络。

（3）本学习单元主要介绍 Windows Server 2008 R2 系统安全的各项配置，主要包括组策略安全设置，审核策略，CA 服务器配置，IIS、PKI、SSL 证书的管理。

☆ 单元情境

新兴学校是一所新建的职业学校，为了适应信息化教学与绿色办公的需要，更好地服务社会，学校准备建设数字化校园，满足学校的教学、办公和对外宣传等业务需要。学校通过招标选择了飞越公司作为系统集成商，从零开始规划并建设校园网，刚入职的小赵作为学校的网络管理人员与飞越公司一起全程参与校园网筹建项目。校园网的服务器选型已经完成，通过飞越公司采购了服务器、安装了操作系统，现需要对学校的局域网络进行集中管理，以构建容易操作和管理、维护效率高、安全性高的校园网。

项目一　创建AD DS

项目描述

新兴学校的教师使用的计算机安全性低，管理混乱。现需要对计算机进行统一管理，需要网络管理员小赵提出解决方案。针对数量较大的计算机的管理，飞越公司的工程师建议小赵引入域来进行管理。

项目分析

根据需求，分析后可知，此任务主要是为 Windows Server 2008 R2 创建活动目录域服务（Active Directory Domain Services，AD DS）。建立 AD 域的主要优点如下：有利于统一管理；有利于网络统一管理；有利于相关的设置统一应用到客户机；便于管理，共享资源，安全性好，利于协同工作；账户集中管理，环境集中管理，软件集中管理；资料统一管理，可以防止员工把公司机密泄露出去。整个项目的认知与分析流程如图 4-1 所示。

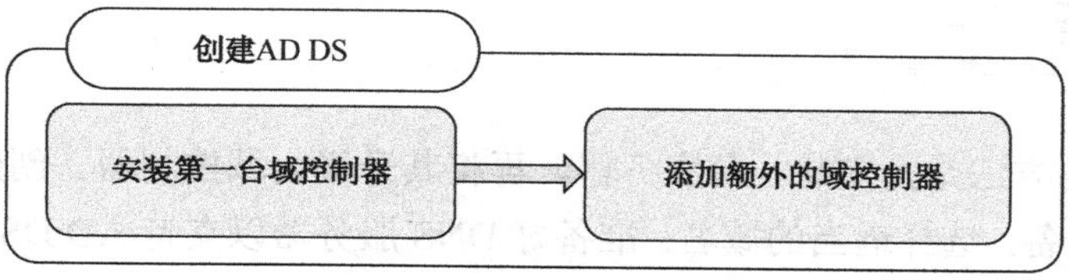

图 4-1　项目流程图

知识链接

AD DS 是存储活动目录林配置信息、验证请求及所有对象相关信息的集中存储区，用户只需利用 AD，即可从安全且集中化的单一位置有效率地管理用户、计算机、组、打印机、应用程序及其他目录对象。Windows Server 2008 中的 AD DS 包含以下加强功能。

审核：记录对 AD 对象所做的变更，即可知道对象有哪些改变及已变更属性的先前值和目前值。

精细密码：可以针对域中的不同组设定密码策略，使在同一个域中的所有账户都不再受限于必须使用相同的密码的策略。

只读域控制器：可以在无法确保域控制器的安全性的环境中，部署使用只读版本 AD 数据库的域控制器。例如，对域控制器的物理安全性有疑虑的分支机构，或具有额外角色功能并需要其他用户登录，以及管理服务器的域控制器。由于只读域控制器使用数据副本，因此可避免因分支机构对数据所做的更改而发生破坏或损毁 AD 树的情形，只读域控制器亦可使分支机构域控制器减少使用分段站点，或避免派送安装介质与网络系统管理员至分支机构。

可重新启动的：用户可中止进行 AD DS 的维护工作。大部分维护作业不需要将域控制器重新启动，以及重新启动为 Directory Services Restore Mode，在目录服务离线期间，域控制器上的其他服务仍可继续运作。

数据库加载工具：此工具可加载 AD 数据库快照，供网络系统管理员查看快照中的对象，以便在必要时判断还原需求。

任务一　安装第一台域控制器

任务描述

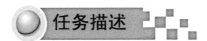

新兴学校的计算机安全性较低，管理混乱，现需要统一管理，网络管理员小赵根据学校的要求组织、管理和控制企业网络资源的各种功能。小赵为企业提出了搭建 AD DS 的方案，现需要为学校搭建 AD DS。

任务分析

创建 AD 域的方法是先安装一台服务器，再将其升级为域控制器。创建域前，先确定以下准备内容是否具备：选择适当的域名；准备好 DNS 服务器以支持 AD DS；选择 AD 数据库的存储位置。由于小赵对此并不熟悉，于是请飞越公司的工程师来帮忙。

任务实施

步骤 1：在“服务器管理器”窗口中选中“角色”节点，单击“添加角色”超链接，如图 4-2 所示。

步骤 2：在弹出的“开始之前”对话框中直接单击“下一步”按钮。

步骤 3：在弹出的“选择服务器角色”对话框中选中“Active Directory 域服务”复选框，单击“下一步”按钮，如图 4-3 所示。

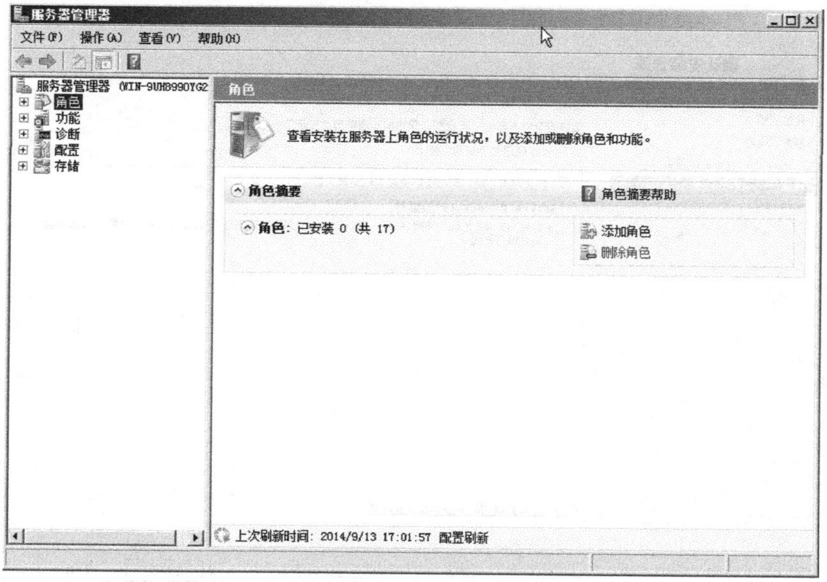

图 4-2 “服务器管理器”窗口

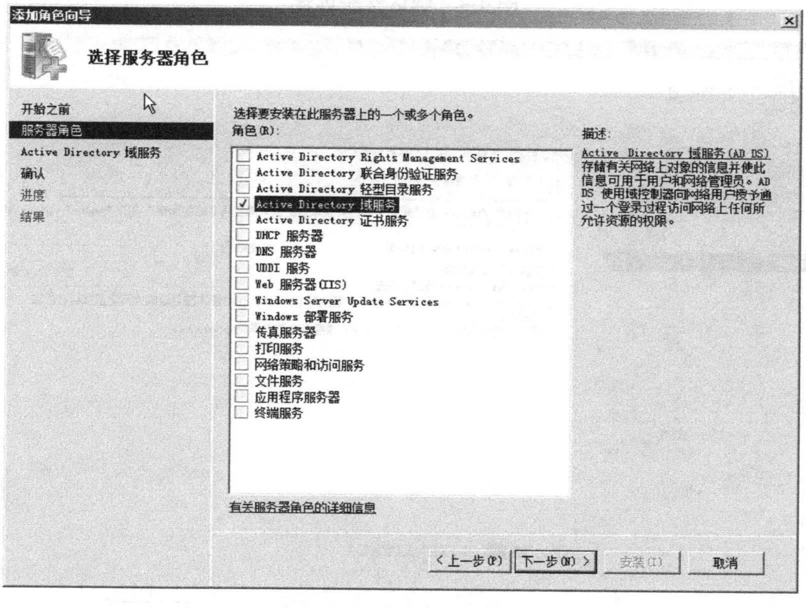

图 4-3 选择服务器角色

步骤 4：在弹出的“Active Directory 域服务”对话框中单击“下一步”按钮。

步骤 5：在弹出的“确认安装选择”对话框中单击“安装”按钮，如图 4-4 所示。

步骤 6：弹出“安装结果”对话框，直接单击“关闭”按钮。从对话框中可知，必须运行 Active Directory 域服务安装向导，这台服务器才会成为功能完整的域控制器，如图 4-5 所示。

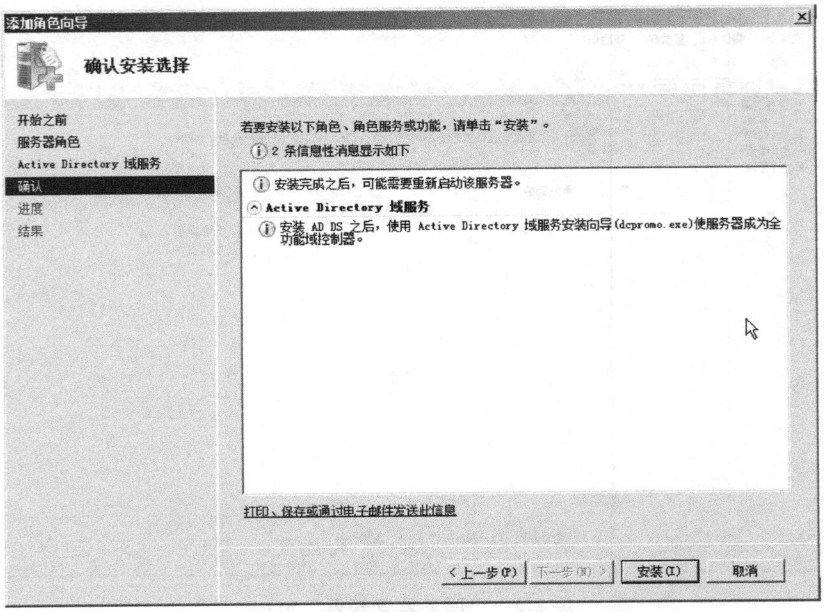

图 4-4　确认安装选择

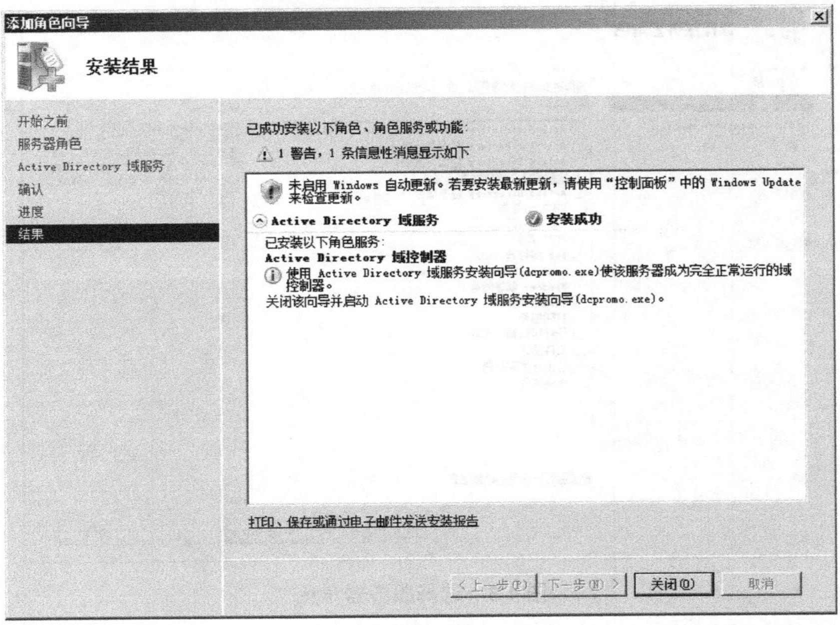

图 4-5　安装结果

步骤 7：在“服务器管理器”窗口中选中“角色”→“Active Directory 域服务”节点，再单击“运行 Active Directory 域服务安装向导”超链接，如图 4-6 所示。

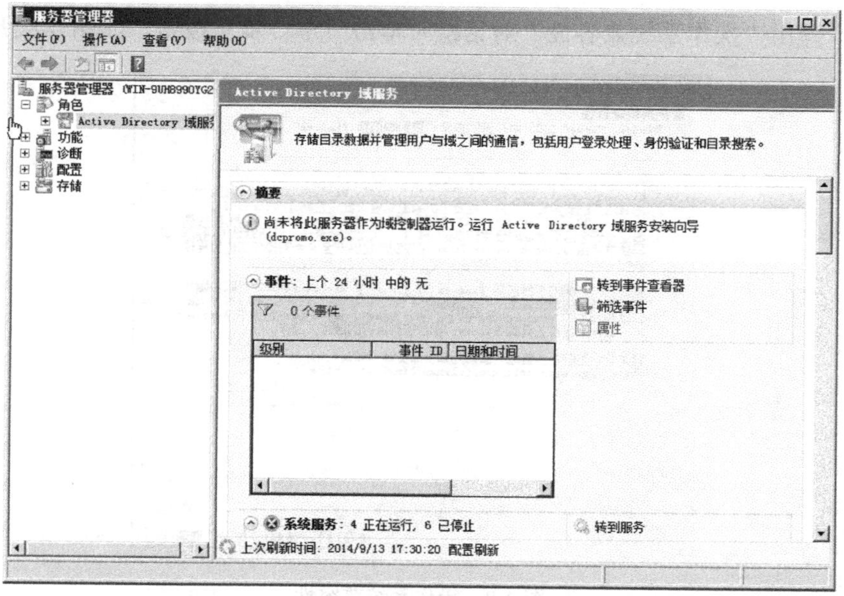

图 4-6　AD 域服务

步骤 8：弹出 AD DS 安装向导对话框，选中“使用高级模式安装”复选框，单击“下一步”按钮，如图 4-7 所示。

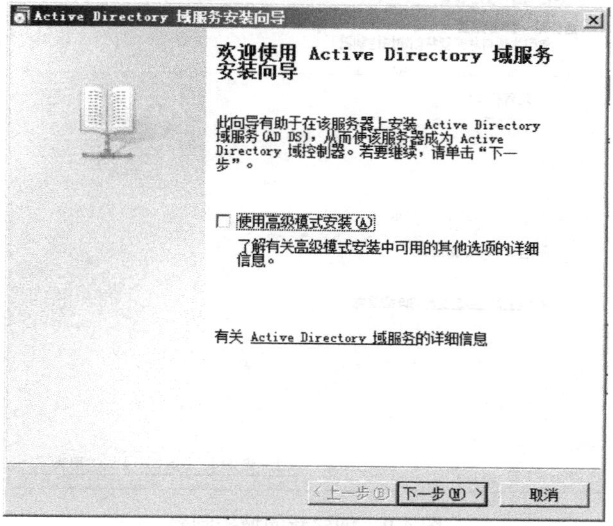

图 4-7　AD DS 安装向导对话框

经验分享

也可以不使用高级模式安装，此时有些设置会自动采用默认值，因此，安装过程中与这些设置有关的对话框不会弹出。

步骤 9：弹出“操作系统兼容性”对话框时单击“下一步”按钮，如图 4-8 所示。

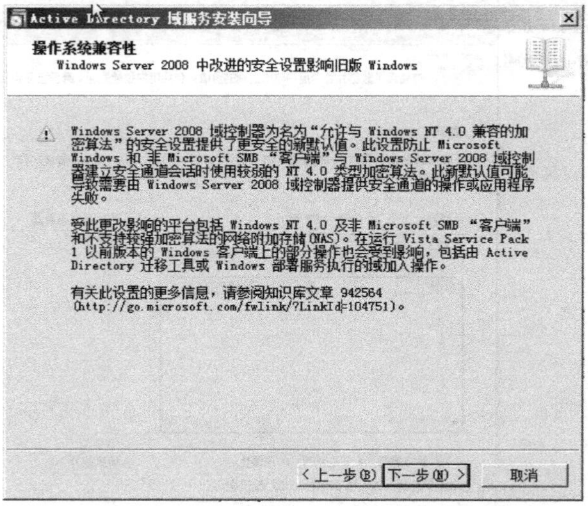

图 4-8　操作系统兼容性

步骤 10：弹出“选择某一部署配置”对话框，选中“在新林中新建域”单选按钮，单击“下一步”按钮，如图 4-9 所示。

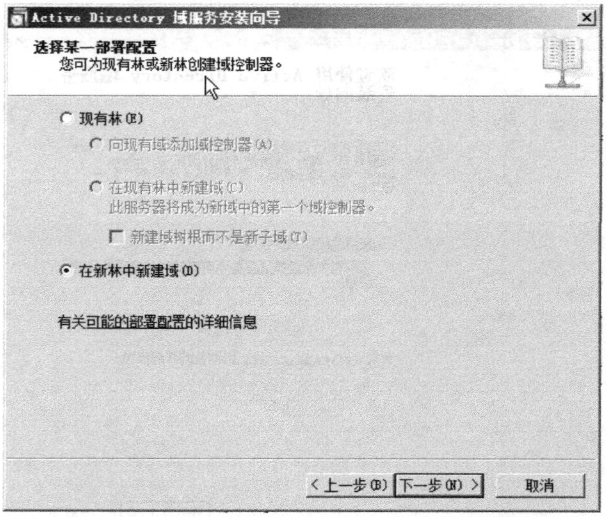

图 4-9　创建新的域控制器

步骤 11：弹出“命名林根域”对话框，输入域名“test.com”，单击“下一步”按钮，如图 4-10 所示。

步骤 12：弹出“域 Net BIOS 名称”对话框，单击“下一步”按钮，如图 4-11 所示。

步骤 13：弹出“设置林功能级别”对话框，在“林功能级别”下拉列表中选择“Windows Server 2008”选项，单击“下一步”按钮，如图 4-12 所示。此时，它将直接在这台服务器上安装 DNS 服务器，且第一台域控制器必须扮演全局编录服务器的角色，第一台域控制器不可以是只读域控制器，如图 4-13 所示。

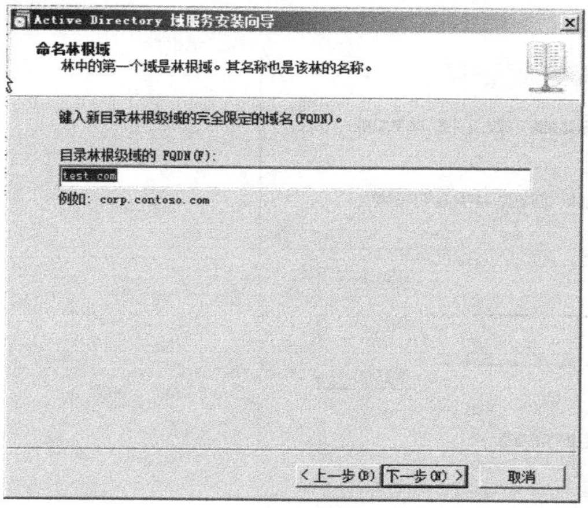

图 4-10　输入域名

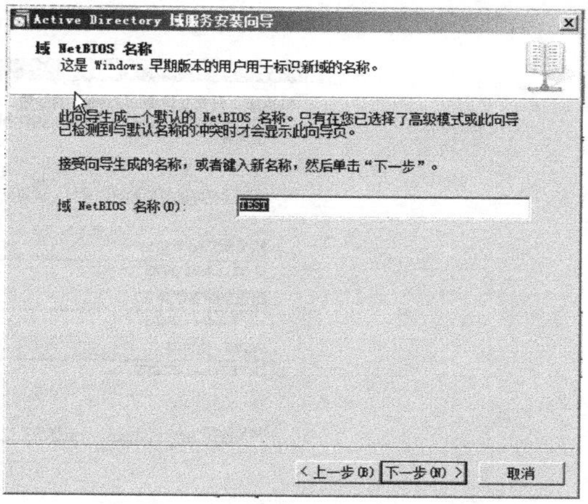

图 4-11　指定 NetBIOS 名称

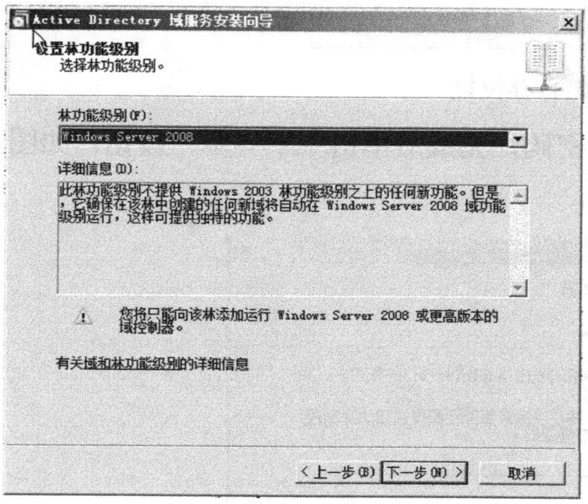

图 4-12　设置林功能级别

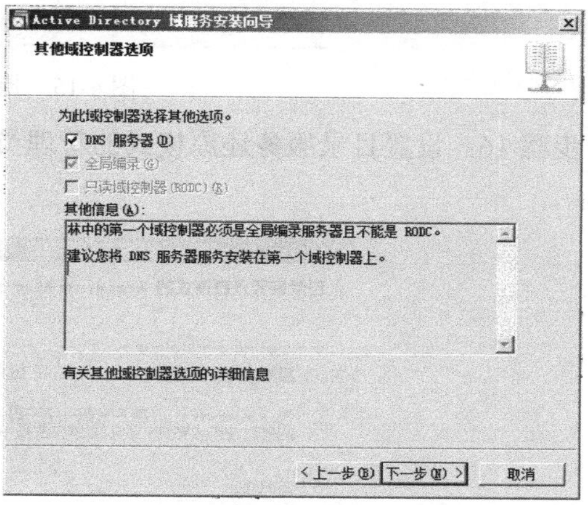

图 4-13　其他域控制器选项

经验分享

若要使用安装在其他计算机上的 DNS 服务器，则应先在其内创建支持此域（test.con）的区域，并启用动态更新功能。

步骤 14：在弹出的提示对话框中单击"是"按钮即可，如图 4-14 所示。

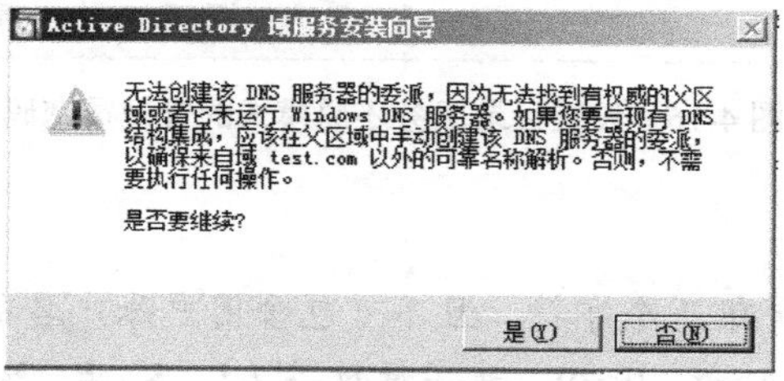

图 4-14　是否创建 DNS 委派

步骤 15：指定数据库、日志文件和 SYSVOL 的位置，单击“下一步”按钮即可，如图 4-15 所示。

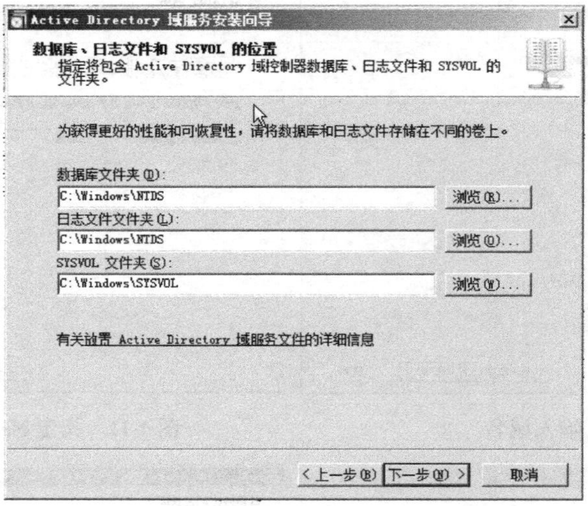

图 4-15　指定保存位置

步骤 16：设置目录服务还原模式的管理员密码，完成后单击“下一步”按钮，如图 4-16 所示。

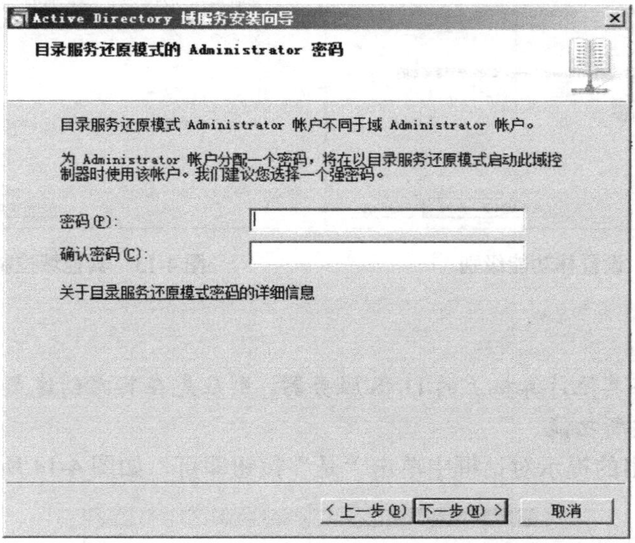

图 4-16　设置目录服务还原模式的管理员密码

经验分享

域用户的密码默认至少有 7 个字符，且不可包含用户账户名称中超过两个以上的连续字符，还要至少包括 A～Z、a～z、0～9、非字母数字（!、$、#、%）等 4 组字符中的 3 组，如 123abcABC 就是一个有效的密码。

步骤 17：弹出“摘要”对话框，直接单击“下一步”按钮，如图 4-17 所示。

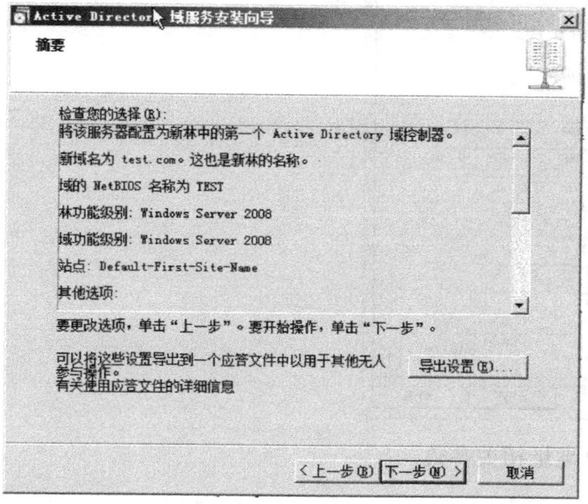

图 4-17　显示摘要

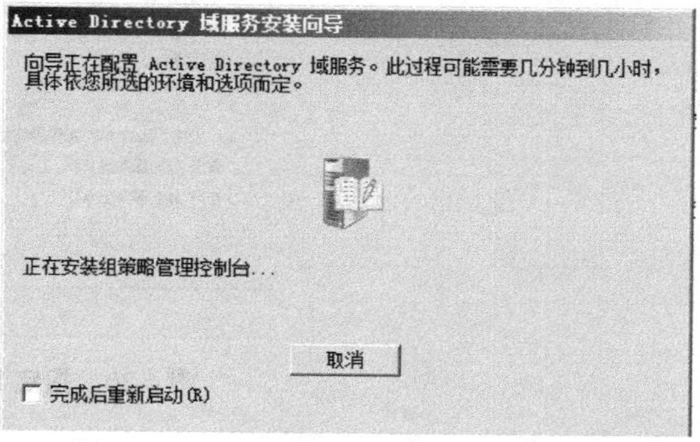

图 4-18　正在升级界面

步骤 18：在弹出的对话框中选中“完成后重新启动”复选框，或安装完成后手动重新启动，如图 4-18 所示。

步骤 19：系统重启后，重新登录系统，如图 4-19 所示，此时即成功安装了域服务和 DNS 服务。

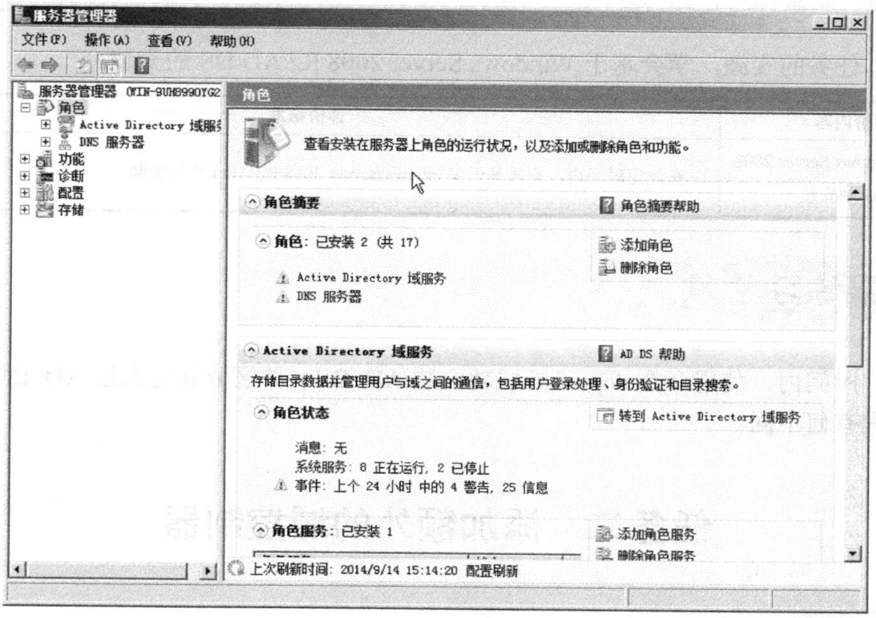

图 4-19　升级后重启系统

步骤 20：完成域控制器的安装后，原本这台计算机的本地用户账户会被转移到 AD 数据库中。另外，由于它本身也是 DNS 服务器，因此要将“首选 DNS 服务器”的 IP 地址改为代表本机的 127.0.0.1，如图 4-20 所示。

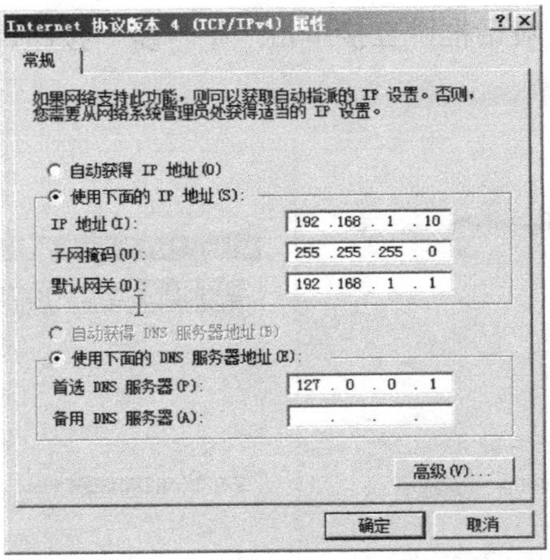

图 4-20　指定 IP 地址相关参数

经验分享

此计算机升级为域控制器后，它会自动开放 Windows 防火墙中与 AD DS 有关的端口，以便其他计算机与此域控制器进行通信。

任务验收

通过本任务的实施，学会基于 Windows Server 2008 R2 AD DS 的安装。

评价内容	评价标准
基于 Windows Server 2008 R2 的 AD DS 的安装	在规定时间内，完成基于 Windows Server 2008 R2 AD DS 的安装

拓展练习

在规定时间内，使用命令 dcpromo 成功安装 AD DS，并区分其与通过 AD DS 安装向导安装的过程有何不同。

任务二　添加额外的域控制器

任务描述

新兴学校的信息中心已经要求网络管理员小赵在 Windows Server 2008 R2 中成功安装 AD DS，现信息中心要求小赵为新建的域增加安全性，提高教师登录的效率、提供容错功能、自

动备份功能等。

任务分析

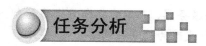

网络管理员小赵根据需求分析得知：已经在 Windows Server 2008 R2 中成功安装了 AD DS，现在需要添加额外的域控制器。由于小赵对此并不熟悉，于是请飞越公司的工程师来帮忙。

知识链接

在同一域内安装多台域控制器时，将具有以下优点。

（1）提高用户登录的效率。因为多台域控制器可以同时分担审核用户的工作，因此，可以加快用户的登录速度。当网络内的用户数量较多，或者多种网络服务都需要进行身份认证时，应当安装多台域外控制器。

（2）提供容错功能。即使其中一台域控制器出现故障，也仍然可以由其他域控制器提供服务，使用户可以正常登录，并提供用户身份认证。

（3）无需备份活动目录。当域内存在不只一台域控制器时，域控制器之间可以相互复制和备份。因此，当重新安装其中的一台时，备份 AD 并不是必需的，此时只需将其从域中删除，再重新安装并使之回到域中，则其他域控制器会自动将数据复制到这台域控制器上。也就是说，当一个域内只有或者只剩下最后一台域控制器时，才有必要而且必须对 AD 进行备份。

任务实施

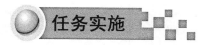

步骤 1：由于第一台域控制器同时也是 DNS 服务器，因此额外域控制器首选 DNS 服务器应该指向第一台域控制器，如图 4-21 所示。

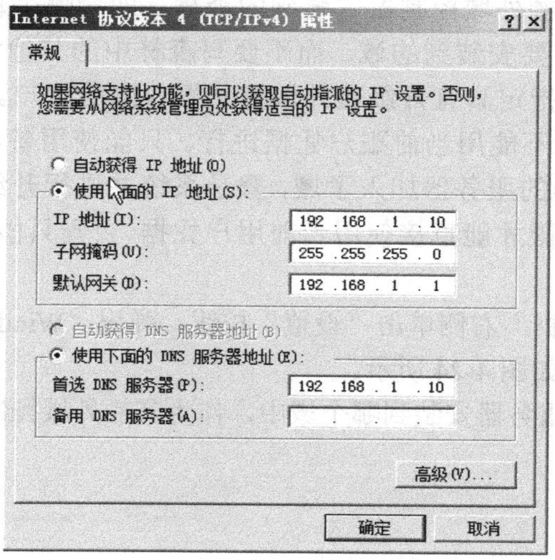

图 4-21 设置 IP 地址等相关参数

经验分享

如果企业中有专门的DNS服务器存在，则需要指向这些服务器，而不能指向首台域控制器。此外，需要将“网络和共享中心”窗口中的“公用网络”更改为“专用网络”，这样才能保证额外域控制器在配置和运行中正常地与其他服务器和客户进行通信。

步骤2：为额外的域控制器安装AD服务。通过“服务器管理器”窗口中的角色添加来完成初始化工作。选择添加“Active Directory域服务”，并根据AD DS安装向导完成初始化操作，在“选择某一部署配置”对话框中要选中“现有林”单选按钮，同时选中“向现有域添加域控制器”单选按钮，单击“下一步”按钮，如图4-21所示。

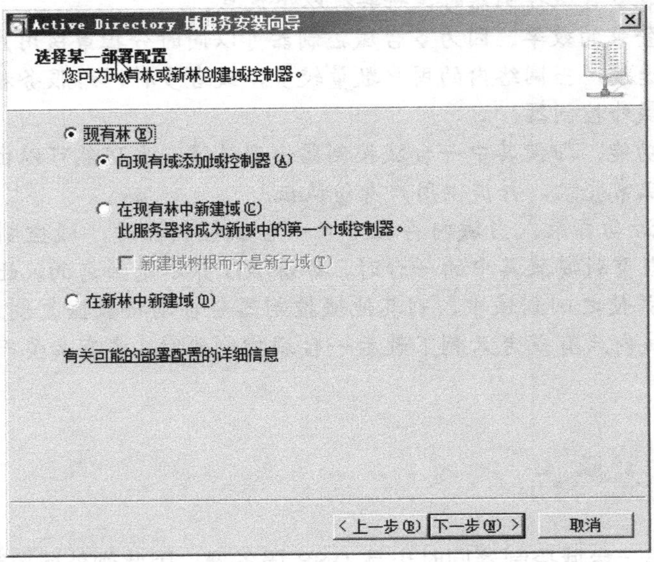

图4-22　AD DS安装向导

步骤3：指定要将此额外域控制器安装到的森林，即为哪个森林添加额外域控制器。这里建议填写该服务器将要安装到的域，而不要写森林中的其他域。Windows Server 2008 R2在这一过程中还需要指定具有升级额外域控制器权限的用户。如果是在工作组中直接升级为额外域控制器，则不能用当前账户凭据进行，只能使用备用凭据。此外，即使之前将这台作为额外域控制器的服务器加入了域，登录系统并进行升级操作的域用户也必须有在域中添加删除DC的权限才能直接使用当前用户凭据，否则只能使用备用凭据进行操作，如图4-23所示。

步骤4：在“备用凭据”右侧单击“设置”按钮，弹出“Windows安全”对话框，填写现有域的用户名和密码，如图4-24所示。

步骤5：指定要将该服务器安装到哪个域中，作为其额外域控制器存在，单击“下一步”按钮，如图4-25所示。

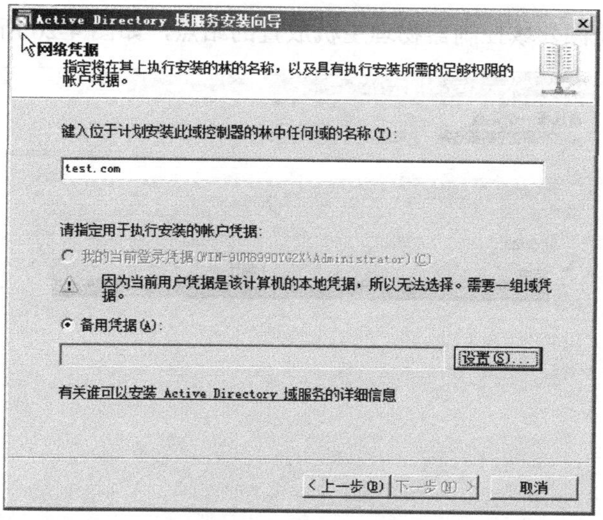

图 4-23 网络凭据

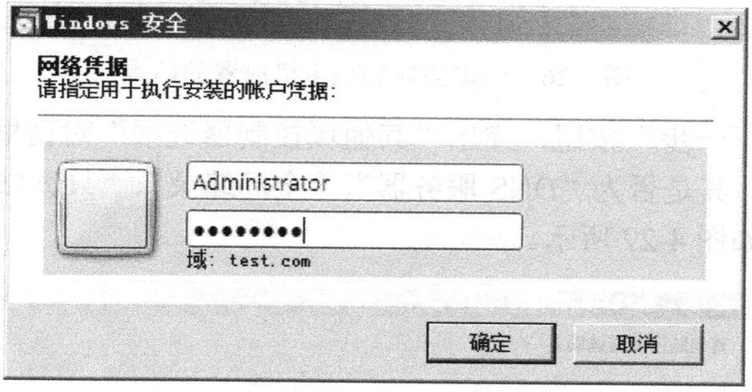

图 4-24 输入网络凭据的用户名和密码

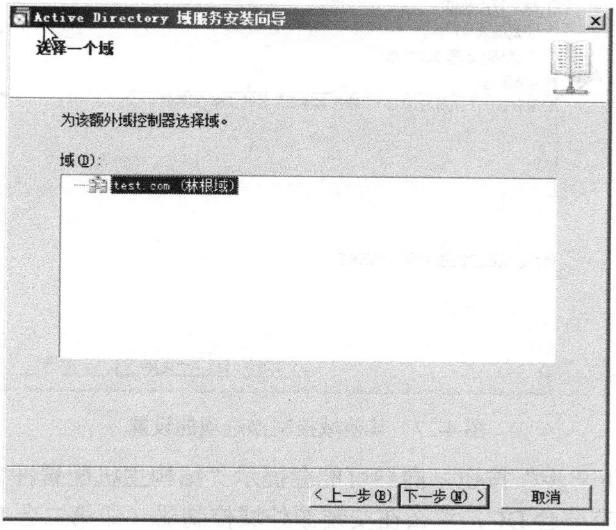

图 4-25 选择具体的域

步骤 6：确定当前额外域控制器物理主机放置的站点，如图 4-26 所示。

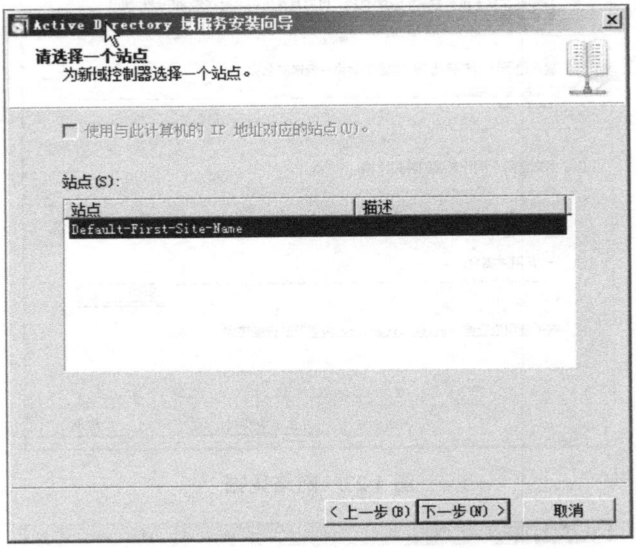

图 4-26　确定当前物理主机放置的站点

步骤 7：单击“下一步”按钮，弹出“其他域控制器选项”对话框，由于安装的是域中的额外域控制器，因而其是否为“DNS 服务器”、“全局编录”、“只读域控制器（RODC）”在此过程中均可忽略，如图 4-27 所示。

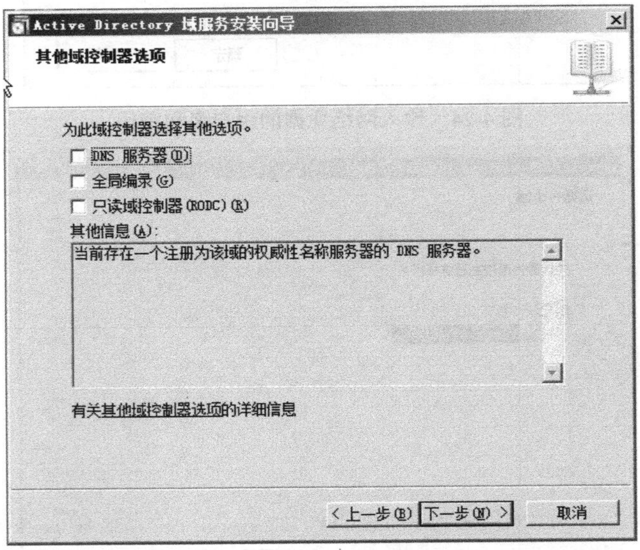

图 4-27　其他域控制器选项的设置

步骤 8：单击“下一步”按钮，向导可能会提示“结构主机配置冲突”，如图 4-28 所示。如果域森林在此前只有一台 DC，那么在安装额外域控制器（即第二台 DC）时，肯定会弹出这一提示对话框。其弹出的原因是当前域中的基础结构主机（IM）同时又承载着 GC（全局目录）的角色。在此，选择“将结构主机角色传送到此域控制器”选项。

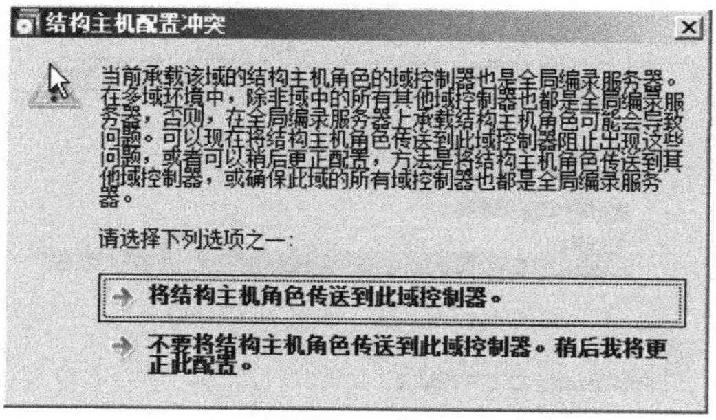

图 4-28　指定是否配置结构主机

经验分享

IM 更新的引用信息来自于其他域的信息，即非本域信息。

在以下两种情况中，IM 其实是不工作的。

（1）只有一个域时，基础结构主机位于哪里都无所谓，因为没有其他域的信息需要引用。

（2）在多域环境中，所有 DC 都是 GC。此时，基础结构主机也无需工作，因为所有的 DC 都是 GC，GC 拥有其他域的只读信息。

IM 在 GC 上运行时，将会停止更新对象信息，原因是其已包含对其所拥有的对象的引用。所以，强烈建议 IM 和 GC 不要在同一台 DC 上共存。

步骤 9：弹出“从介质安装”对话框，选中“通过网络从现有域控制器复制数据”单选按钮，单击“下一步”按钮，如图 4-29 所示。

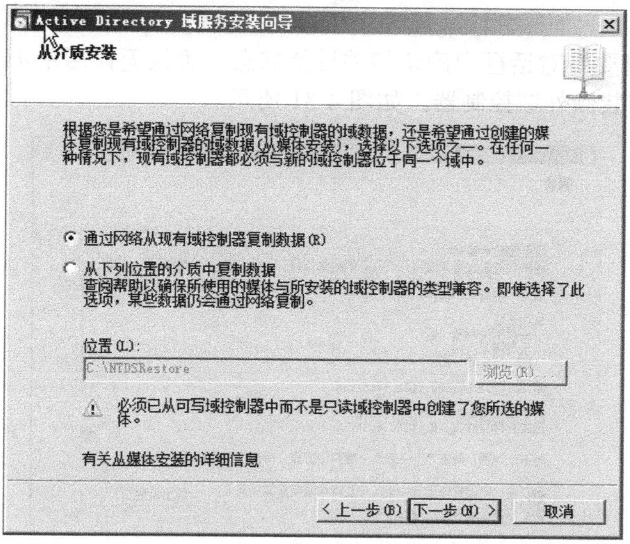

图 4-29　选择安装介质

步骤 10：弹出“源域控制器”对话框，可以手动指定将哪台现有 DC 作为安装期间必须复制的数据源，也可以使该向导自动选择 DC，如图 4-30 所示。

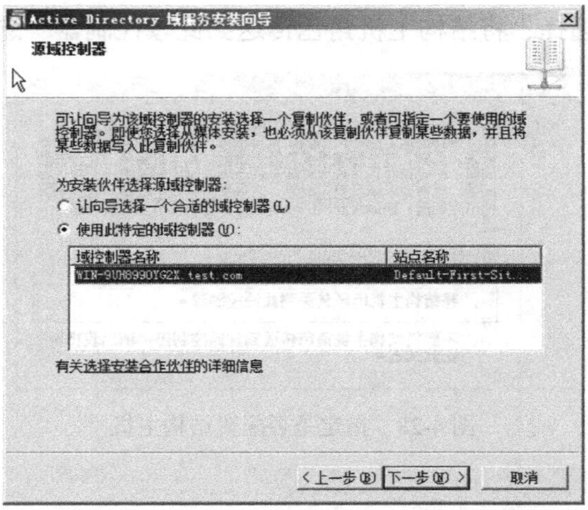

图 4-30　选择源域控制器

经验分享

当指定安装伙伴时，建议选择入站和出站连接数较低的 DC，并且不要选择负责使用文件复制服务（FRS）复制伙伴生产或转发更改的重要设备。此外，若不使用 IFM，则系统将在安装伙伴上创建或修改新的 NTDS 设置对象和新的计算机账户；安装伙伴还会将 SYSVOL 内容复制到新域控制器中。

只读域控制器（RODC）永远不能成为安装伙伴。

如果安装 RODC，则只有运行 Windows Server 2008 或 Windows Server 2008 R2 的可写域控制器才可以作为安装伙伴。如果为现有域安装额外域控制器，则只有该域的 DC 可以为安装伙伴。

步骤 11：在“摘要”对话框中确认相关设置信息，确认无误后单击“下一步”按钮，直接进行网络复制，安装额外域控制器，如图 4-31 所示。

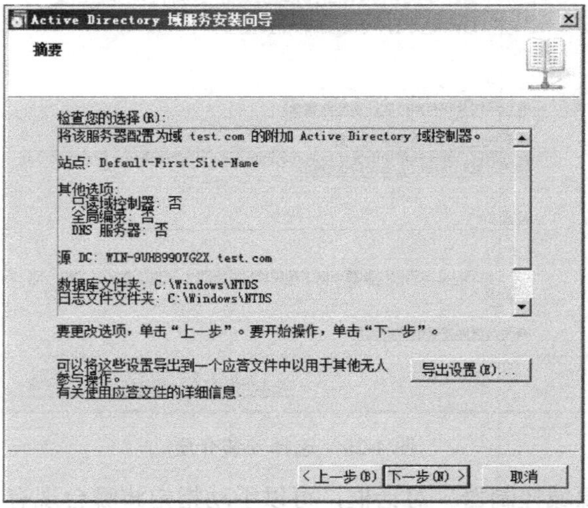

图 4-31　显示摘要

步骤 12：单击“下一步”按钮，可以选中“完成后重新启动”复选框，以便安装完成后自动重启系统，如图 4-32 所示。

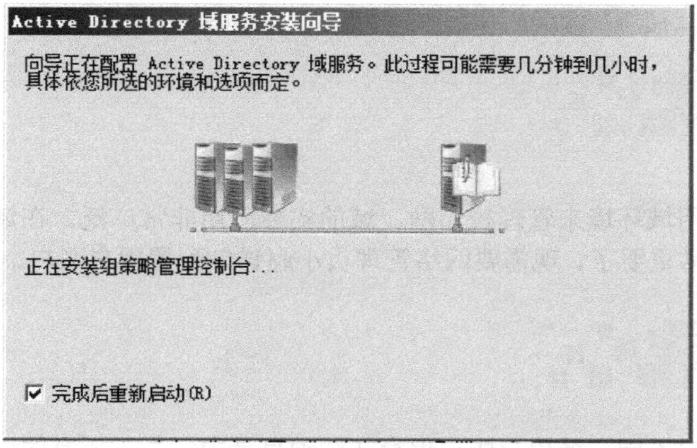

图 4-32　正在安装界面

至此，已成功为现有域添加额外的域控制器。

任务验收

通过本任务的实施，学会在 Windows Server 2008 R2 操作系统中添加额外的域控制器。

评价内容	评价标准
在 Windows Server 2008 R2 操作系统中添加额外的域控制器	在规定时间内，为 Windows Server 2008 R2 操作系统添加额外的域控制器

拓展练习

以 Windows Server 2003 作为域控制器，添加 Windows Server 2008 R2 操作系统的额外域控制器。

项目评价

考核内容	评价标准
Windows Server 2008 R2 域的安装	在规定时间内，完成 Windows Server 2008 R2 域的安装

项目二　域用户与域组账户的管理

项目描述

新兴学校要使用域环境来管理校园网，域的实际应用非常广泛。在域环境下如何管理用户账户和组也就非常重要了。现需要网络管理员小赵详细配置用户账户、计算机账户、组等。

项目分析

和本地用户账户不同，域用户账户保存在活动目录中。由于所有的用户账户都集中保存在活动目录中，所以使得集中管理成为可能。同时，一个域用户账户可以在域中的任何一台计算机上登录（域控制器除外），用户可以不再使用固定的计算机。当计算机出现故障时，用户可以使用域用户账户登录到另一台计算机上继续工作，这样也使得账户的管理变得简单。整个项目的认知与分析流程如图 4-33 所示。

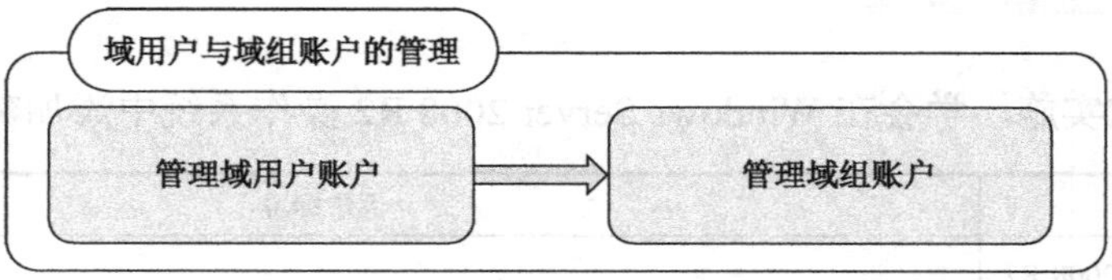

图 4-33　项目流程图

任务一　管理域用户账户

任务描述

新兴学校的信息中心已经要求网络管理员小赵为企业安装了 Windows Server 2008 R2 操作系统的域服务，现需要对域中的用户账户进行管理。

任务分析

要对域中的用户和计算机等对象进行管理，需使用“Active Directory 用户和计算机”管理工具。该工具在安装活动目录后会被添加到管理工具中，可以在管理工具中找到它。由于小赵对此并不熟悉，于是请飞越公司的工程师来帮忙。

任务实施

步骤 1：选择“开始”→“管理工具”→“Active Directory 用户和计算机”选项，如图 4-34 所示。

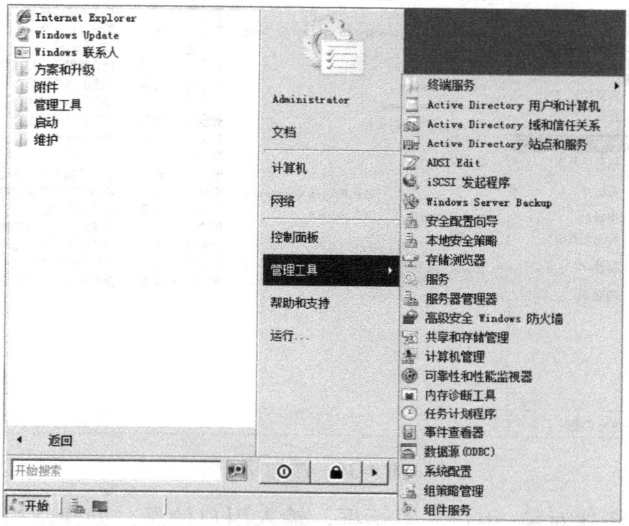

图 4-34 选择“Active Directory 用户和计算机”选项

步骤 2：在打开的窗口的左侧窗格中，可以看到已创建的域。展开该域的树形目录，找到“Users”节点，选中该节点后，在右侧窗格中可以看到一些内置的用户账户和组。当系统安装了活动目录后，原来的本地用户和组账户都没有了，这些对象会变成域用户账户和域本地组，并被放在“Users”管理单元内，如图 4-35 所示。

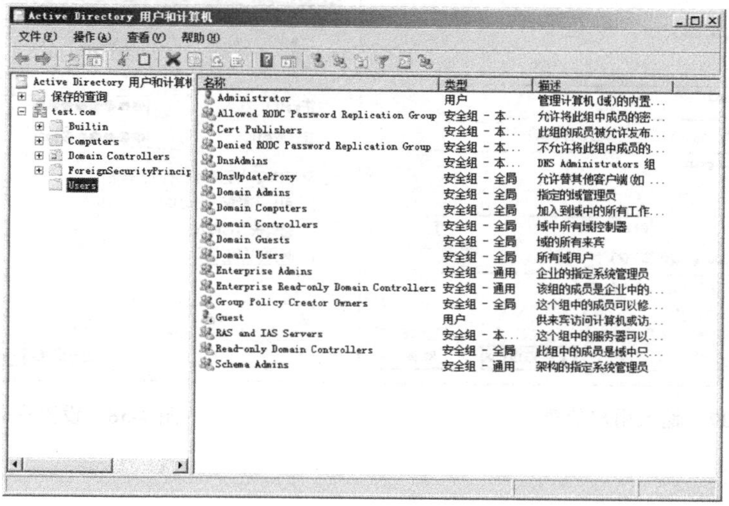

图 4-35 “Users”管理单元

步骤 3：创建用户，右击“Users”，在弹出的快捷菜单中选择“新建”→“用户”选项，即可添加域用户，如图 4-36 所示。

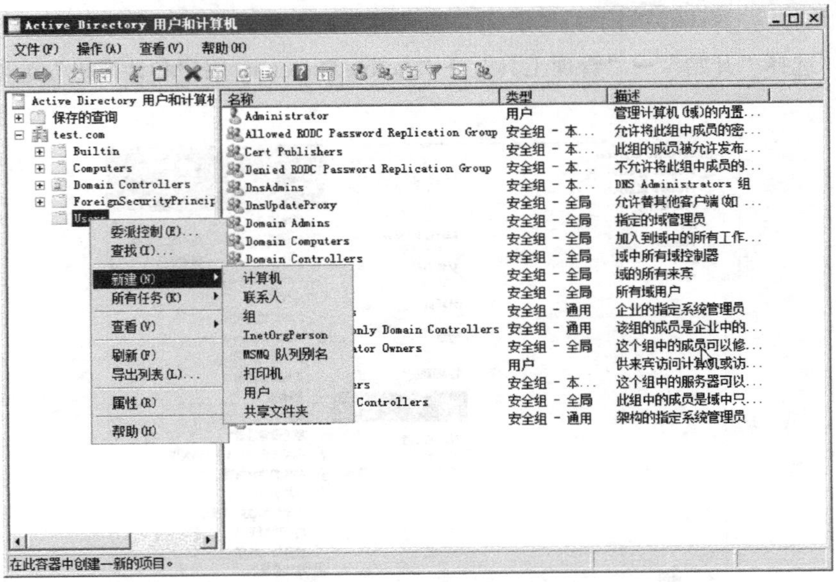

图 4-36 添加用户

步骤 4：弹出“新建对象-用户”对话框，输入用户信息，创建新用户，如图 4-37 所示。

步骤 5：设置用户密码，选中“用户下次登录时须更改密码”复选框，如图 4-38 所示。

步骤 6：单击“完成”按钮，即可成功创建新的域用户，如图 4-39 所示。

步骤 7：域用户的管理，在新建的用户上右击，在弹出的快捷菜单中选择“属性”选项，弹出用户属性对话框，即可修改和配置该用户的其他账户属性，如图 4-40 所示。

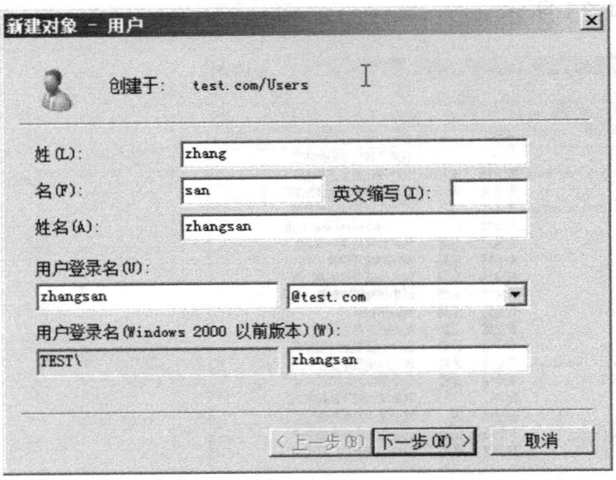

图 4-37 输入用户信息

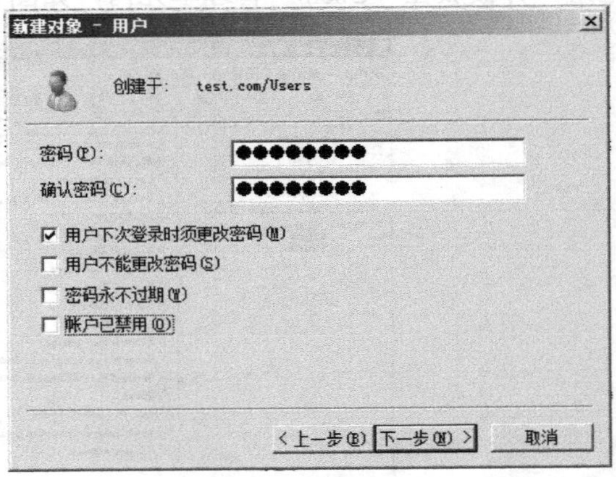

图 4-38 设置密码

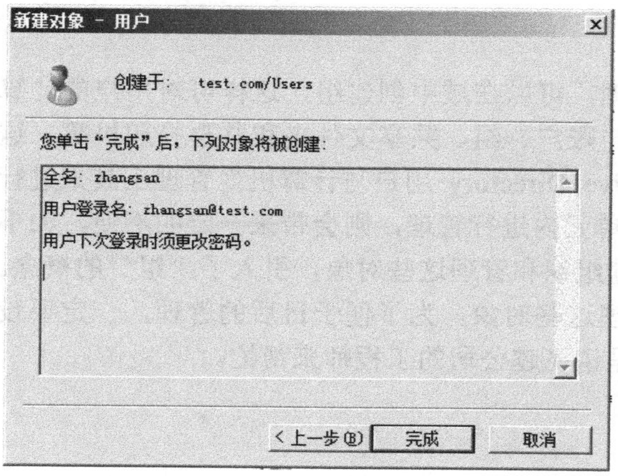

图 4-39 用户创建完成

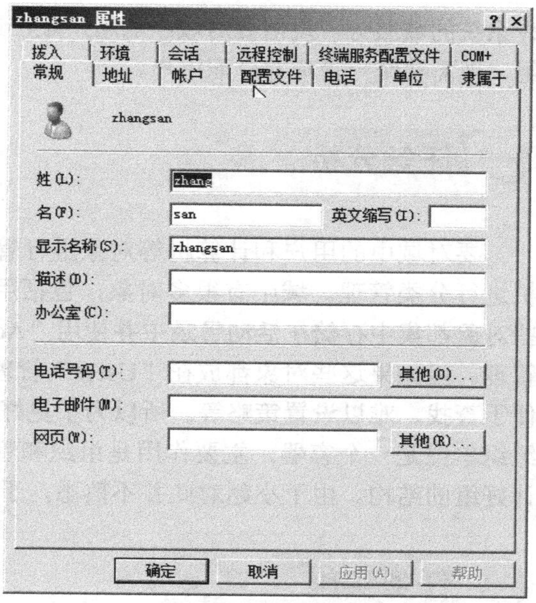

图 4-40 修改和配置该用户的其他账户属性

经验分享

在 Windows Server 2008 R2 域环境中新建用户，用户密码必须满足复杂性要求。

任务验收

通过本任务的实施，学会 Windows Server 2008 R2 域用户的创建和管理。

评价内容	评价标准
管理域用户账户	在规定时间内，完成 Windows Server 2008 R2 域用户的创建和账户属性的配置

拓展练习

依据 Windows Server 2008 R2 域用户的创建，详细配置域账户的属性。

任务二 管理域组账户

任务描述

新兴学校的信息中心已经要求网络管理员小赵为企业安装了 Windows Server 2008 R2 操

作系统的域服务，现需要对域中的用户账户进行管理。学校有多个部门，部门下又有很多小组，现需要统一管理并分配用户。

任务分析

要对域中的用户和计算机等对象进行管理，可以在域中创建组，这样可对用户的计算机进行分类管理。域中有很多对象，包括用户账户、组、共享文件夹和共享打印机等。这些对象都集中存储在活动目录中并使用“Active Directory 用户与计算机”管理工具来进行管理。但如果这些对象都放在“Users”管理单元内进行管理，则会带来一定的不便，如不便于查找、难以设置策略等。所以为了更好地组织和管理这些对象，引入了“组”的概念。组织单位是一个容器，主要作用是组织和管理这些对象。为了便于日后的管理，一定要设计好组的结构。由于小赵对此并不熟悉，于是请飞越公司的工程师来帮忙。

任务实施

步骤 1：选择“开始”→“管理工具”→“Active Directory 用户和计算机”选项，如图 4-41 所示。

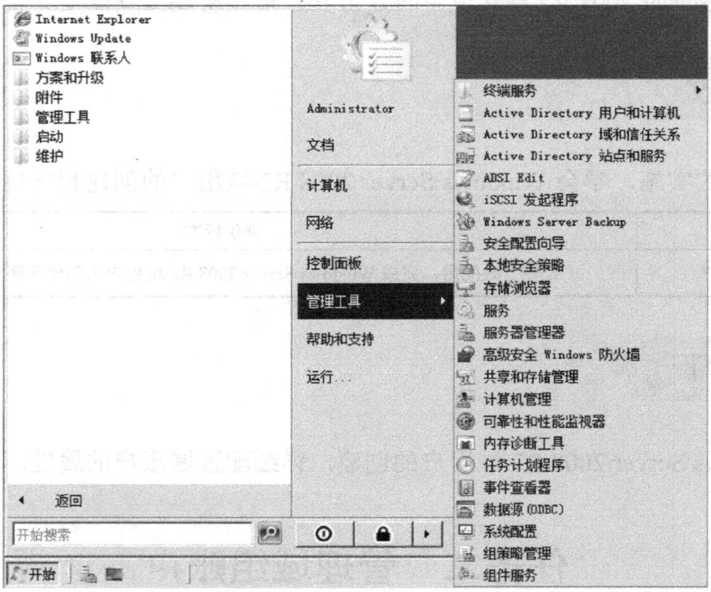

图 4-41 选择“Active Directory 用户和计算机”选项

步骤 2：右击域名，在弹出的快捷菜单中选择“新建”→“组织单位”选项，如图 4-42 所示。

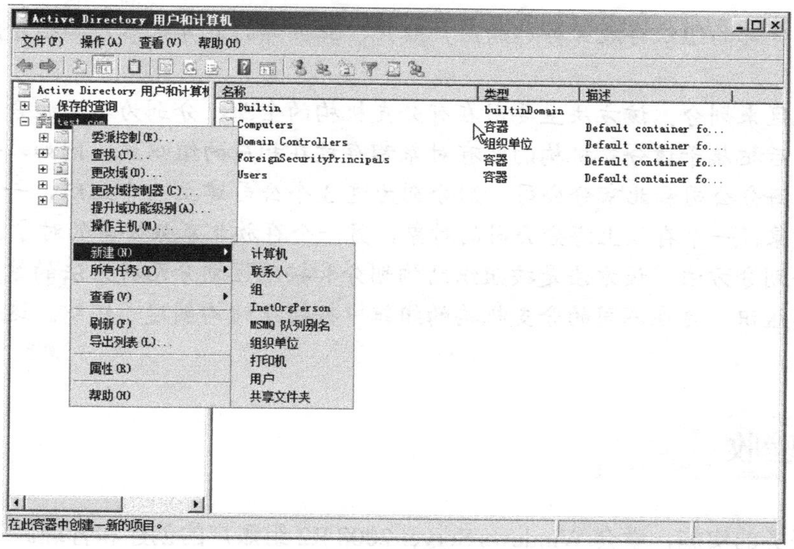

图 4-42 新建组织单位

步骤 3：弹出“新建对象-组织单位”对话框，创建组织单位，如图 4-43 所示。

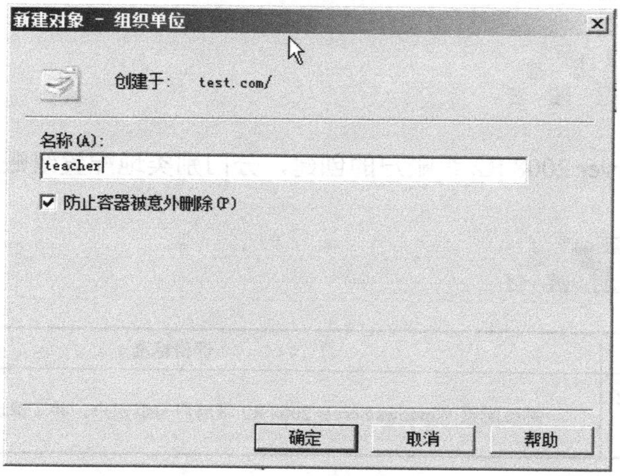

图 4-43 输入组织单位的名称

步骤 4：创建组织单位后，即可将不同的用户、组、共享文件夹、打印机等分类加入到组织单位中。

知识链接

组织单位的划分方法

（1）按对象类型来划分。该划分方法是创建几个组织，不同的组织存放不同的对象，如一个组织存放用户账户，另一个组织存放计算机账户等。

（2）按企业的组织结构来划分。该方法为不同的部门创建不同的组织，把属于每个部门的对象都存放在一个组织中，如财务部的组织存放财务部的用户账户、财务部的计算机账户和组等，而业务部的组织存放业务部的用户账户、业务部的计算机账户和组等。这是一种常用的方法。

（3）按地区来划分。该方法主要用在有分支机构的企业，分别为不同的分支机构创建不同的组织，然后把属于该分支机构的所有对象都存放在相应的组织里。例如，一个企业有广州总公司、上海分公司和北京分公司，则分别为这 3 个公司建立 3 个组织，一个组织存放广州总公司的对象，一个存放上海分公司的对象，另一个存放北京分公司的对象。

（4）混合划分方法。该方法是按组织结构划分和按地区划分两种方法的结合，先为不同分支机构创建组织，再在不同的分支机构的组织中按组织结构创建子组织。这也是一种常用的方法。

任务验收

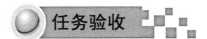

通过本任务的实施，学会 Windows Server 2008 R2 组账户的创建和管理。

评价内容	评价标准
管理组账户	在规定时间内，完成 Windows Server 2008 R2 组账户的管理

拓展练习

依据 Windows Server 2008 R2 组账户的创建，分门别类地配置组账户。

项目评价

考核内容	评价标准
Windows Server 2008 R2 域用户与组账户的管理	熟练配置 Windows Server 2008 R2 域用户与组账户，并了解域用户与组账户的管理

单元知识拓展　现有域环境中的域迁移

任务描述

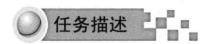

新兴学校的信息中心已经成功配置了域控制器和额外域控制器，但无法保证域控制器永远不出现故障，同时，服务器设备也需要更新。在这种情况下，需要对域进行迁移，以保证系统的正常运行和系统数据的安全。

任务分析

根据需求分析可知，在现有域环境中进行域的迁移时，先要为现有域添加额外的域控制器，添加额外域控制器的任务前面已经介绍过，这里不再赘述。本任务主要介绍如何将辅域控升级为主域控。由于小赵对此并不熟悉，于是请飞越公司的工程师来帮忙。

任务实施

步骤 1：选择"开始"→"管理工具"→"Active Directory 用户和计算机"选项，如图 4-44 所示。

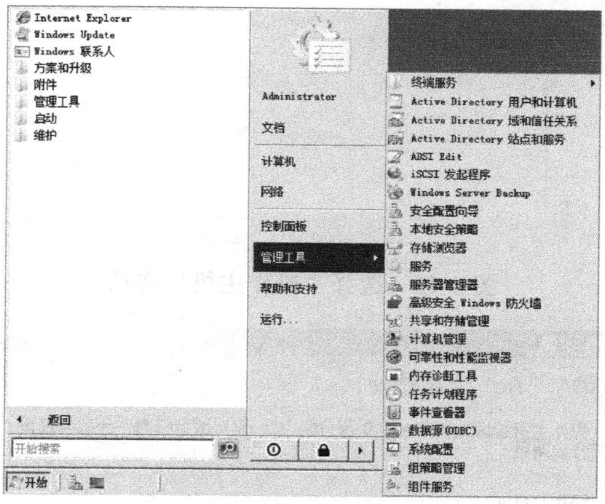

图 4-44　选择"Active Directory 用户和计算机"选项

步骤 2：选中"Domain Controllers"域，确认额外的域控制器功能，如图 4-45 所示。

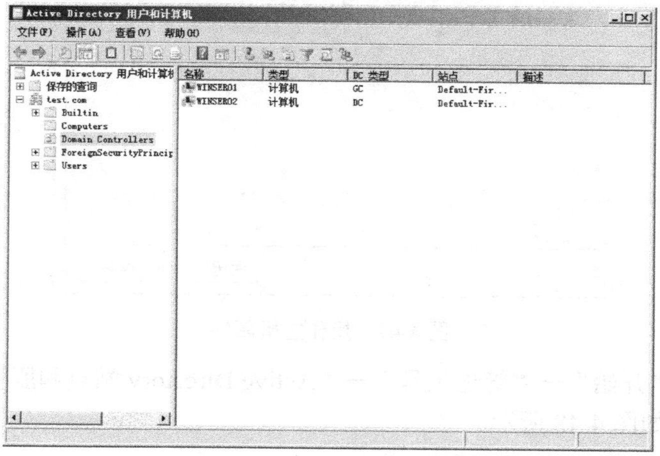

图 4-45　显示额外域控制器

步骤 3：右击域名，在弹出的快捷菜单中选择“操作主机”选项，弹出“操作主机”对话框，查看当前操作主机的属性，如图 4-46 和图 4-47 所示。

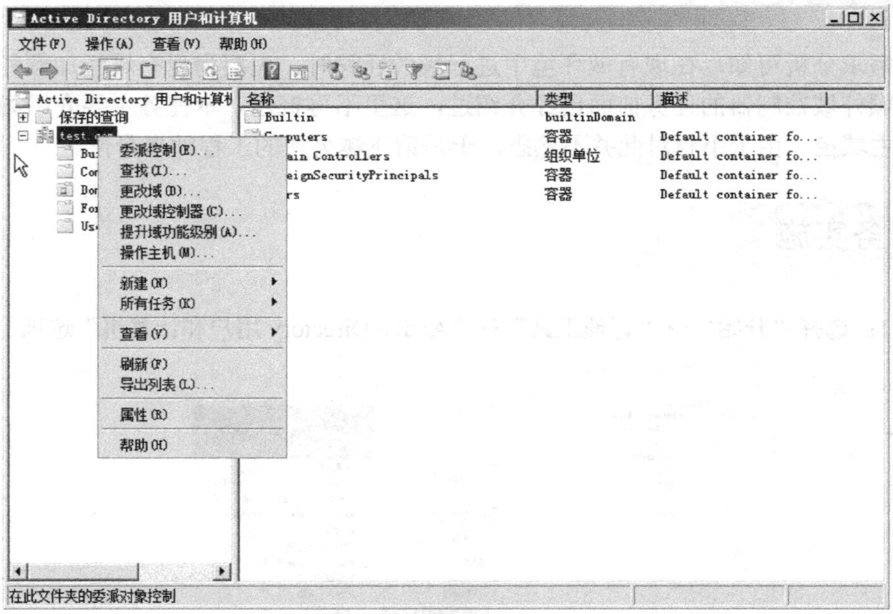

图 4-46　选择“操作主机”选项

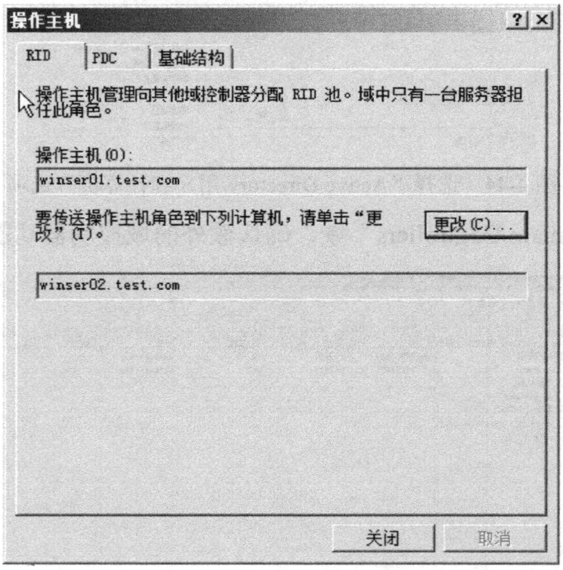

图 4-47　操作主机属性

步骤 4：选择“开始”→“管理工具”→“Active Directory 站点和服务”选项，打开 AD 站点和服务窗口，如图 4-48 所示。

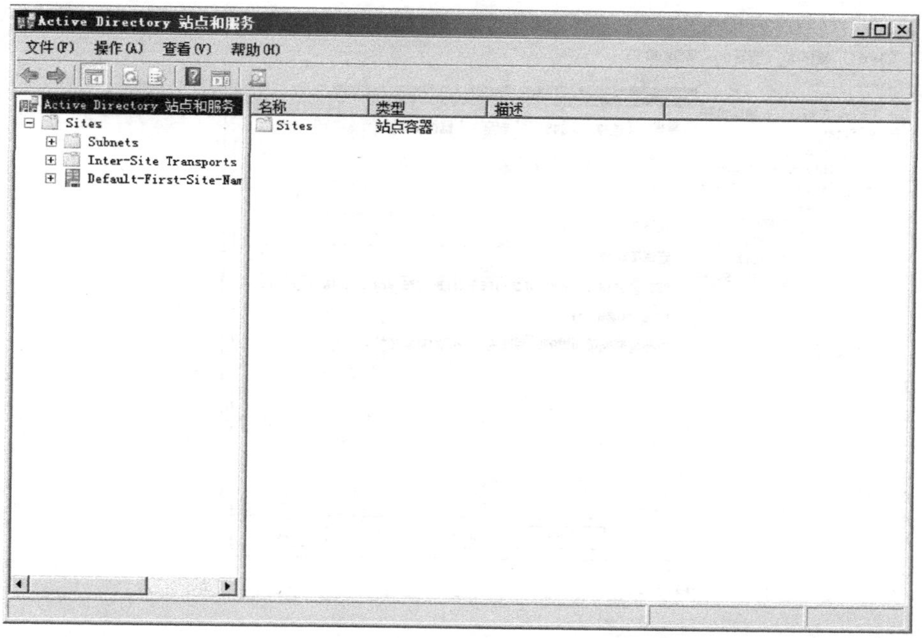

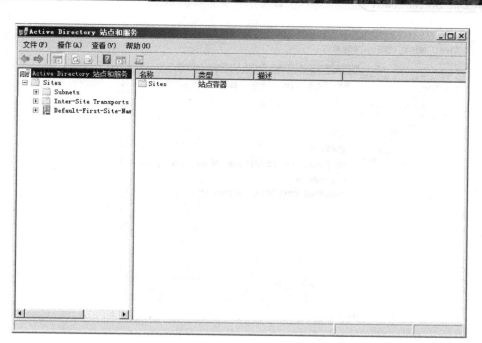

图 4-48　“Active Directory 站点和服务”窗口

步骤 5：查看 GC 属性，如图 4-49 和图 4-50 所示。

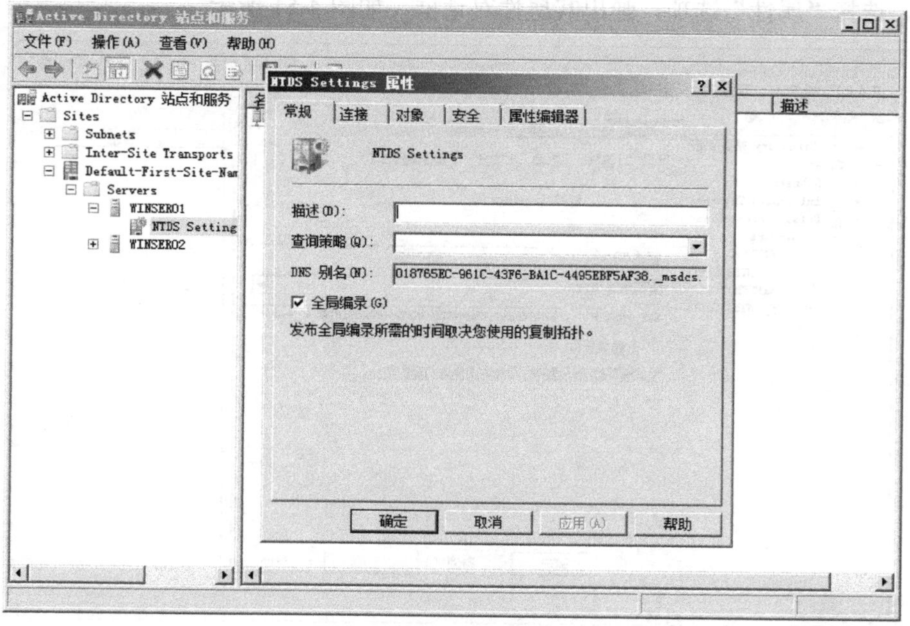

图 4-49　显示 GC 属性

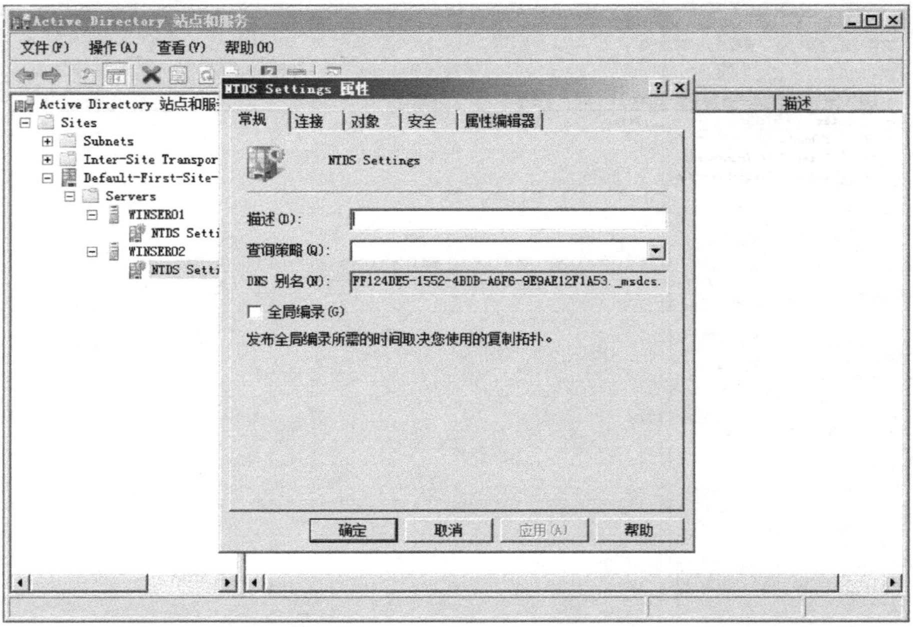

图 4-50　取消选中“全局编录”复选框

步骤 6：打开“Active Directory 站点和服务”窗口，在左侧的目录树中，右击“NTDS Settings”，选择“属性”选项，弹出其属性对话框，如图 4-51 所示。

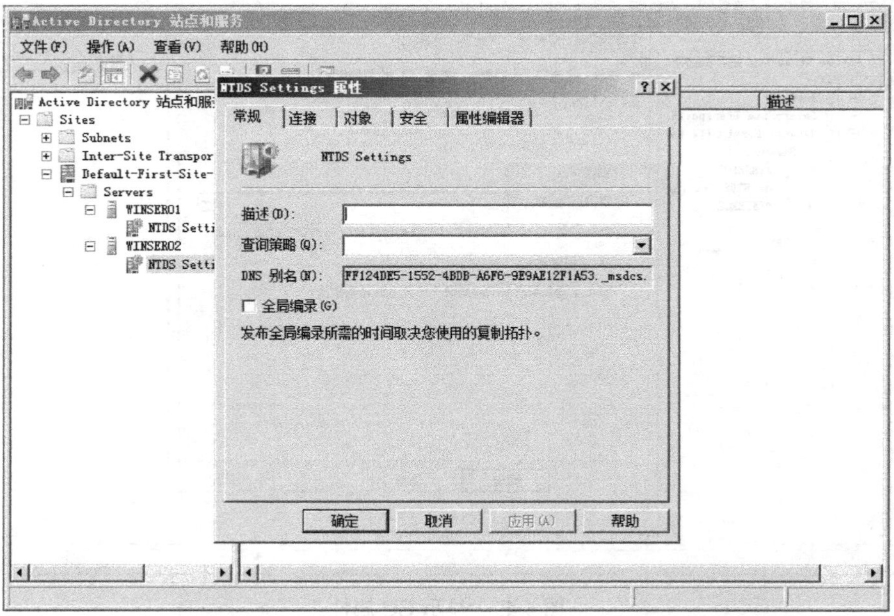

图 4-51　显示服务器属性

步骤 7：查看 DNS。确认辅域控 winser02 中的 DNS 条目与 winser01 中的条目一致，如图 4-52 所示。

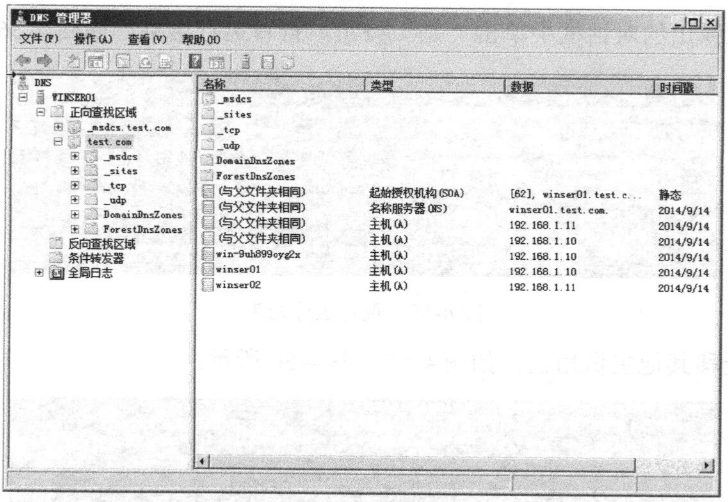

图 4-52　查看 DNS

步骤 8：迁移操作主机角色。在命令行提示符窗口中运行迁移工具 **ntdsutil**，如图 4-53 所示。

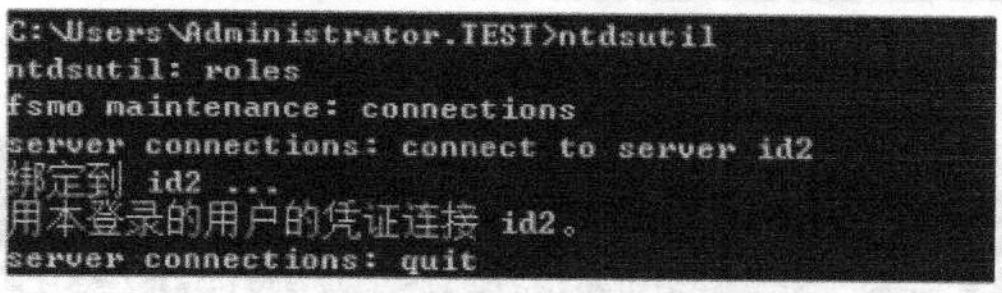

图 4-53　运行迁移工具 ntdsutil

步骤 9：进行角色迁移（共 5 项），如图 4-54 所示。

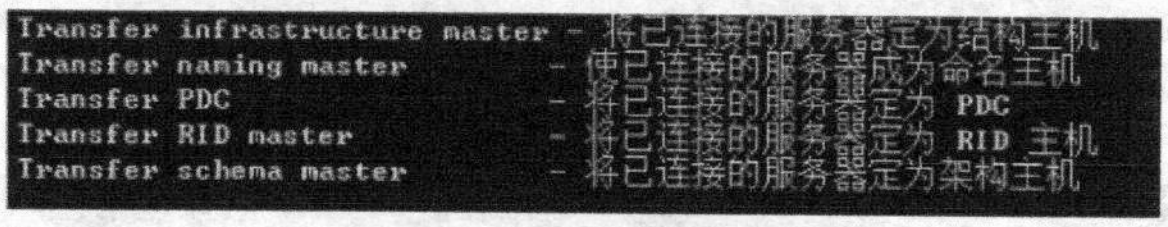

图 4-54　进行操作主机角色迁移（一）

步骤 10：依次执行以下命令，如图 4-55 所示。

图 4-55　进行操作主机角色迁移（二）

步骤 11：在弹出的对话框中单击“是”按钮，查看运行结果，如图 4-56 所示。

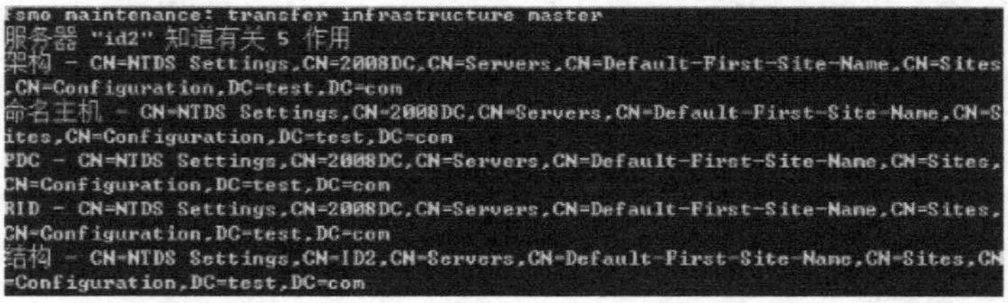

图 4-56 查看运行结果

步骤 12：迁移其他主机角色，如图 4-57～图 4-60 所示。

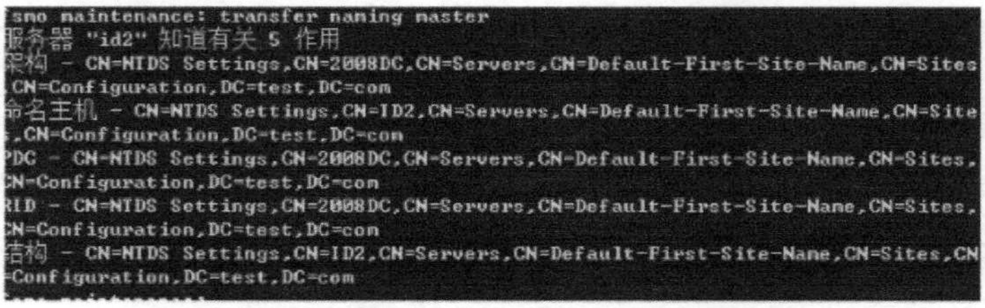

图 4-57 迁移其他主机角色（一）

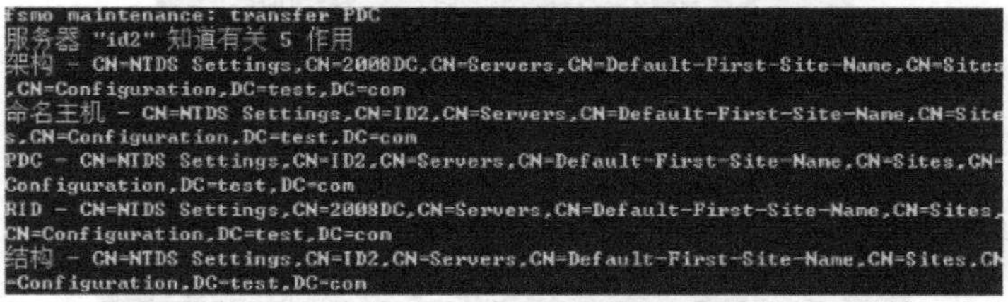

图 4-58 迁移其他主机角色（二）

图 4-59 迁移其他主机角色（三）

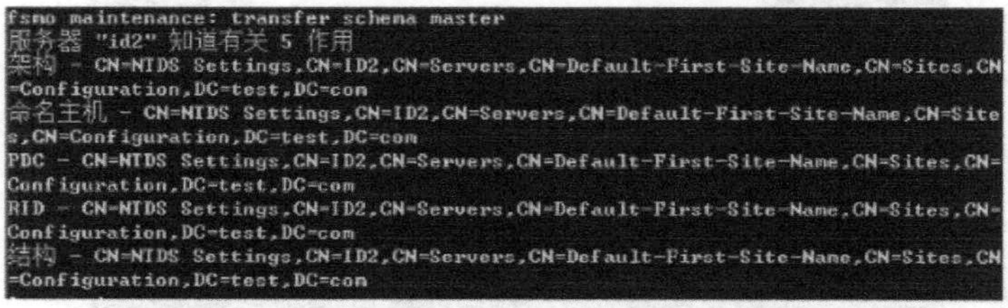

图 4-60 迁移其他主机角色（四）

至此，操作主机角色迁移完成，其中的pdc为主域控制器角色。

任务验收

通过本任务的实施，学习如何对Windows Server 2008 R2进行域迁移。

评价内容	评价标准
现有域环境中的域迁移	在规定时间内，将现有Windows Server 2008 R2的主域控迁移到另一台Windows Server 2008 R2服务器中

单元总结

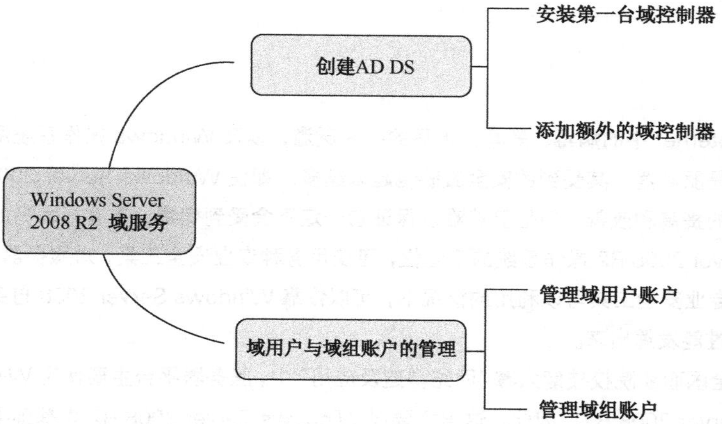

学习单元五

Windows Server 2008 R2 操作系统安全设置

☆ 单元概要

（1）伴随着 Internet 中的病毒、黑客、木马的不断泛滥，以及 Windows 操作系统漏洞的不断增多，无论是普通计算机还是服务器，其受到的安全威胁也越来越多。即使 Windows Server 2008 R2 操作系统在安全性方面有了很大的提高和改善，但是仍然难以保证它一定不会受到病毒、黑客或木马的袭击；为了更好地保证 Windows Server 2008 R2 操作系统的安全性，可使用各种专业安全工具，对服务器系统进行安全防护。其实，在没有任何专业安全工具可以利用的情况下，可以依靠 Windows Server 2008 自身的力量，来将系统各方面的安全防范性能发挥出来。

（2）目前，在全国职业院校技能大赛“网络搭建及应用”中，服务器平台主要使用 Windows Server 2003 R2 和 Windows Server 2008 R2。因此，这里主要以 Windows Server 2008 R2 为基础平台，学生不但要掌握 Windows 操作系统的管理及网络管理基础知识，如磁盘管理，NTFS 权限，资源共享方法，活动目录与用户账户管理，DNS、DHCP、IIS、VPN 等的配置与管理，还需要运用相关知识来解决 Windows Server 2008 R2 环境下的性能及优化、安全管理等问题，从而构建与管理基于 Windows 的企业网络。

（3）本学习单元主要介绍 Windows Server 2008 R2 操作系统的各项安全配置，主要包括组策略安全设置，审核策略，CA 服务器配置，IIS、PKI、SSL 证书的管理。

☆ 单元情境

新兴学校的信息中心购置了服务器，成功安装了基于 Windows Server 2008 R2 的操作系统，并已成功构建了 AD DS。现需要网络管理员对服务器的系统安全进行加固，主要包含组策略安全设置、审核资源、CA 配置、IIS 证书管理、PKI 和 SSL 证书管理等。学校希望小赵能认真学习相关专业知识，结合实际需求分析任务，制定实现方案。

项目一　组策略安全设置

项目描述

新兴学校的信息中心发现操作系统中没有在安全策略上做任务配置，这无法满足网络操作系统安全运作的需求。在 Windows Server 2008 R2 环境中，组策略在功能特性上有不少的扩大与加强。使用组策略来简化 IT 环境管理，已成为用户必须了解的技术。通过组策略的安全设置，为 Windows Server 2008 R2 操作系统增加安全性。

项目分析

实际上，组策略是一种使管理员集中计算机和用户的手段或方法。组策略适用于众多方面的配置，如软件、安全性、IE、注册表等。在活动目录中，利用组策略可以在站点、域、OU 等对象上进行配置，以管理其中的计算机和用户对象。可以说，组策略是活动目录的一个非常大的功能体现。

组策略分为两大部分：计算机配置和用户配置。每一个部分都有自己的独立性，因为它们配置的对象类型不同。计算机配置部分用于控制计算机账户，用户配置部分用于控制用户账户。如果某个配置选项希望计算机账户启用、用户账户也启用，则必须在计算机配置和用户配置部分别进行设置。总之，计算机配置下的设置仅对计算机对象生效，用户配置下的设置仅对用户对象生效。整个项目的认知与分析流程如图 5-1 所示。

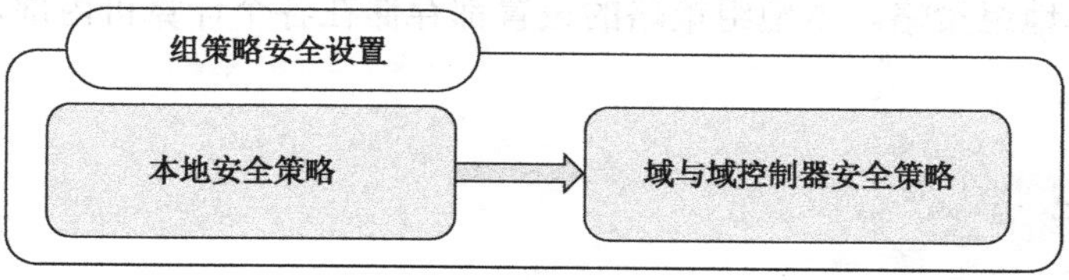

图 5-1　项目流程图

知识链接

组策略分为两大部分：计算机配置和用户配置。

1．计算机配置部分

软件设置：这一部分相对简单，它可以使用户实现 MSI、ZAP 等软件的部署分发。

Windows 设置：其中提供了很多选择，账户策略能够对用户账户密码等进行管理控制；本地策略则提供了更多的控制，如审核、用户权利、安全设置。其中，安全设置包括 75 个以上的策略配置项。此外，还包括其他设置，如防火墙设置、无线网络设置、PKI 设置、软件限制等。

管理模板：这里有 5 个主要的配置管理方向，即 Windows 组件、打印机、控制面板、网络、系统。其中包含了 1250 个以上的设置选项，涵盖了一台计算机的配置管理信息。

2．用户配置部分

用户配置部分类似于计算机配置，主要不同在于这一部分配置的目标是用户账户，而相对于用户账户而言，它有更多的对用户使用上的控制。

软件设置：可以通过此配置，针对用户进行软件的部署分发。

Windows 设置：这一部分与计算机配置中的 Windows 设置有很多不同，如其中有“远程安装服务”、“安全设置”、“文件夹重定向”、“IE 维护”等，而在安全设置中只有“公钥策略”和“软件限制”。

管理模板：用户配置部分的管理模板可以用来管理用户配置文件，而用户配置文件可以影响用户对计算机的使用体验，所以其中出现了“开始菜单”、“桌面”、“任务栏”、“共享文件夹”等的配置。

任务一　本地安全策略

任务描述

新兴学校的网络管理员小赵接到信息中心的任务：对 Windows 操作系统的本地安全策略进行设置。对本地安全策略的合理配置是系统安全不可或缺的。Windows 操作系统的计算机都有且只有一套本地组策略。本地组策略的设置都存储在各个计算机内部，而无论该计算机是否属于某个域。

任务分析

本地组策略包含的设置要少于非本地组策略的设置，如“安全设置”中没有域组策略的配置多，也不支持“文件夹重定向”和“软件安装”功能。由于小赵对此并不熟悉，于是请飞越公司的工程师来帮忙。

任务实施

步骤 1：选择“开始”→“运行”选项，弹出“运行”对话框，在“打开”文本框中输入“gpedit.msc”，如图 5-2 所示。

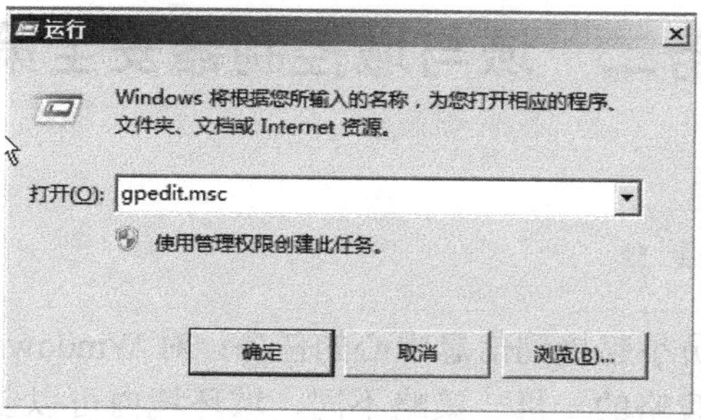

图 5-2 “运行”对话框

步骤 2：单击“确定”按钮，打开“本地组策略编辑器”窗口，如图 5-3 所示。

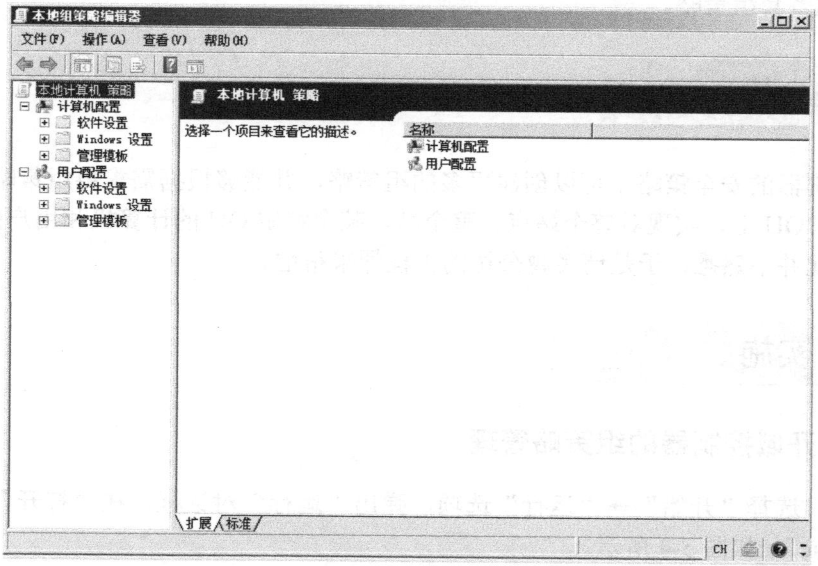

图 5-3 “本地组策略编辑器”窗口

任务验收

通过本任务的实施，了解本地组策略的概念和配置方法。

评价内容	评价标准
本地安全策略配置	熟悉本地计算机策略的组成部分和安全策略的配置方法

拓展练习

手动在 MMC 控制台中添加并保存本地计算机安全策略，并对其进行配置。

任务二　域与域控制器安全策略

任务描述

新兴学校的网络管理员小赵接到信息中心的任务：对 Windows 操作系统的域控制器安全策略进行设置。与本地组策略的一机一策略不同，域环境内可以创建成百上千个组策略，并存在于活动目录中。能够通过活动目录来实现整个计算机、用户网络的基于组策略的控制管理。在活动目录中可以为站点、域、OU 创建不同管理要求的组策略，并允许每一个站点、域、OU 同时实施多套组策略。

任务分析

在域控制器的安全策略中可以创建更多的组策略，并能够根据需求将组策略应用到相应的站点、域、OU 上，实现对整个站点、整个域、某个特定 OU 的计算机和用户的管理控制。由于小赵对此并不熟悉，于是请飞越公司的工程师来帮忙。

任务实施

一、打开域控制器的组策略管理

步骤 1：选择“开始”→“运行”选项，弹出“运行”对话框，在“打开”文本框中输入“gpmc.msc”，如图 5-4 所示。

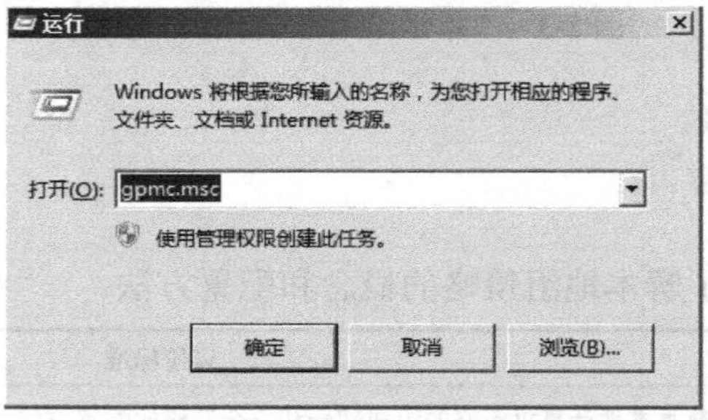

图 5-4　“运行”对话框

步骤 2：在“组策略管理”窗口中展开森林和域节点，在域节点中展开组策略对象节点，组策略列表如图 5-5 所示。

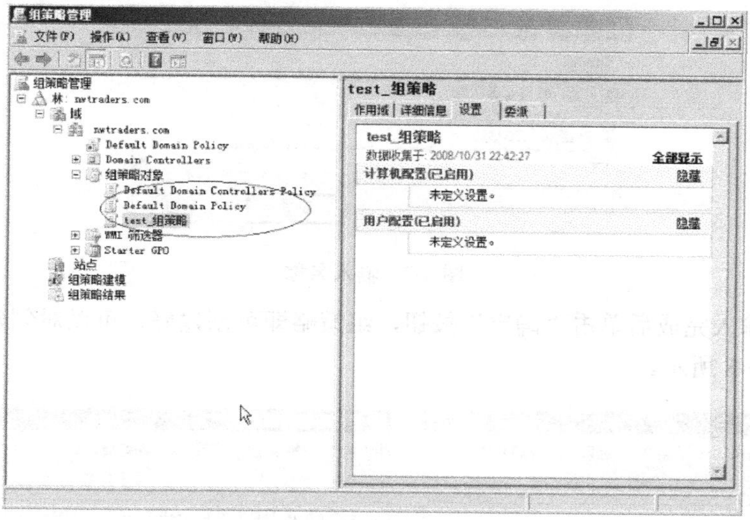

图 5-5 显示域控制器的安全策略

二、创建组策略

在域环境中已经有了一套默认的域组策略，用户可以通过对默认域策略进行配置，实现对全域中的计算机和用户的管理配置。但这并不是一种好方法。通常用户需要进行配置管理时，都需要新建一套组策略。

步骤 1：在“组策略管理”窗口中，右击“组策略对象”节点，在弹出的快捷菜单中选择“新建”选项，如图 5-6 所示。

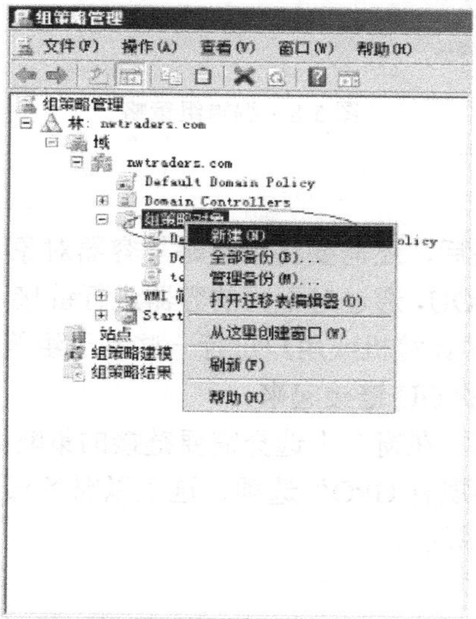

图 5-6 新建组策略

步骤 2：在“新建 GPO”对话框中输入新建组策略的名称，命名时应体现该组策略将要实现的管理功能及应用的范围，如这里设置名称为“财务部门软件部署策略”，如图 5-7 所示。

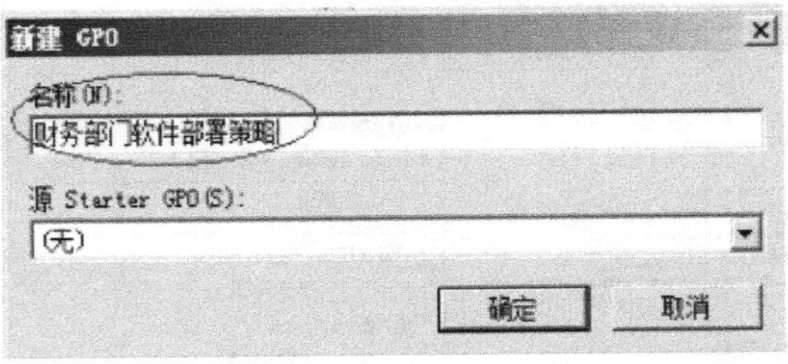

图 5-7　输入名称

步骤 3：输入完成后单击“确定”按钮，组策略即可创建好，可以对创建好的组策略进行编辑，如图 5-8 所示。

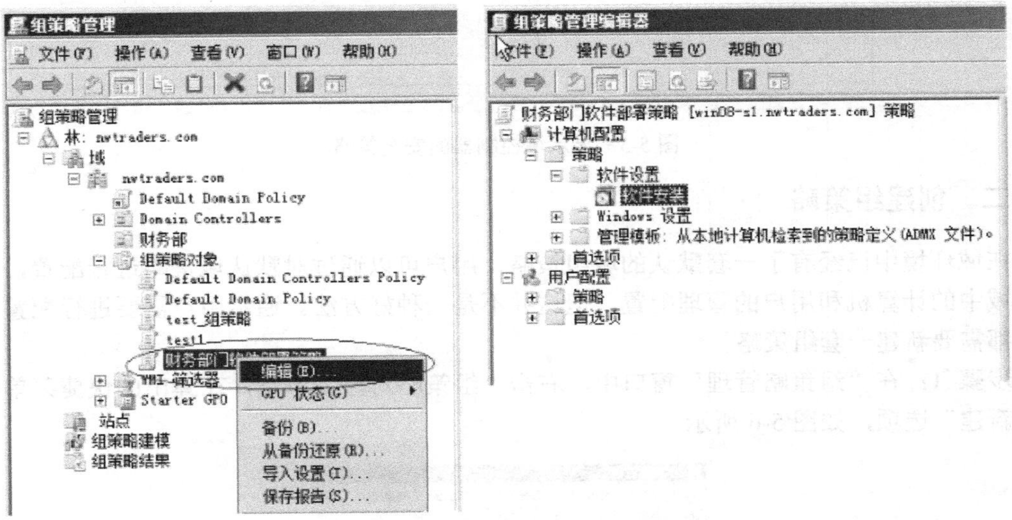

图 5-8　编辑组策略

三、链接组策略

在创建好一些新的组策略后，还需要将组策略与容器对象链接起来，以实现管理目的。可以链接的容器有站点、域和 OU，通过对不同的容器进行链接，可以达到对管理范围的控制。例如，若只需要对 Sales 部门的计算机或用户进行一些基于组策略的管理配置，则可以将某个新建立的组策略与 Sales 部门的 OU 链接起来。

打开“组策略管理”窗口，在窗口中选择需要链接的策略站点、域或者 OU 并右击，在弹出的快捷菜单中选择“链接现有 GPO”选项，这里以财务部 OU 链接“财务部门软件部署策略”组策略为例，如图 5-9 所示。

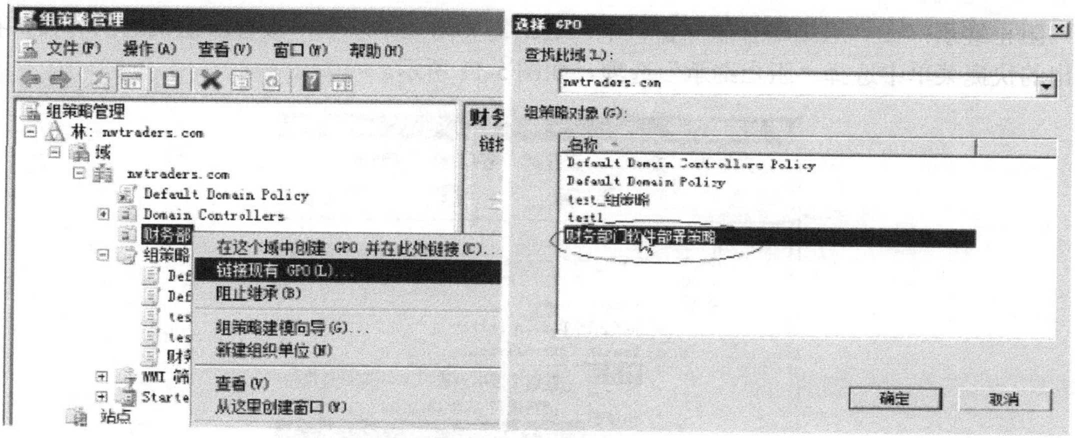

图 5-9 链接组策略

四、组策略应用顺序

组策略按照应用范围可以分为站点级别组策略、域级别组策略、OU 级别组策略及本地计算机策略。如果一台客户端一定属于某一个站点、某一个域、某一个 OU，则各个级别的组策略客户端都将应用，它们生效的顺序是最接近目标计算机的组策略 优先于组织结构中更远一些的组策略，如图 5-10 所示。

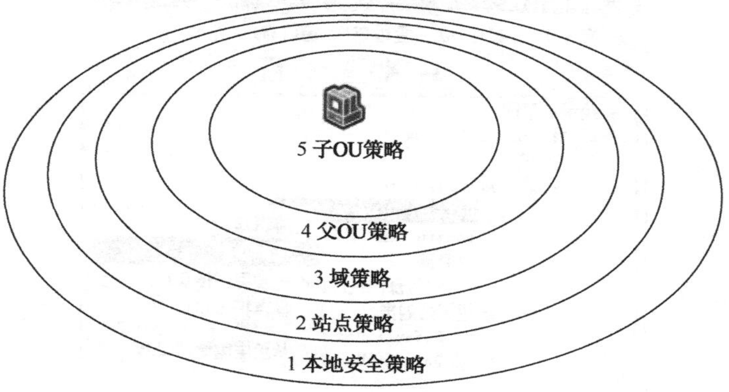

图 5-10 策略应用顺序

该顺序意味着首先要处理本地组策略，最后处理链接到计算机或用户直接所属的组织单位的组策略，后处理的组策略会覆盖先处理的组策略中有冲突的设置。如果不存在冲突，则只将之前的设置和之后的设置结合起来。

五、组策略的阻止和强制继承

前面说到的组策略应用顺序，其实就是一个默认继承的规则。在域内，次一级的容器会默认继承上一级容器链接的组策略。假设在域策略中设置了用户不允许更改桌面的策略配置，则该域内的财务部门 OU 中的用户默认情况下会应用该策略配置。但是可以根据实际应用需求人为地干预默认的继承规则，可以阻止或强制继承。

阻止继承：在“组策略管理”窗口中，右击需要阻止继承上一级容器组策略的容器，在弹出的快捷菜单中选择“阻止继承”选项，如图 5-11 所示。

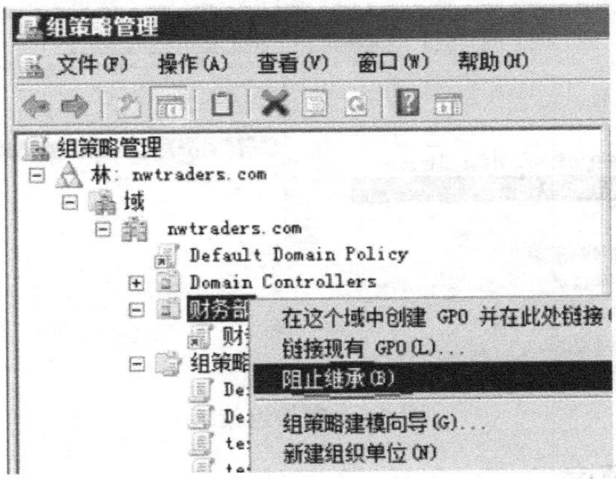

图 5-11 阻止继承策略

强制继承：在实际应用中，有时需要将上一级容器的组策略应用到子容器中，并且要求冲突时不被子容器的策略覆盖，这时可以使用强制继承。在“组策略管理”窗口中，右击上一级的组策略对象，在弹出的快捷菜单中选择“强制”选项，如图 5-12 所示。

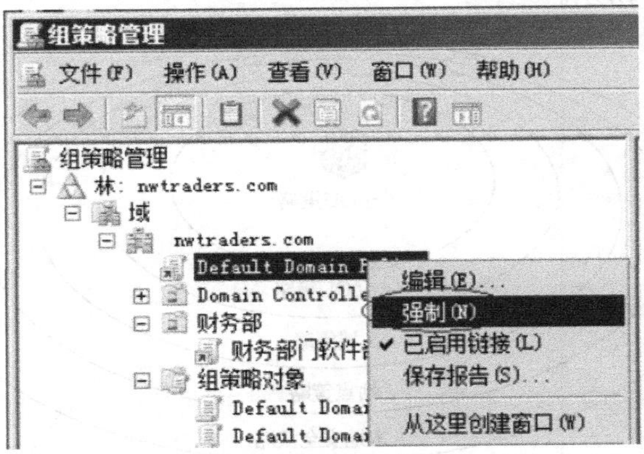

图 5-12 强制继承策略

六、组策略备份

步骤 1：打开“组策略管理”窗口，展开“组策略对象”节点。若要备份单个 GPO，则右击该 GPO 节点，在弹出的快捷菜单中选择“备份”选项；若要备份域中的所有 GPO，则右击“组策略对象”节点，在弹出的快捷菜单中选择“全部备份”选项，如图 5-13 所示。

步骤 2：在弹出的“备份组策略对象”对话框中，在“位置”文本框中输入备份路径，或单击“浏览”按钮，定位到想保存备份的文件夹。在“描述”文本框中输入对备份的描述，单击“备份”按钮，如图 5-14 所示。

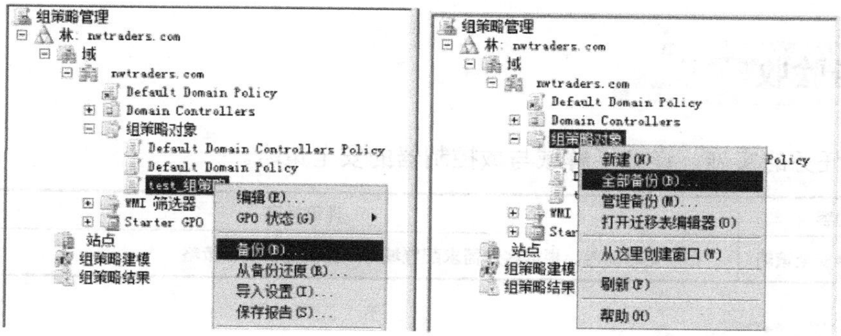

（a）备份单个 GPO　　（b）备份所有 GPO

图 5-13　组策略备份

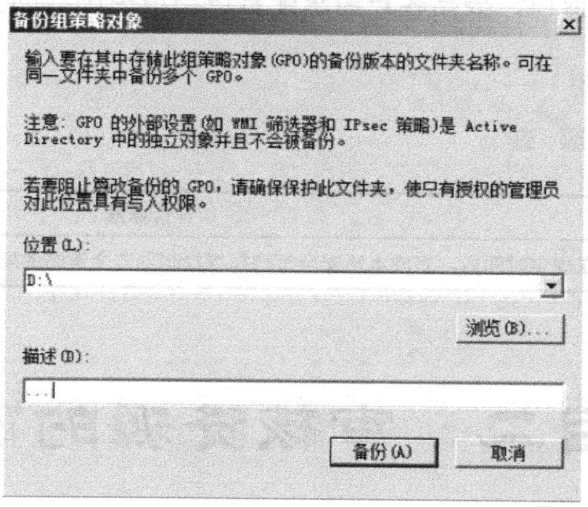

图 5-14　选择备份位置

步骤 3：弹出“备份”对话框，操作完成后，单击“确定”按钮，如图 5-15 所示。

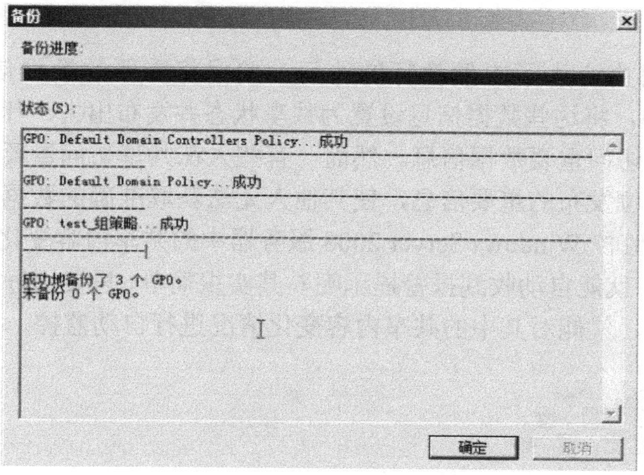

图 5-15　完成备份

任务验收

通过本任务的实施，详细了解域与域控制器的安全策略。

评价内容	评价标准
域与域控制器安全策略	在规定时间内，根据客户需求配置域与域控制器的安全策略

拓展练习

通过“组策略管理”窗口，根据客户需求配置域与域控制器的安全策略。

项目评价

考核内容	评价标准
组策略安全设置	在规定时间内，完成本地安全策略和域控制器安全策略的配置

项目二　审核资源的使用

项目描述

新兴学校的信息中心为了方便教师的访问，要求将重要的数据信息上传到 Windows Server 2008 服务器中，将这些数据信息设置为共享状态并发布出去，任何上网的教师都能凭借共享访问账户自由访问重要数据信息。然而，有些人在共享访问重要数据信息的过程中，会随意更改、删除单位发布的重要信息，使其他人无法获取准确的数据内容。能否找到一种合适的办法，来自动监控 Windows Server 2008 服务器中的共享内容变化情况，一旦发现共享内容被更改、删除时，就能自动收到报警提示呢？其实很简单，只要用好 Windows Server 2008 服务器中的审核功能，就能对其中的共享内容变化情况进行自动监控。

项目分析

审核功能虽然不是 Windows Server 2008 服务器特有的功能，但是它配合该系统新推出的附加任务到事件功能，可以对账户状态的变化、登录状态的变化、文件夹的变化等若干事件进行监控。

为了实现自动监控的目的，可以先用手工方法启用审核对象访问策略，Windows Server 2008 服务器中的资源一旦被他人访问或修改，对应系统的日志功能就会将该操作记录保存下来，此时可以针对这种类型的事件，附加一个自动报警任务，即只要目标状态发生变化，那么附加到对应操作记录上的自动报警任务即可自动运行，收到报警提示后，可立即监控到 Windows Server 2008 服务器的变化。整个项目的认知与分析流程如图 5-16 所示。

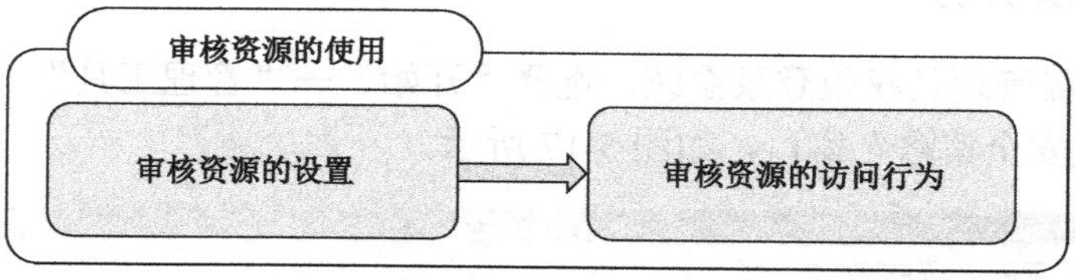

图 5-16　项目流程图

任务一　审核策略的设置

任务描述

新兴学校的网络管理员小赵根据主管的要求，为信息中心新增的服务器安装了 Windows Server 2008 R2 操作系统。为了提高系统的安全性，现需要配置 Windows Server 2008 R2 的审核功能。

任务分析

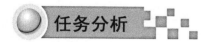

启用、配置好合适的审核策略后，Windows Server 2008 会自动对特定类型的操作进行跟踪、记录，并将记录内容保存到对应系统的日志文件中，以后网络管理员可以根据日志内容，寻找服务器中是否存在安全威胁。在查看审核功能记录的日志内容时，可以借助事件查看器功能来完成。由于小赵对此并不熟悉，于是请飞越公司的工程师来帮忙。

知识链接

Windows Server 2008 的审核功能在默认状态下并没有启用，必须针对特定系统事件来启用、配置其审核功能，该功能才会对相同类型的系统事件进行监视、记录，网络管理员只要打开对应系统的日志记录即可查看到审核功能的监视结果。审核功能的应用范围很广泛，不但可以对服务器中的一些操作行为进行跟踪、监视，而且能依照服务器的运行状态，对运行故障进行快速排除。当然，需要注意的是，审核功能的启用往往要消耗服务器系统的一些资源，并会使服务器系统的运行性能下降，这是因为 Windows Server 2008 必须腾出一部分空间资源来保存审核功能的监视、记录结果。为此，在服务器系统空间资源有限的情况下，应该谨慎使用审核功能，确保该功能只对一些特别重要的操作进行监视、记录。

任务实施

一、配置审核功能

步骤 1：以超级管理员权限登录系统，选择“开始”→“管理工具”→“本地安全策略”选项，打开“本地安全策略”窗口，如图 5-17 所示。

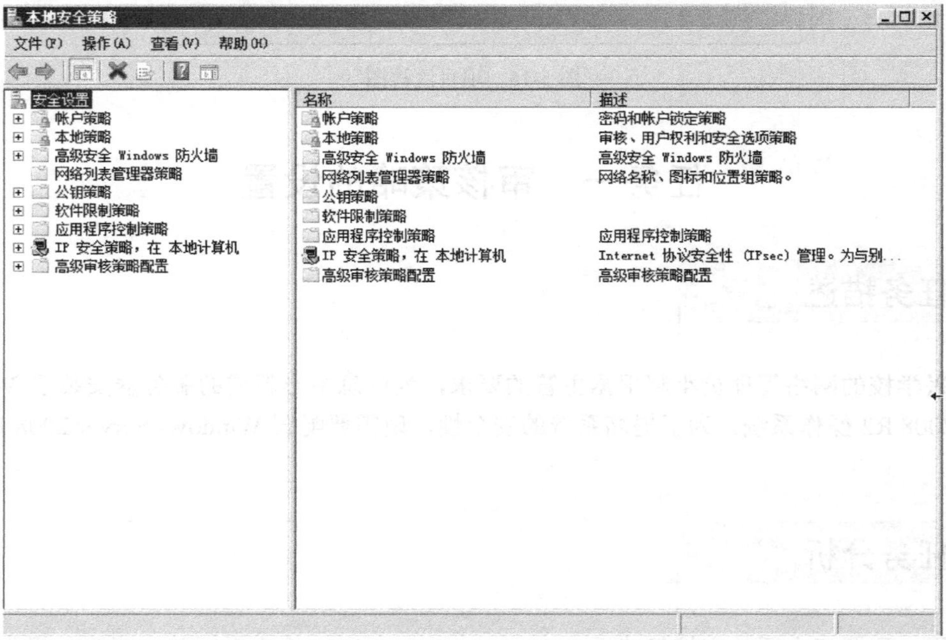

图 5-17　“本地安全策略”窗口

知识链接

审核进程跟踪策略，是专门用来对服务器系统的后台程序运行状态进行跟踪、记录的，如服务器系统后台突然运行或关闭了某些程序，handle 句柄是否进行了文件复制或系统资源的访问等操作，审核功能都可以对它们进行跟踪、记录，并将监视、记录的内容自动保存到对应系统的日志文件中。

审核账户管理策略，是专门用来跟踪、监视服务器系统登录账号的修改、删除、添加操作的，任何添加用户账号操作、删除用户账号操作、修改用户账号操作，都会被审核功能自动记录下来。

审核特权使用策略，是专门用来跟踪、监视用户在服务器系统运行过程中执行除注销操作、登录操作以外的其他特权操作的，任何对服务器系统运行安全有影响的一些特权操作都会被审核功能记录并保存到系统的安全日志中，网络管理员根据日志内容可以很容易地找到影响服务器运行安全的一些因素。

启用不同的审核策略，Windows Server 2008 会对不同类型的操作进行跟踪、记录，网络管理员应该依照自己的安全要求及服务器系统的性能配置，来启用适合自己的审核策略，而不要盲目地启用所有审核策略，否则反而得不到充分发挥。

步骤 2：在目标控制台左侧窗格中，展开“安全设置”→“本地策略”→“审核策略”节点，如图 5-18 所示。

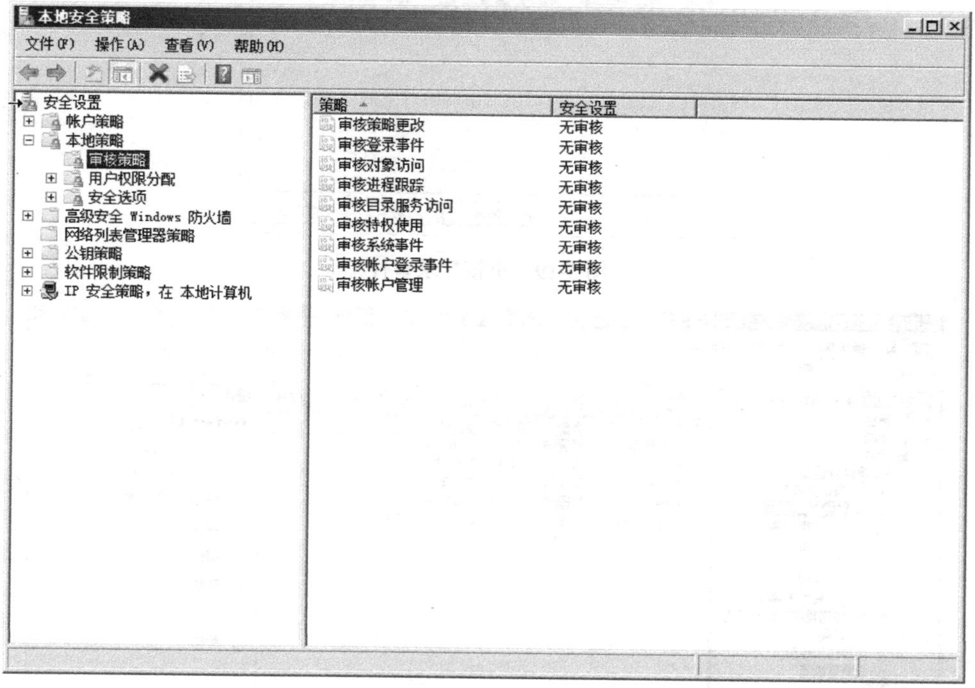

图 5-18　审核策略

步骤 3：对服务器系统的登录状态进行跟踪、监视，以便确认局域网中是否存在非法登录行为时，可以直接双击这里的审核登录事件策略，弹出对应策略的选项设置对话框，选中其中的“成功”和“失败”复选框，再单击“确定”按钮，Windows Server 2008 就会自动对本地服务器的所有系统登录操作进行跟踪、记录，无论是登录服务器成功的操作还是登录服务器失败的操作，通过事件查看器找到对应的操作记录，仔细分析这些登录操作的记录，查看本地服务器中是否真的存在非法登录甚至非法入侵行为，如图 5-19 所示。

步骤 4：在该控制台左侧窗格中，将鼠标指针定位于“诊断”节点，选择“事件查看器”→“Windows 日志”节点，即可看到“应用程序”、“安全”、“Setup”、“系统”、“转发的事件”5 个类别的事件记录，如图 5-20 所示。

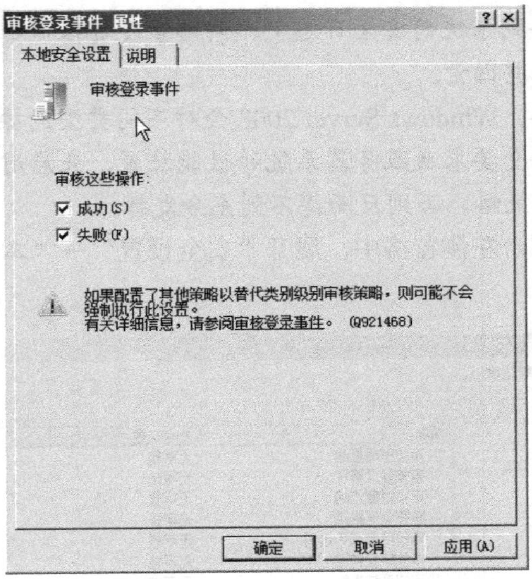

图 5-19　审核登录事件

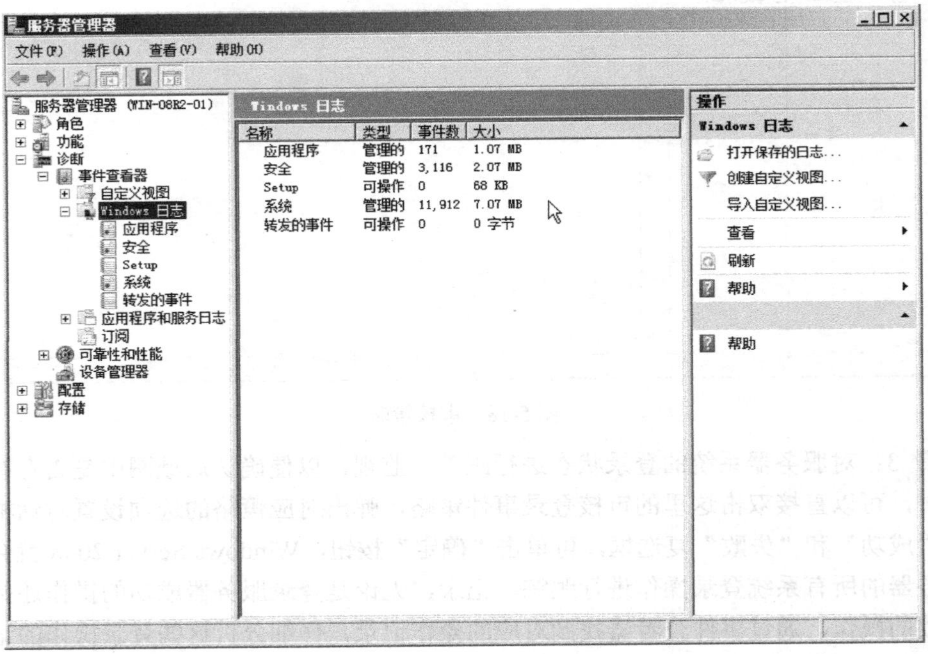

图 5-20　Windows 日志管理

二、查看审核功能记录

启用、配置好合适的审核策略后，Windows Server 2008 会自动对特定类型的操作进行跟踪、记录，并将记录内容保存到对应系统的日志文件中，以后可以根据日志内容，寻找服务器系统中是否存在安全威胁。在查看审核功能记录的日志内容时，必须借助事件查看器来完成。

步骤：以超级管理员权限登录系统，选择“开始”→“服务器管理器”选项，打开对应系统的“服务器管理器”窗口，如图 5-21 所示。

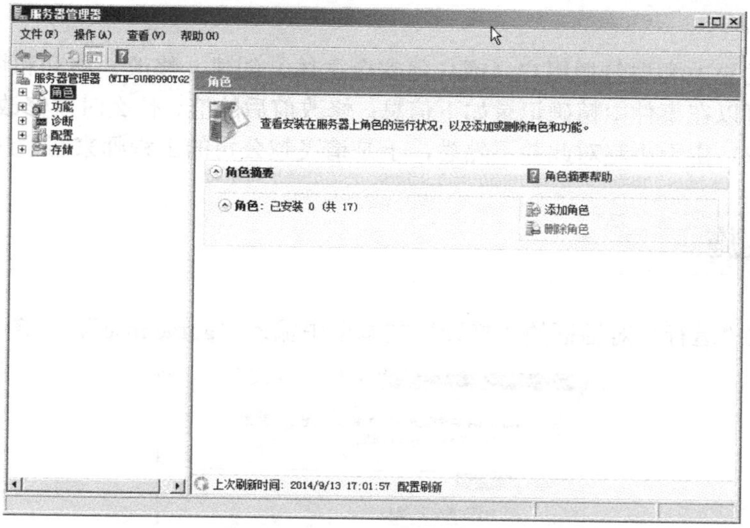

图 5-21　“服务器管理器”窗口

任务验收

通过本任务的实施，学会 Windows Server 2008 R2 审核策略的设置。

评价内容	评价标准
审核策略的设置	在规定时间内，为 Windows Server 2008 R2 服务器配置审核策略

拓展练习

根据企业用户的需求，详细设置 Windows Server 2008 R2 服务器的审核策略。

任务二　审核策略的访问行为

任务描述

新兴学校的网络管理员小赵根据主管的要求，为学校新增的服务器安装了 Windows Server 2008 R2 操作系统。为了提高系统的安全性，现需要小赵配置 Windows Server 2008 R2 的审核策略的访问行为。

任务分析

可以审核的更改类型包括用户（或任何安全主体）创建、修改、移动和恢复对象。目录服务审核策略可以在事件中精确记录如下信息：修改前后的值、什么时候修改的、谁修改的、修改了哪些对象。由于小赵对此并不熟悉，于是请飞越公司的工程师来帮忙解决。

任务实施

步骤 1：在“运行”对话框的“打开”文本框中输入“gpmc.msc”，如图 5-22 所示。

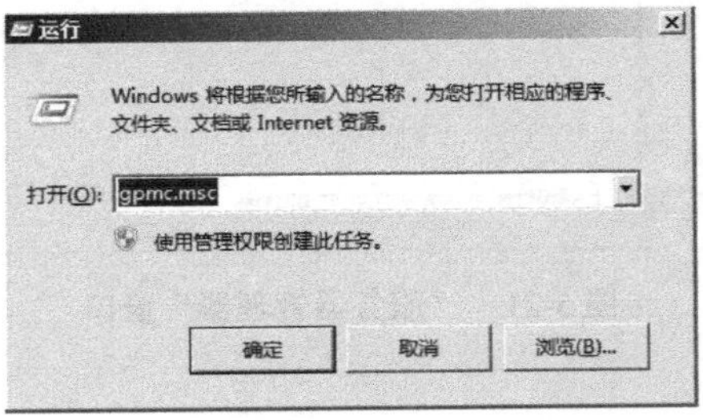

图 5-22　“运行”对话框

步骤 2：在“组策略管理”窗口中双击林的名称，双击“域”节点，双击已创建的域名，双击“域控制器”，右击默认域控制器策略节点，在弹出的快捷菜单中选择“编辑”选项，如图 5-23 所示。

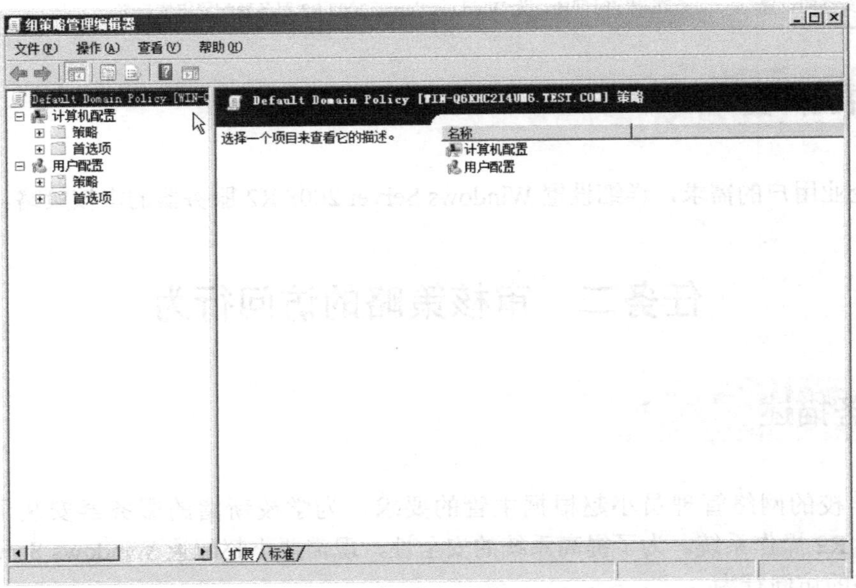

图 5-23　编辑域控制器组策略

步骤 3：双击“计算机配置”→“策略”→“Windows 设置”→“安全设置”→“本地策略”→“审核策略”节点，如图 5-24 所示。

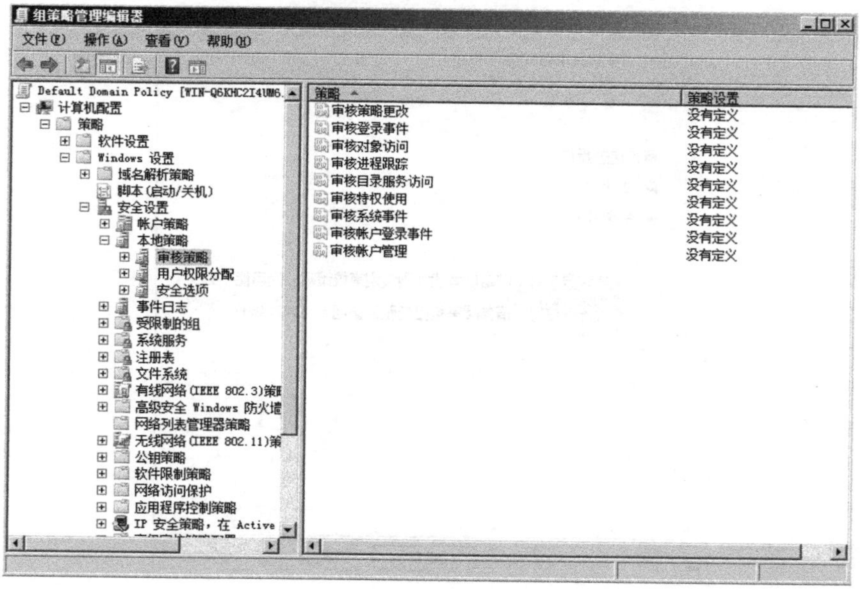

图 5-24　查看审核策略

步骤 4：在“审核策略”中右击“审核目录服务访问”选项，在弹出的对话框中选择“属性”选项，弹出其属性对话框，选中“定义这些策略设置”复选框，如图 5-25 所示。

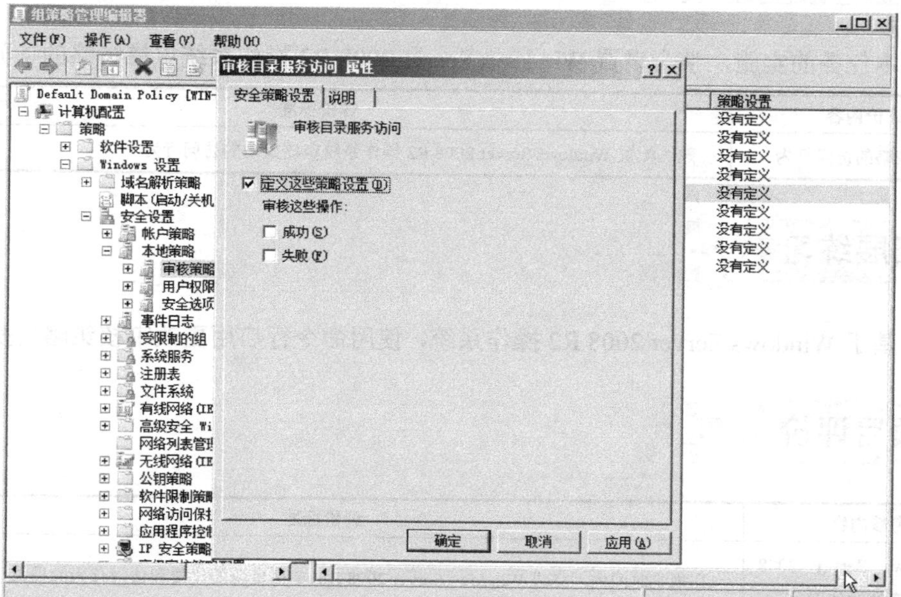

图 5-25　审核策略属性

步骤 5：在“审核这些操作”选项组中，选中“成功”复选框，单击“确定”按钮，如

图 5-26 所示。

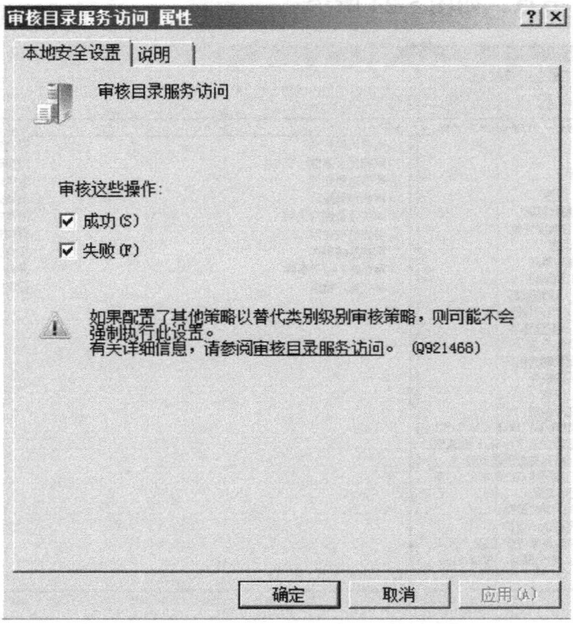

图 5-26 设置审核策略

任务验收

通过本任务的实施，学会设置 Windows Server 2008 R2 操作系统审核策略的访问行为。

评价内容	评价标准
审核策略的访问行为	熟练配置 Windows Server 2008 R2 操作系统审核策略的访问行为

拓展练习

学习基于 Windows Server 2008 R2 操作系统，使用命令行启用更改审核策略的操作步骤。

项目评价

考核内容	评价标准
Windows Server 2008 R2 审核资源的使用	在规定时间内，完成 Windows Server 2008 R2 审核资源的设置和访问行为的设置

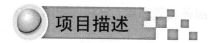

项目三 子级 CA 服务器的配置

项目描述

新兴学校的信息中心为了使访问者更安全地访问学校的网站，决定使用数字证书来进行访问。数字证书是一个经证书授权中心数字签名的、包含公开密钥拥有者信息及公开密钥的文件，是互联网通信中证明通信各方身份信息的一系列数据，提供了一种在 Internet 上验证用户身份的方式，其作用类似于司机的驾驶执照或日常生活中的身份证。

项目分析

数字证书是由一个由权威机构——证书授权（Certificate Authority，CA）中心发行的，人们可以在网上用它来识别对方的身份。Windows Server 2008 支持两种证书服务器，分别是应用于企业内部的企业证书服务器和用于企业或 Internet 的独立证书服务器。其中，企业证书服务器应用于域环境，需要 AD 的支持，用户可以直接向证书服务器申请并安装证书；而独立证书服务器应用于非域环境。整个项目的认知与分析流程如图 5-27 所示。

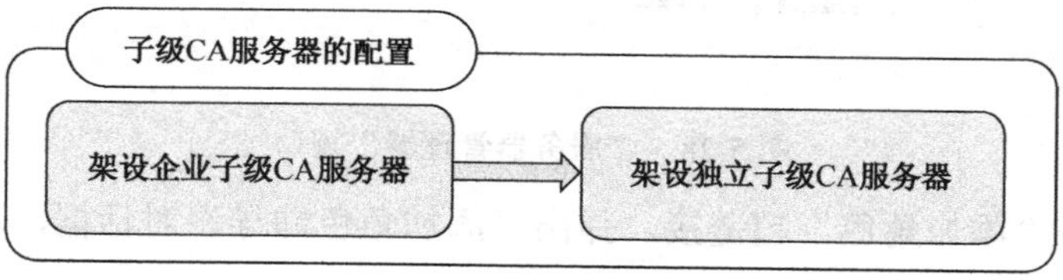

图 5-27 项目流程图

任务一 架设企业子级 CA 服务器

任务描述

新兴学校的网络管理员小赵根据主管的要求，要为学校搭建基于 Windows Server 2008 R2 操作系统的 CA 服务器。

任务分析

搭建企业子级 CA 服务器，可通过 Windows Server 2008 R2 的服务管理器来实现。由于小赵对此并不熟悉，于是请飞越公司的工程师来帮忙。

任务实施

步骤 1：选择“开始”→“服务器管理器”选项，打开“服务器管理器”窗口，如图 5-28 所示。

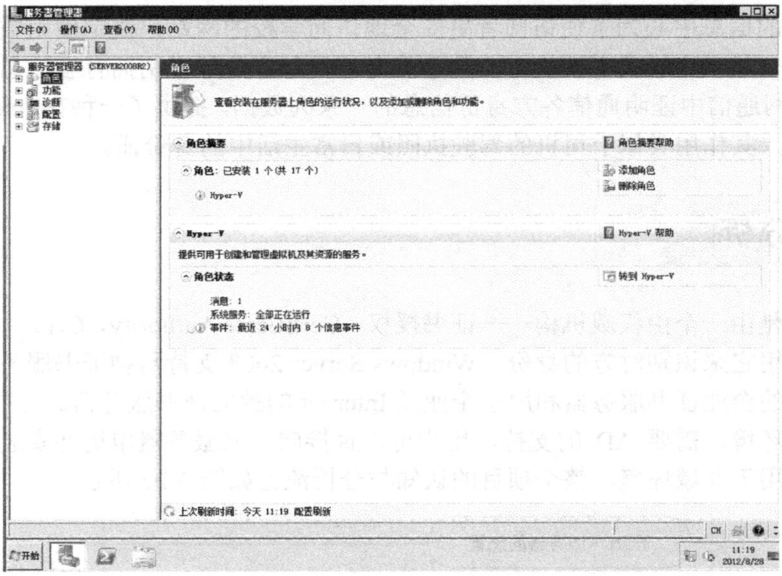

图 5-28 “服务器管理器”窗口

步骤 2：单击“添加角色”超链接，弹出“添加角色向导”对话框，单击“下一步”按钮，如图 5-29 所示。

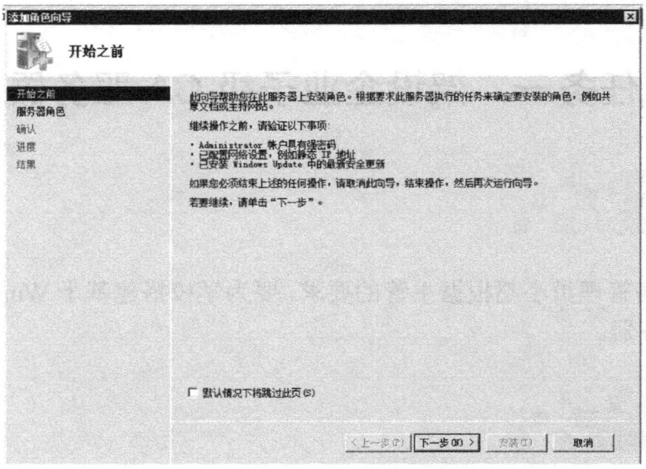

图 5-29 “添加角色向导”对话框

步骤 3：选中“Active Directory 证书服务”复选框，单击“下一步”按钮，如图 5-30 所示。

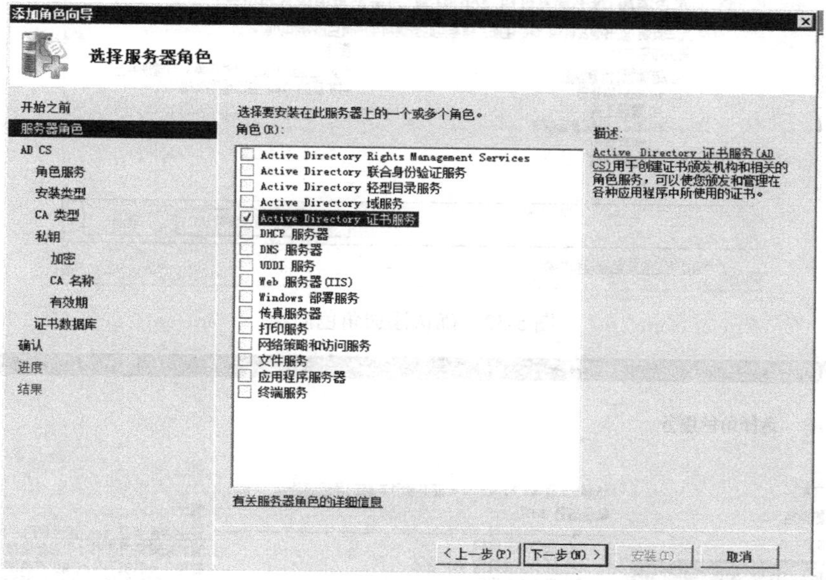

图 5-30　选择服务器角色

步骤 4：弹出“Active Directory 证书服务简介”对话框，单击“下一步”按钮，如图 5-31 所示。

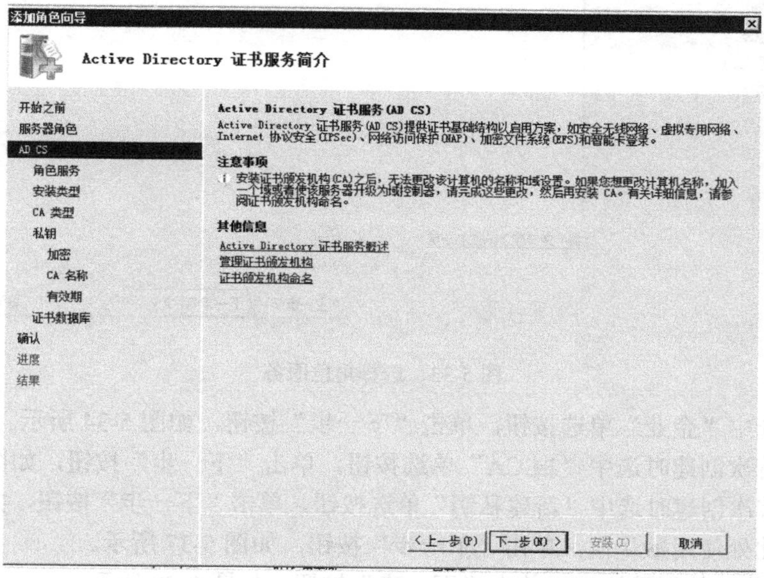

图 5-31　Active Directory 证书服务简介

步骤 5：选中“证书颁发机构”、“证书颁发机构 Web 注册”复选框，添加 Web 服务器（IIS），单击“下一步”按钮，如图 5-32 和图 5-33 所示。

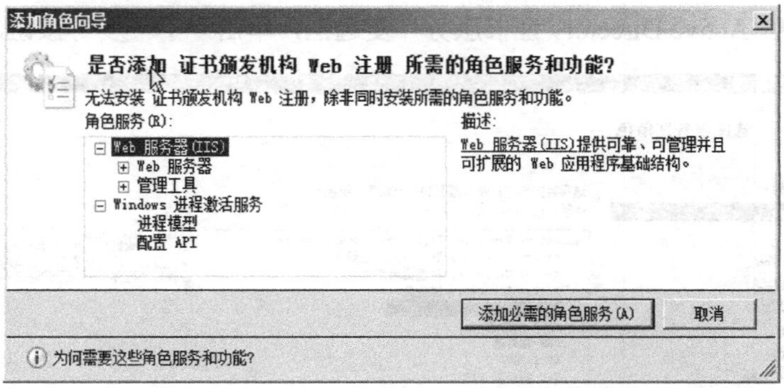

图 5-32　确认添加角色向导

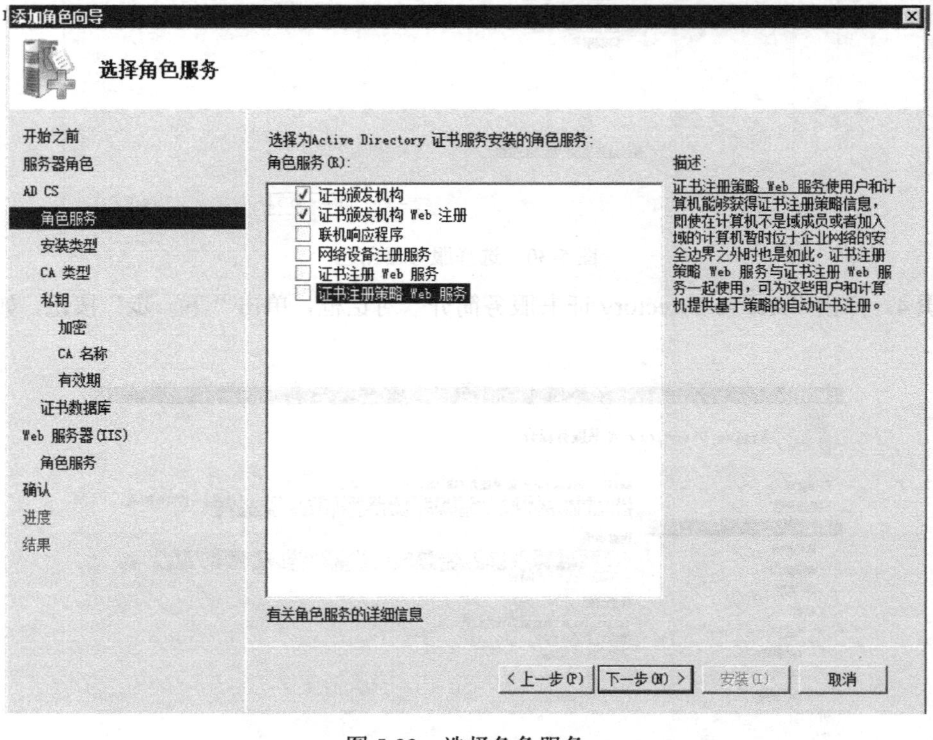

图 5-33　选择角色服务

步骤 6：选中“企业”单选按钮，单击“下一步”按钮，如图 5-34 所示。

步骤 7：首次创建时选中“根 CA”单选按钮，单击“下一步”按钮，如图 5-35 所示。

步骤 8：首次创建时选中“新建私钥”单选按钮，单击“下一步”按钮，如图 5-36 所示。

步骤 9：此处使用默认值，单击“下一步”按钮，如图 5-37 所示。

步骤 10：此处使用默认值，单击“下一步”按钮，如图 5-38 所示。

步骤 11：此处使用默认值，单击“下一步”按钮，如图 5-39 所示。

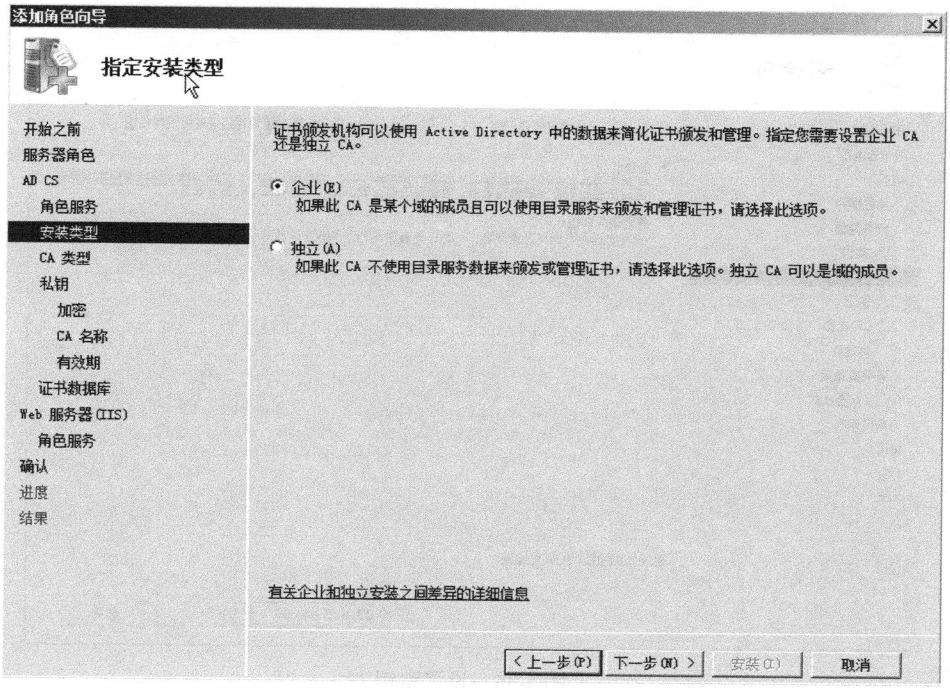

图 5-34　指定安装类型

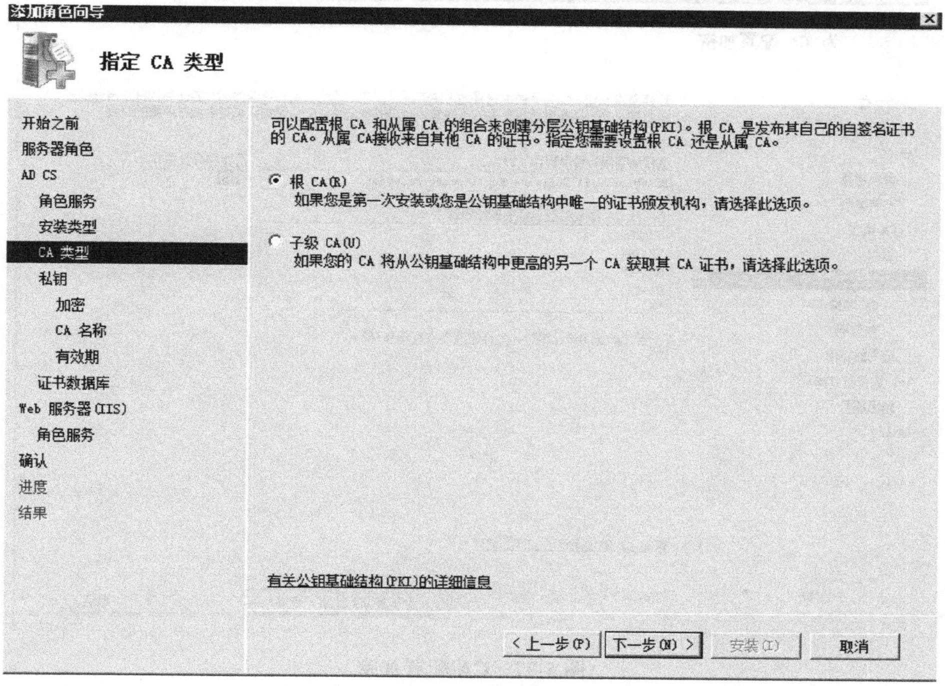

图 5-35　指定 CA 类型

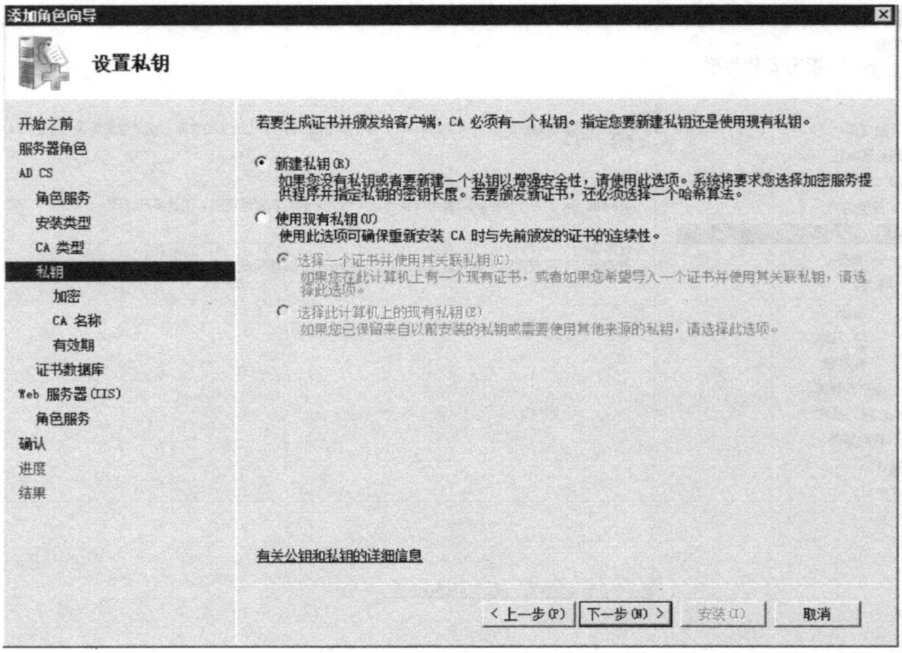

图 5-36　设置私钥

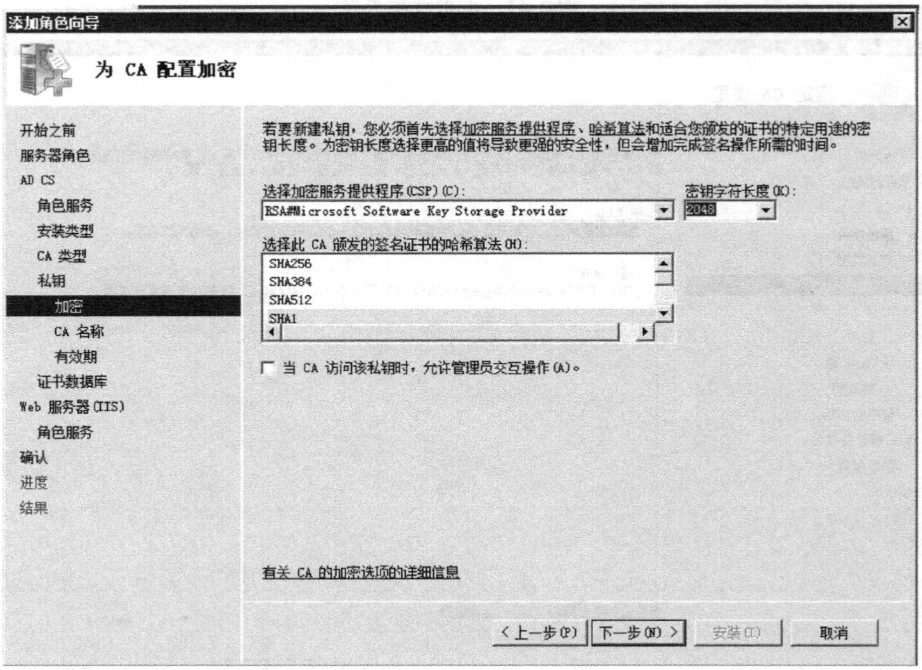

图 5-37　CA 配置加密

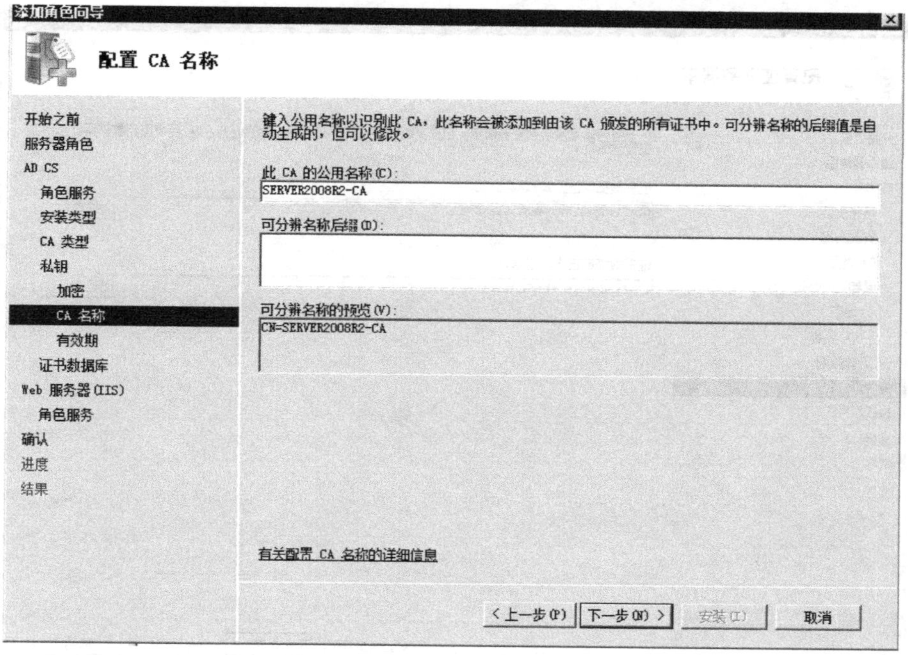

图 5-38　配置 CA 名称

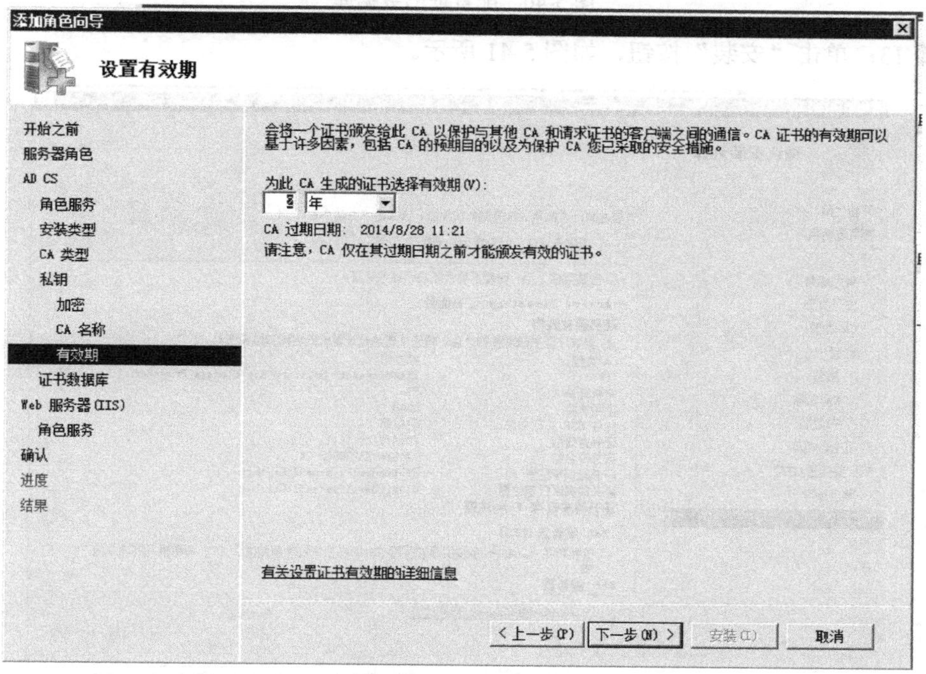

图 5-39　设置有效期

步骤 12：此处使用默认值，单击“下一步”按钮，如图 5-40 所示。

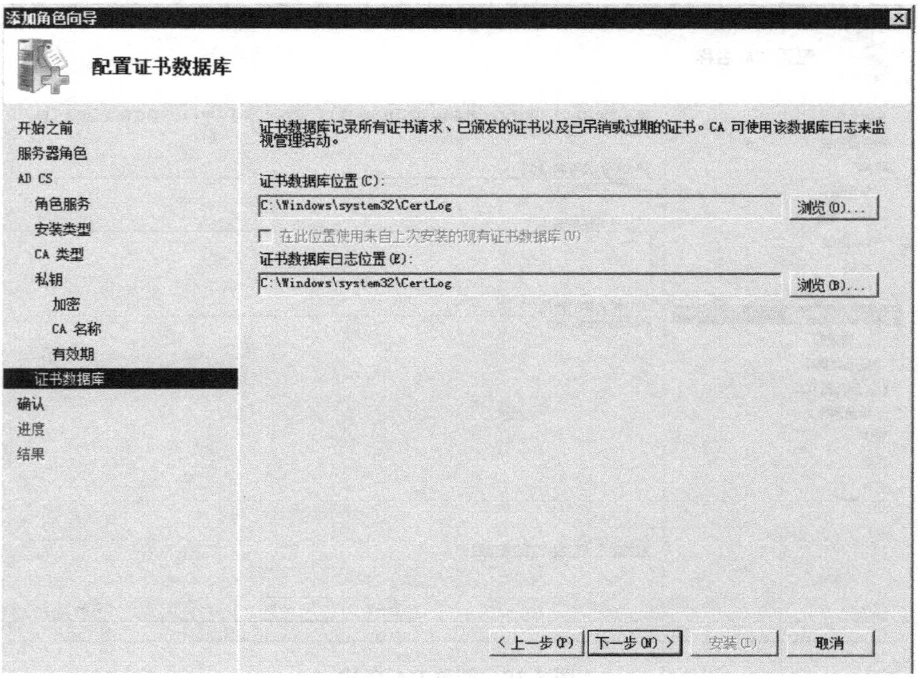

图 5-40　配置证书数据库

步骤 13：单击“安装”按钮，如图 5-41 所示。

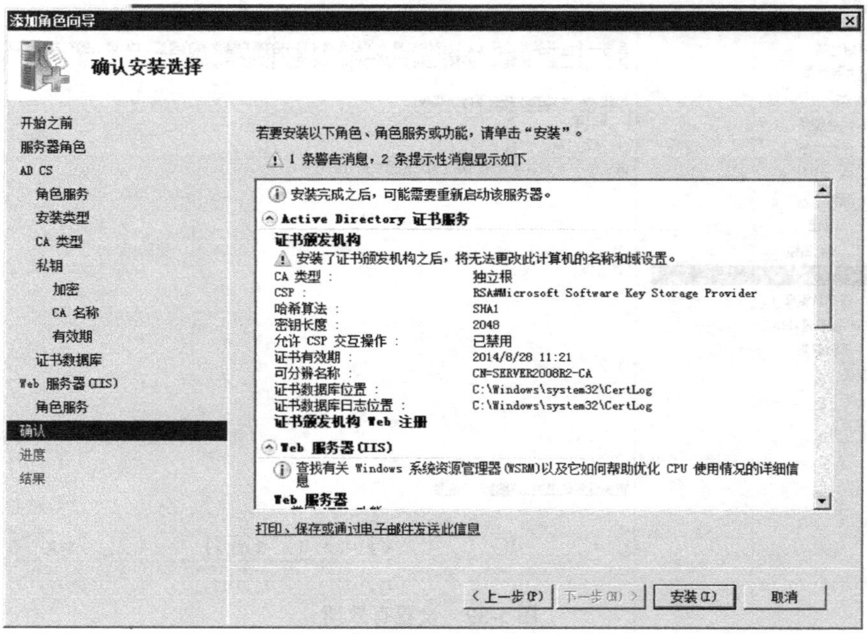

图 5-41　确认安装选择

步骤 14：单击“关闭”按钮，证书服务器安装完成，如图 5-42 所示。

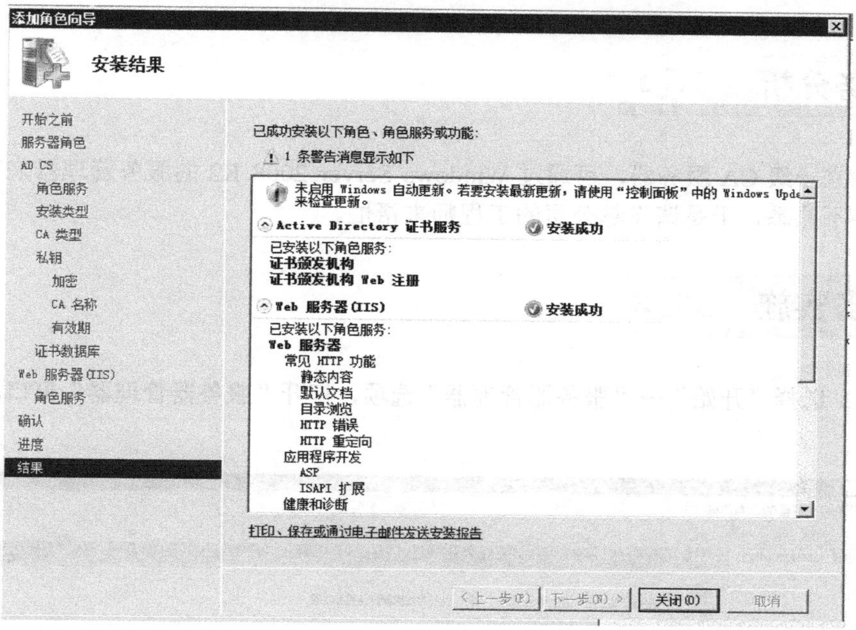

图 5-42　证书服务器安装完成

任务验收

通过本任务的实施，学会 Windows Server 2008 R2 CA 服务器的安装。

评价内容	评价标准
架设企业子级 CA 服务器	根据企业的需求，正确搭建企业子级 CA 服务器

拓展练习

在 Windows Server 2008 R2 服务器中，架设企业子级 CA 服务器。

任务二　架设独立子级 CA 服务器

任务描述

新兴学校的网络管理员小赵根据主管的要求，要为学校搭建基于 Windows Server 2008 R2 操作系统的独立子级 CA 服务器。

任务分析

搭建独立子级 CA 服务器，可通过 Windows Server 2008 R2 的服务管理器来实现。由于小赵对此并不熟悉，于是请飞越公司的工程师来帮忙。

任务实施

步骤 1：选择“开始”→“服务器管理器”选项，打开“服务器管理器”窗口，如图 5-43 所示。

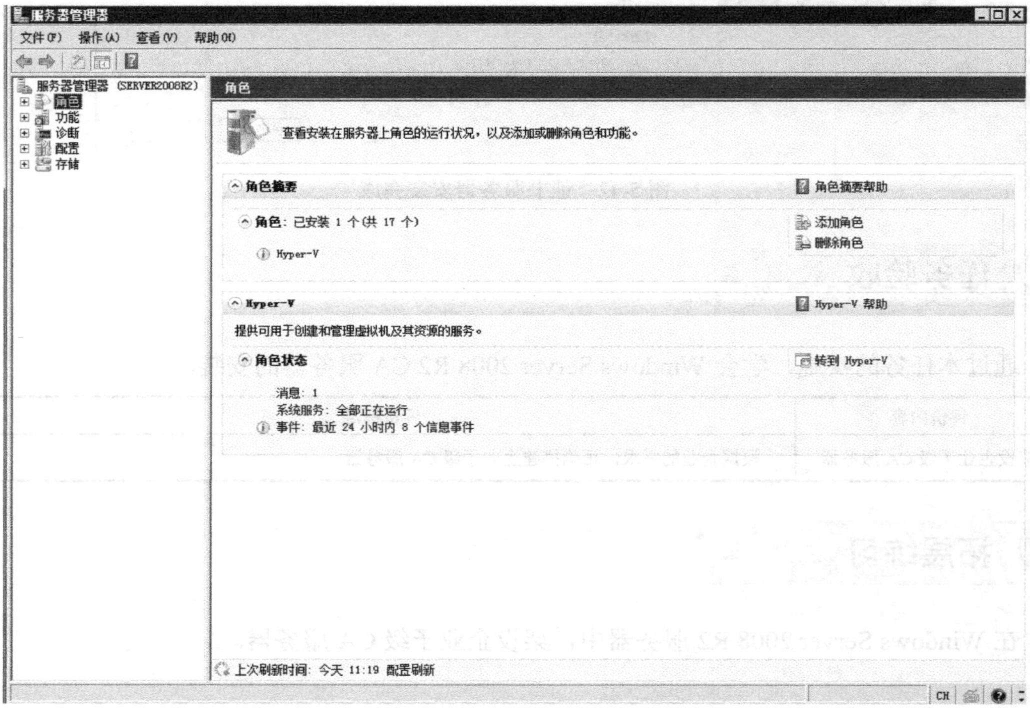

图 5-43 “服务器管理器”窗口

步骤 2：单击“添加角色”超链接，弹出“添加角色向导”对话框，单击“下一步”按钮，如图 5-44 所示。

步骤 3：选中“Active Directory 证书服务”复选框，单击“下一步”按钮，如图 5-45 所示。

步骤 4：弹出“Active Directory 证书服务简介”对话框，单击“下一步”按钮，如图 5-46 所示。

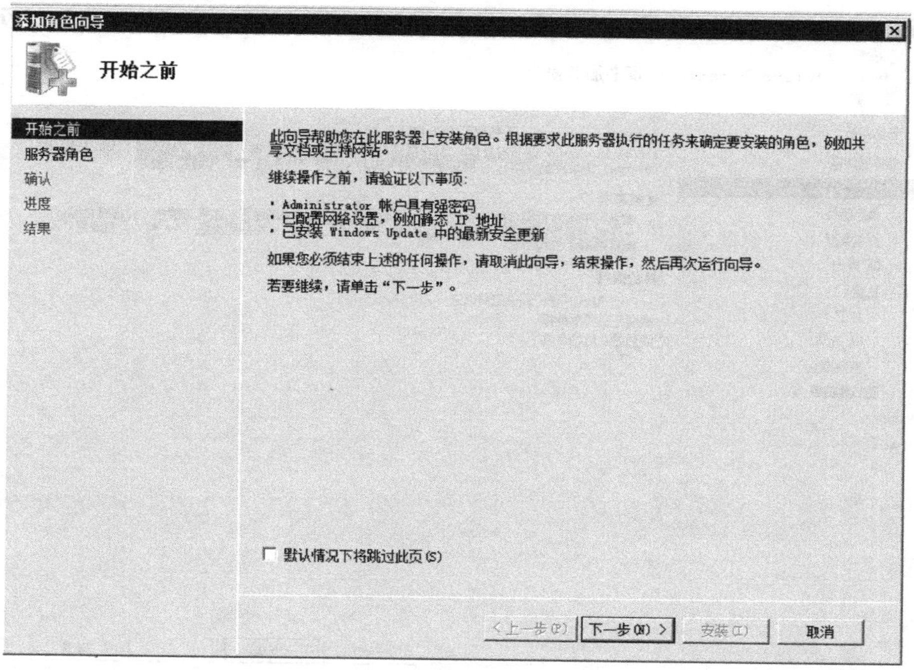

图 5-44　“添加角色向导”对话框

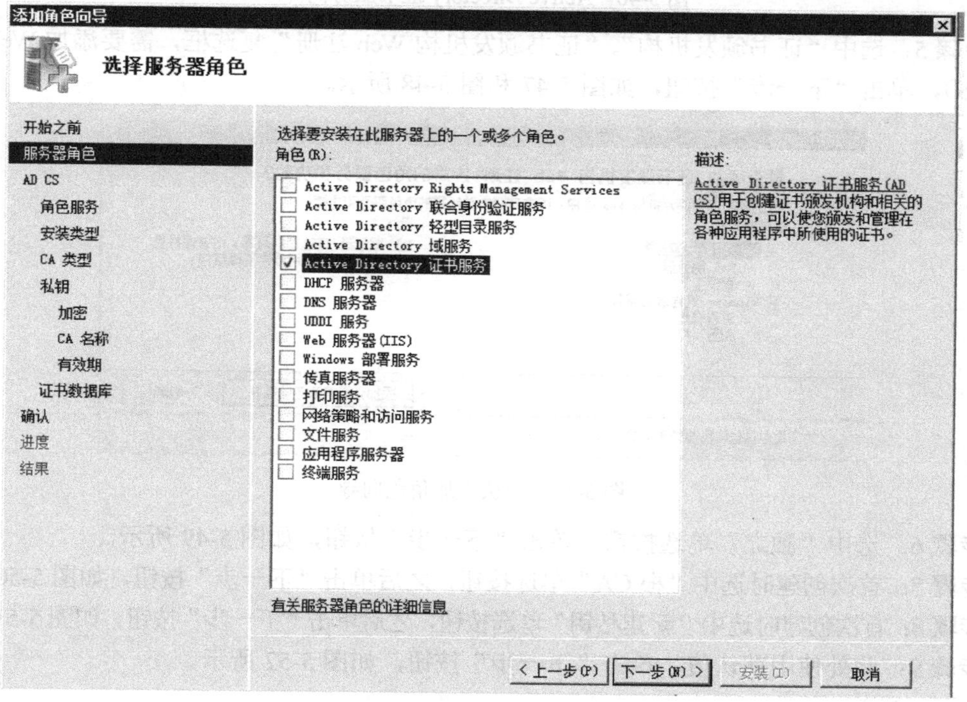

图 5-45　选择服务器角色

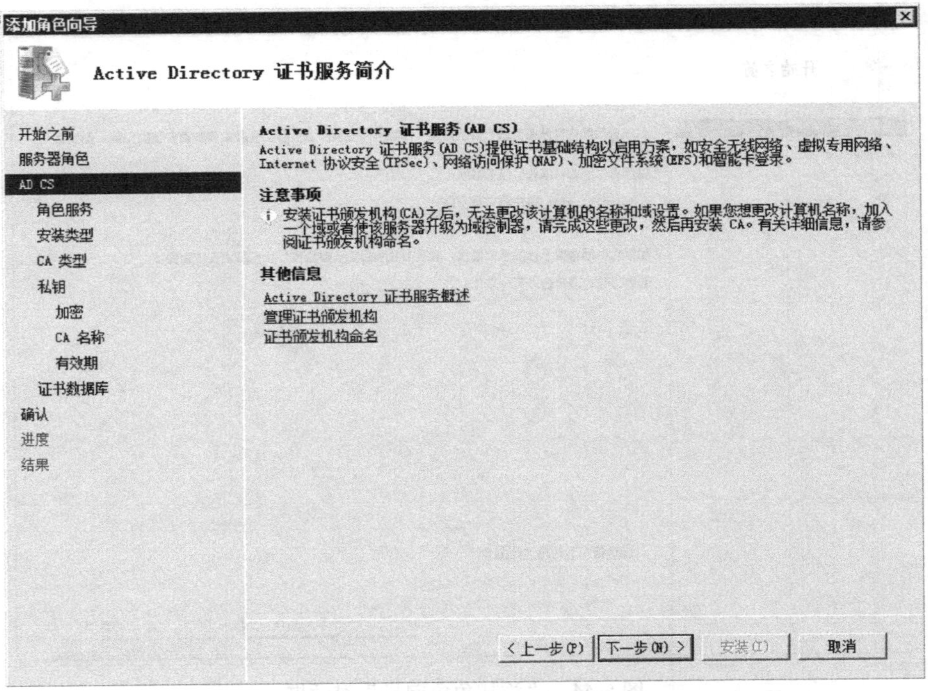

图 5-46　Active Directory 证书服务简介

步骤 5：选中“证书颁发机构”、“证书颁发机构 Web 注册”复选框，需要添加 Web 服务器（IIS），单击“下一步”按钮，如图 5-47 和图 5-48 所示。

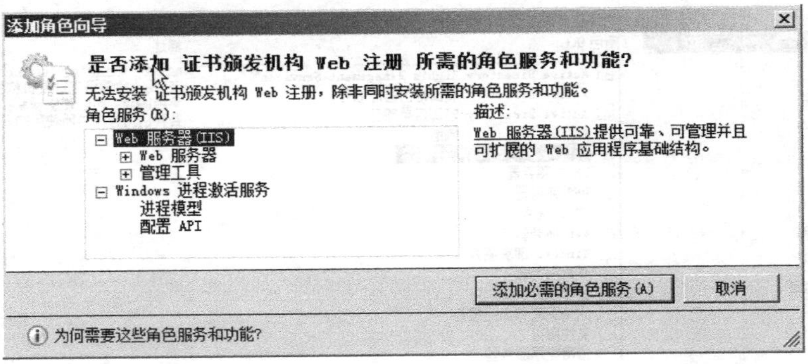

图 5-47　确认添加角色向导

步骤 6：选中“独立”单选按钮，单击“下一步”按钮，如图 5-49 所示。

步骤 7：首次创建时选中“根 CA”单选按钮，之后单击“下一步”按钮，如图 5-50 所示。

步骤 8：首次创建时选中“新建私钥”单选按钮，之后单击“下一步”按钮，如图 5-51 所示。

步骤 9：此处使用默认值，单击“下一步”按钮，如图 5-52 所示。

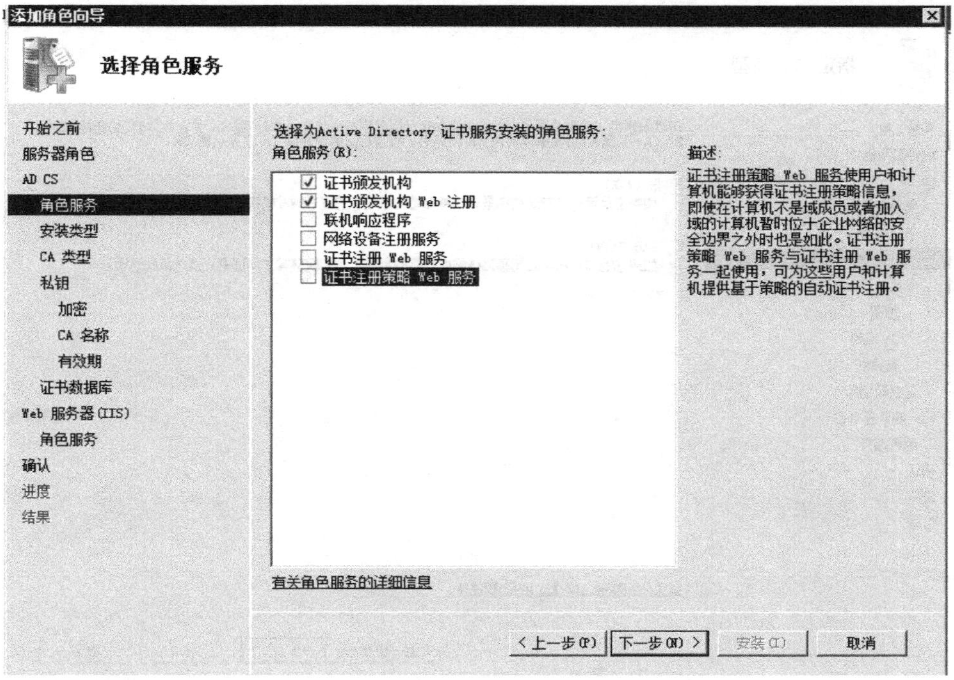

图 5-48　选择角色服务

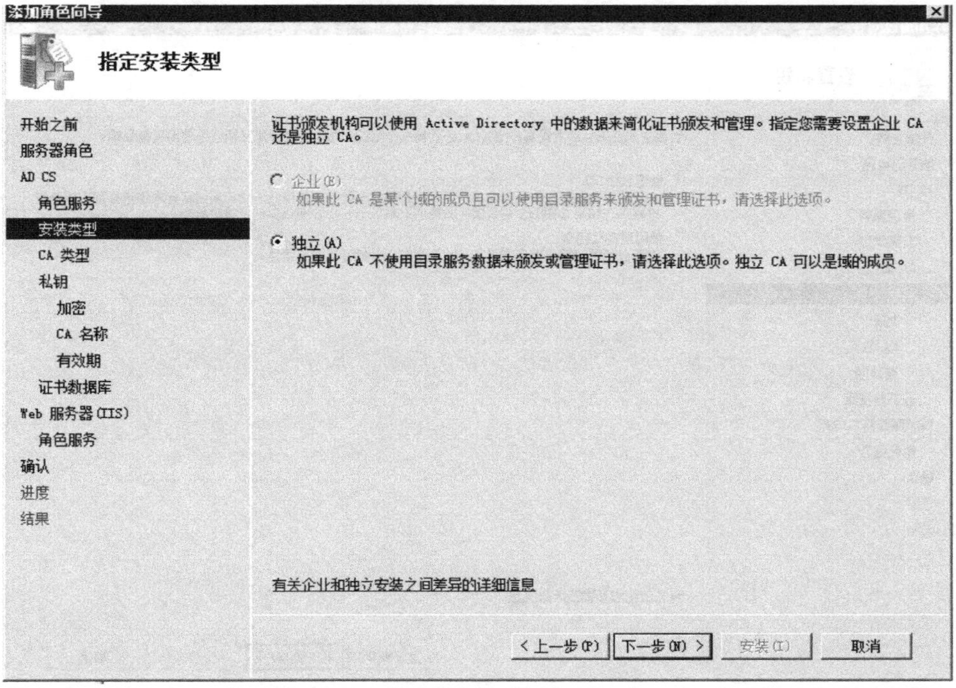

图 5-49　指定安装类型

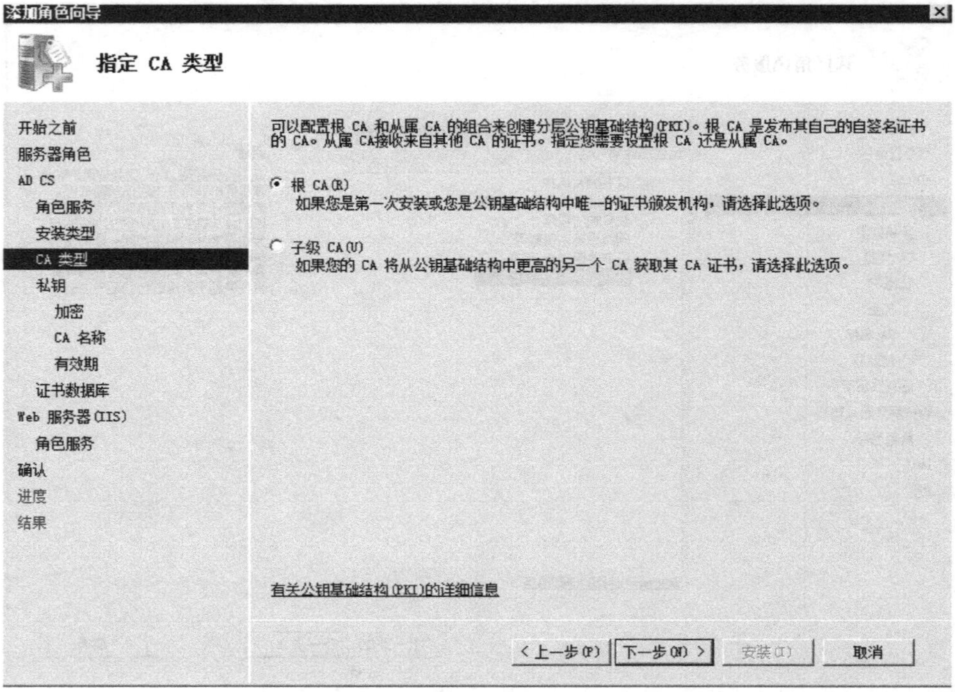

图 5-50　指定 CA 类型

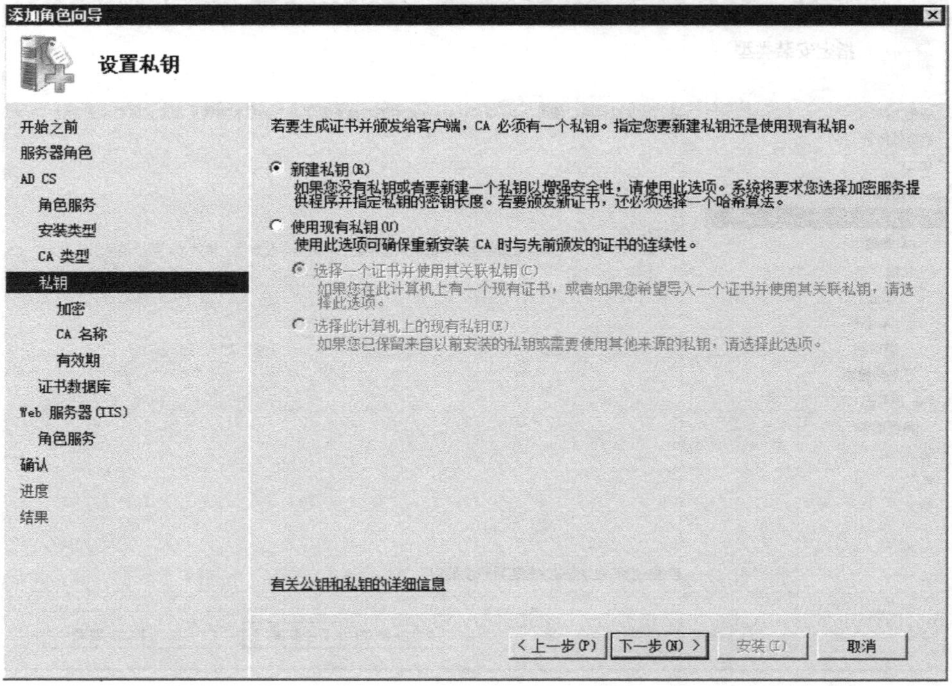

图 5-51　设置私钥

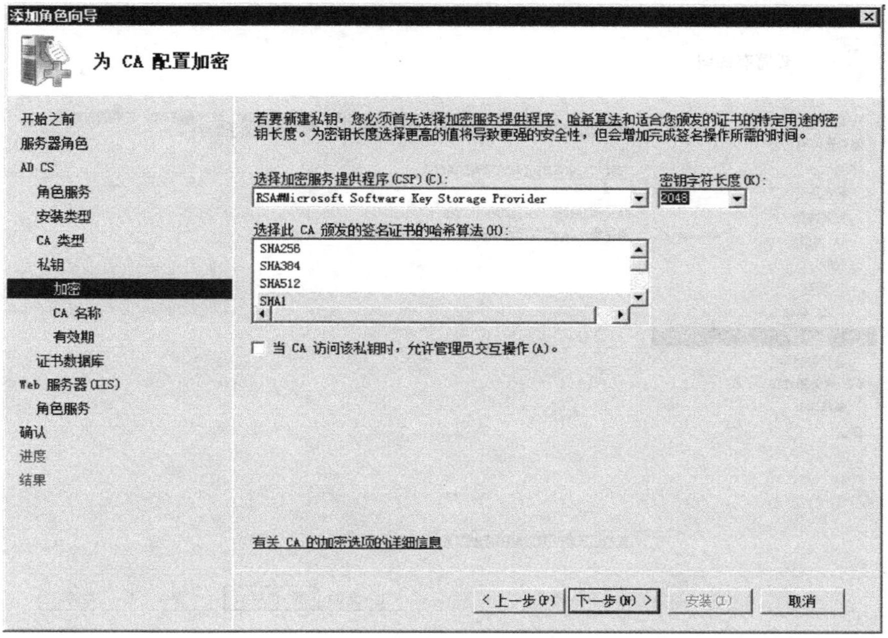

图 5-52 为 CA 配置加密

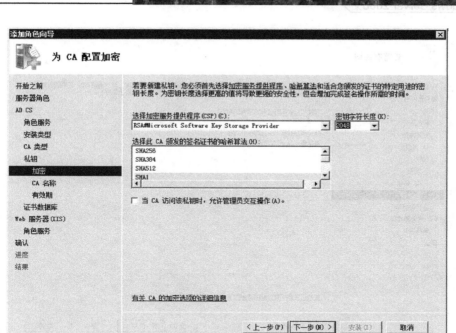

步骤 10：此处使用默认值，单击“下一步”按钮，如图 5-53 所示。

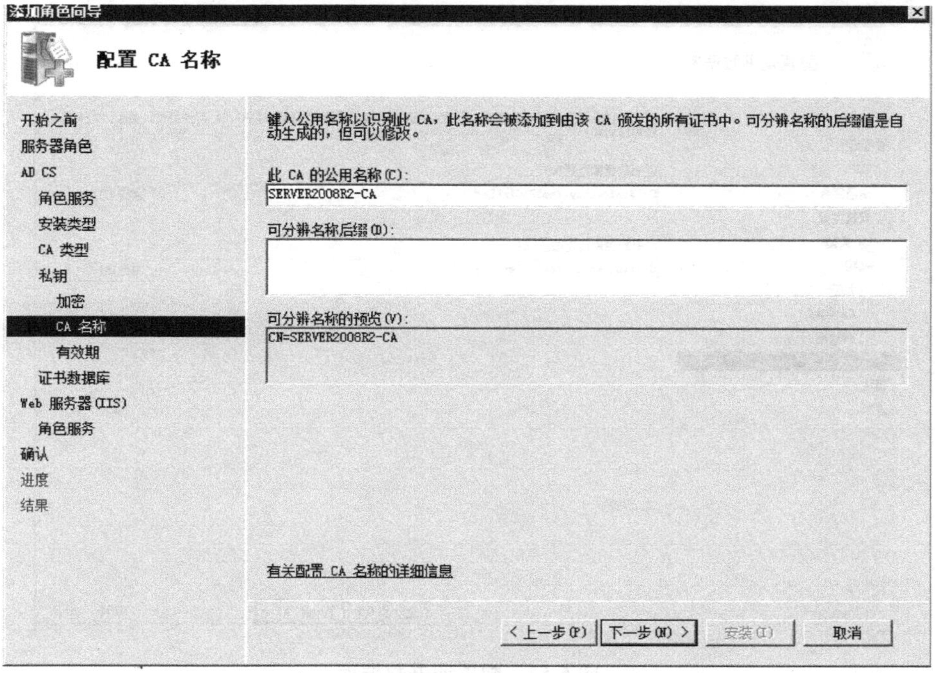

图 5-53 配置 CA 名称

步骤 11：此处使用默认值，单击“下一步”按钮，如图 5-54 所示。

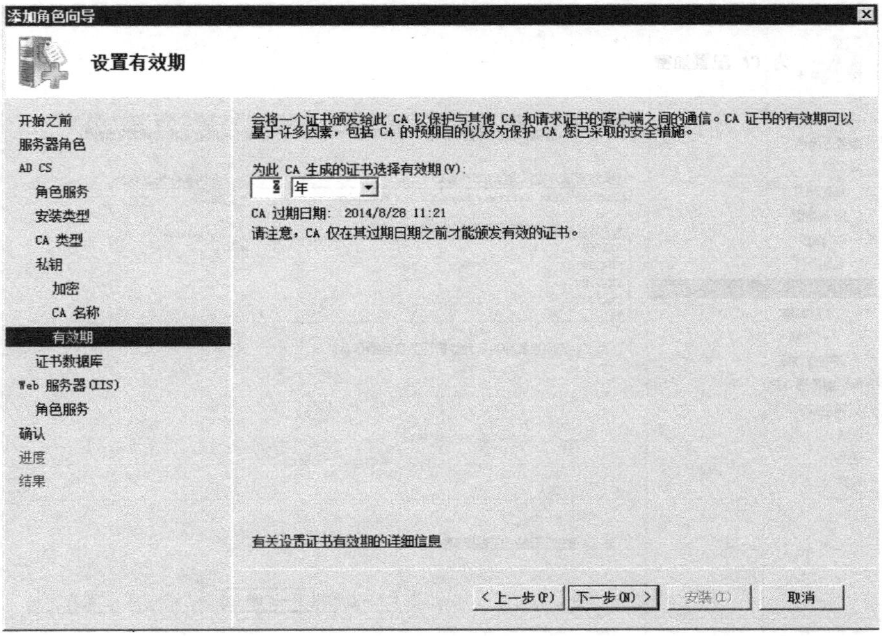

图 5-54　设置有效期

步骤 12：此处使用默认值，单击“下一步”按钮，如图 5-55 所示。

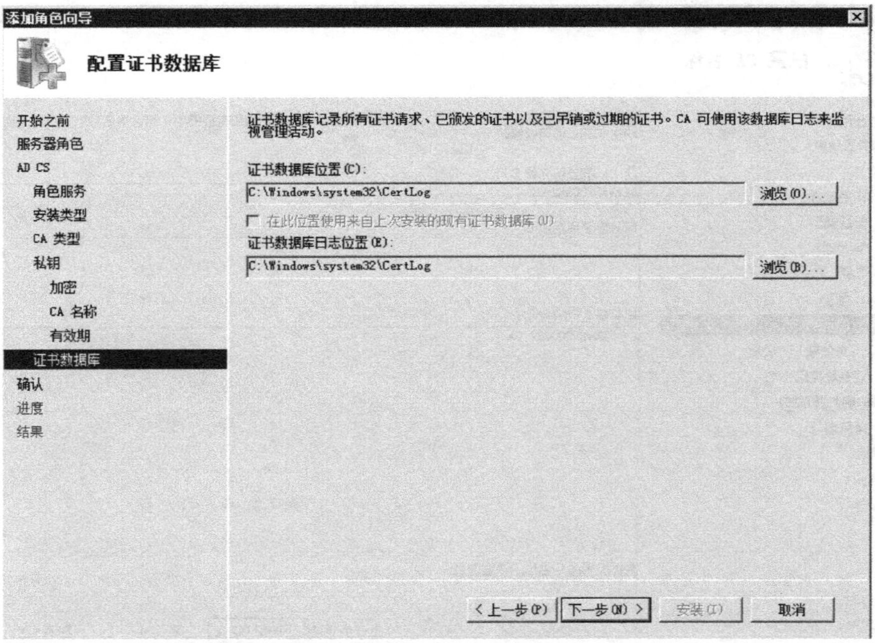

图 5-55　配置证书数据库

步骤 13：单击“安装”按钮，如图 5-56 所示。

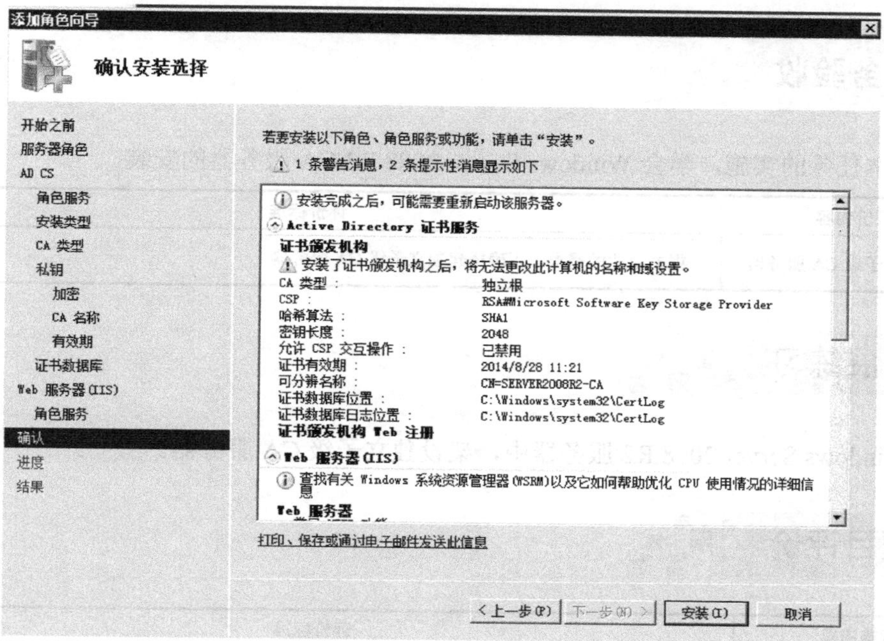

图 5-56　确认安装选择

步骤 14：单击“关闭”按钮，证书服务器安装完成，如图 5-57 所示。

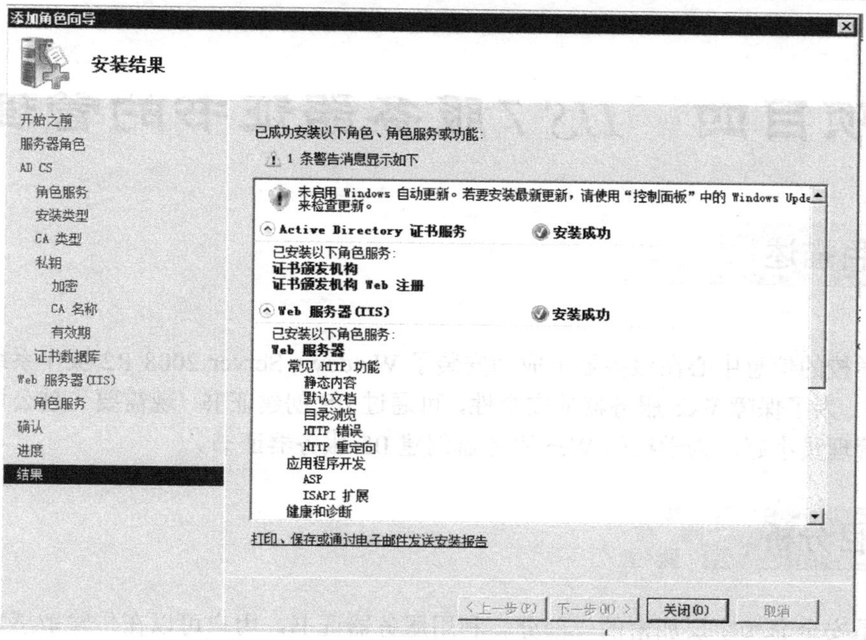

图 5-57　证书服务器安装完成

任务验收

通过本任务的实施，学会 Windows Server 2008 R2 CA 服务器的安装。

评价内容	评价标准
架设独立子级 CA 服务器	根据企业的需求，正确搭建独立子级 CA 服务器

拓展练习

在 Windows Server 2008 R2 服务器中，架设独立子级 CA 服务器。

项目评价

考核内容	评价标准
Windows Server 2008 R2 CA 服务器的配置	在规定时间内，完成 Windows Server 2008 R2 CA 服务器的安装和子级 CA 服务器的配置

项目四　*IIS 7* 服务器证书的管理

项目描述

新兴学校的信息中心在服务器上成功安装了 Windows Server 2008 R2 操作系统，架设了 CA 服务器。为了保障 Web 服务器的安全性，可通过 IIS 创建证书。现需要飞越公司的工程师协助网络管理员小赵，为学校的 Web 服务器创建 IIS 服务器证书。

项目分析

证书是安全套接字层加密的一部分。利用服务器证书，用户可以在传输敏感数据（如信用卡号码）之前确认 Web 服务器的标识。服务器证书还包含服务器的公钥信息，因而可以在对数据进行加密后再发送回服务器。整个项目的认知与分析流程如图 5-58 所示。

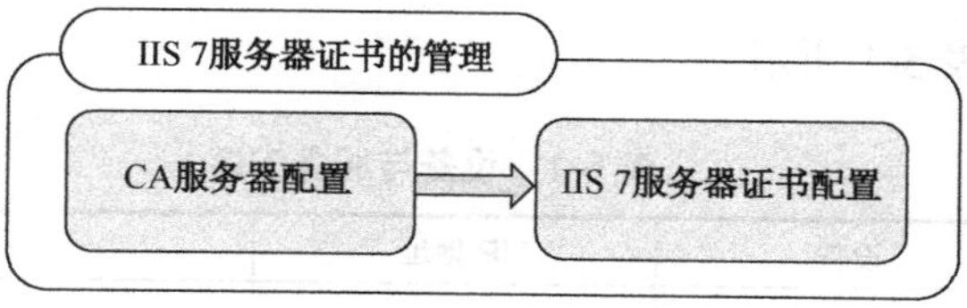

图 5-58　项目流程图

任务一　CA 服务器配置

任务描述

新兴学校的网站在传输信息时并未采取必要的加密措施，加之 TCP/IP 协议在传输数据时以明文方式进行，这无疑加大了用户信息泄露的风险。为了使用户与服务器之间的通信更加安全、可靠，信息中心的主管决定让网络管理员小赵在原有的基础上引入证书服务，对数据进行必要的加密。

任务分析

通常情况下，证书都是向权威机构申请并有偿使用的，但为了节约成本，可以考虑架设证书颁发机构来为自己颁发证书，这种情况下的证书无需由外部证书颁发机构颁发，有助于降低证书的颁发成本，方便了证书的部署。由于小赵对此并不熟悉，于是请飞越公司的工程师来帮忙。

任务拓扑如图 5-59 所示。

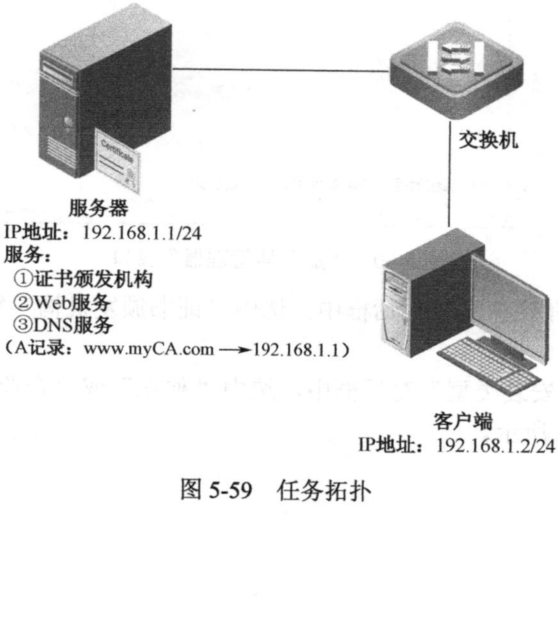

图 5-59　任务拓扑

设备与服务安装如表 5-1 所示。

表 5-1　设备与服务安装

服务器/客户端	设备	IP 地址	服务
服务器	网卡（1 块）	192.168.1.1/24	DNS 服务 （A 记录：www.myCA.com）
客户端	网卡（1 块）	192.168.1.2/24	—

任务实施

步骤 1：安装证书颁发机构。打开“服务器管理器”窗口，如图 5-60 所示，单击 “添加角色”超链接，单击“下一步”按钮，选中“Active Directory 证书服务”复选框，连续两次单击“下一步”按钮。

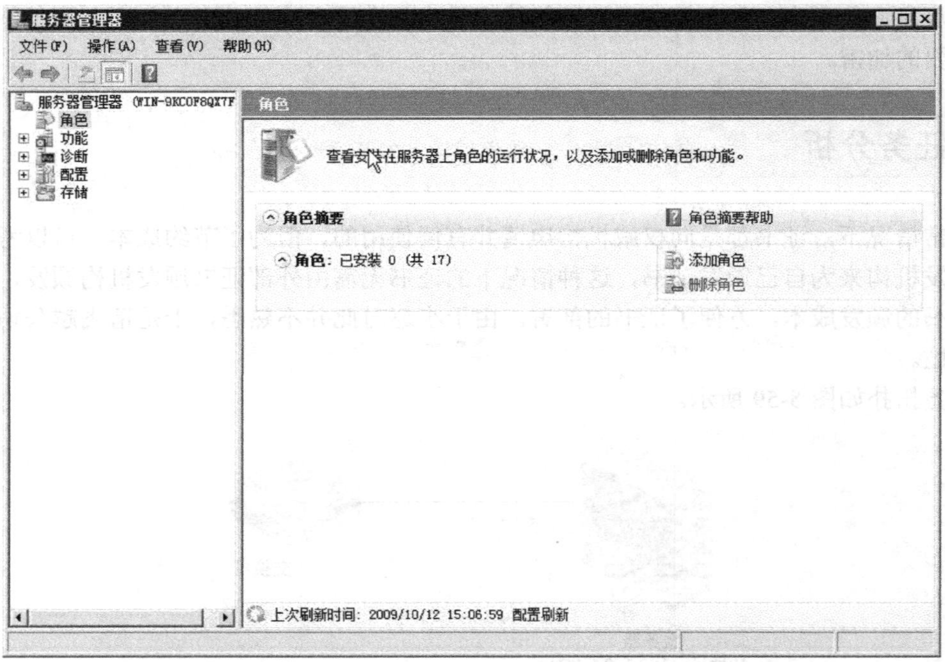

图 5-60　“服务器管理器”窗口

步骤 2：在“选择角色服务”对话框中，选中“证书颁发机构”复选框，单击“下一步”按钮，如图 5-61 所示。

步骤 3：在“指定安装类型”对话框中，选中“独立”或“企业”单选按钮，单击“下一步”按钮，如图 5-62 所示。

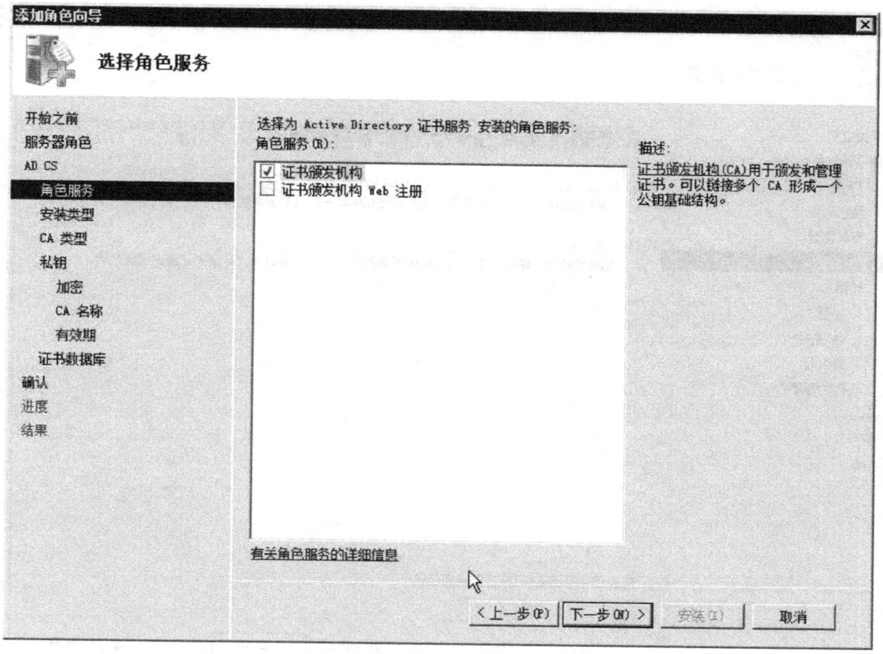

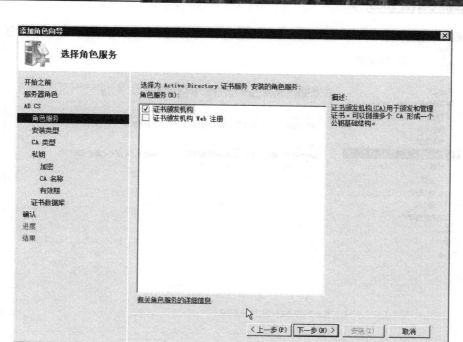

图 5-61　选择角色服务

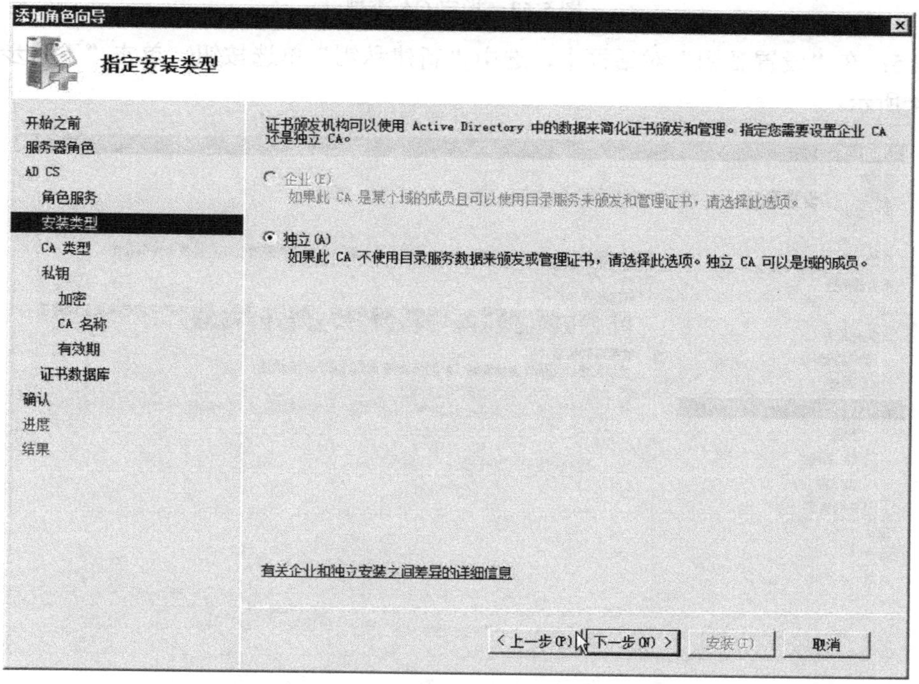

图 5-62　指定安装类型

步骤 4：在“指定 CA 类型”对话框中，选中“根 CA”单选按钮，单击“下一步”按钮，如图 5-63 所示。

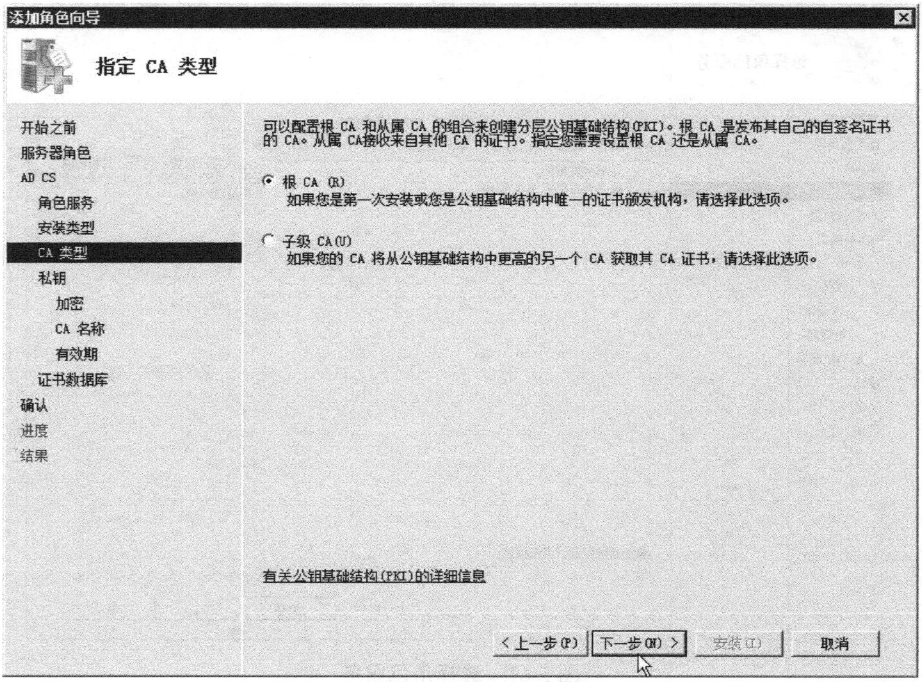

图 5-63　指定 CA 类型

步骤 5：在“设置私钥”对话框中，选中“新建私钥”单选按钮，单击“下一步”按钮，如图 5-64 所示。

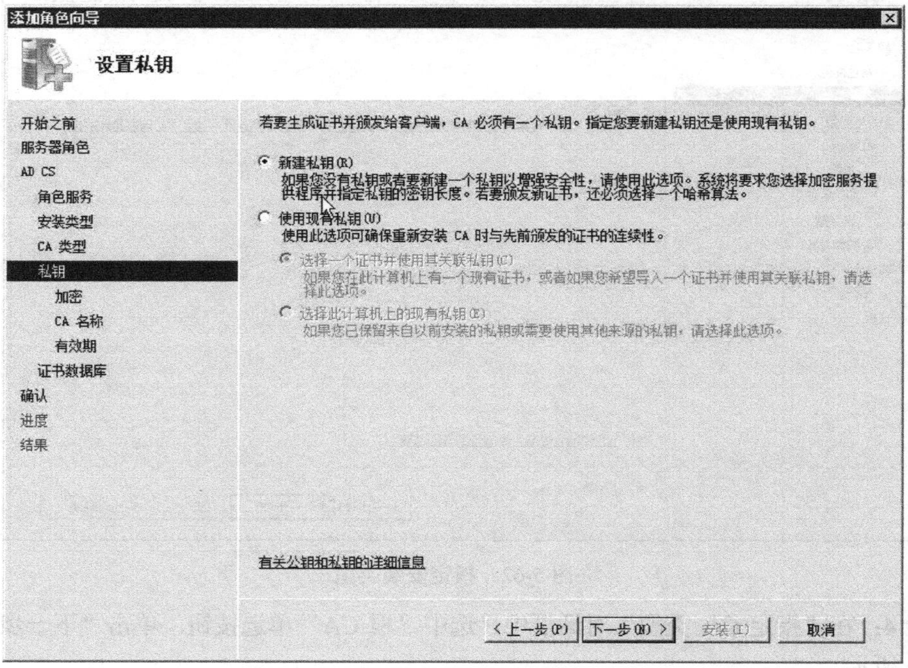

图 5-64　设置私钥

步骤 6：在“为 CA 配置加密”对话框中，选择加密服务提供程序、密钥字符长度和哈希算法，单击“下一步”按钮，如图 5-65 所示。

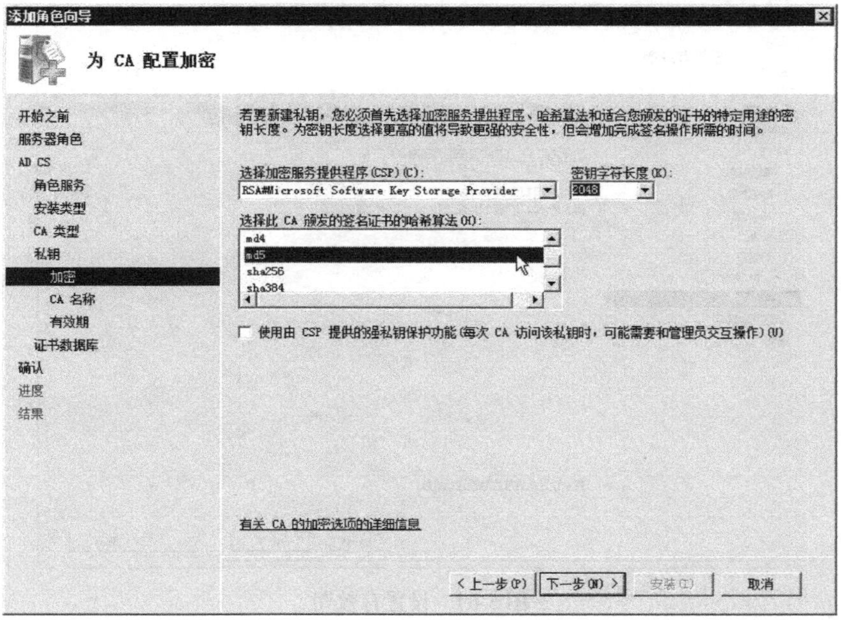

图 5-65　为 CA 配置加密

步骤 7：在“配置 CA 名称”对话框中，创建标识 CA 的唯一名称，单击“下一步”按钮，如图 5-66 所示。

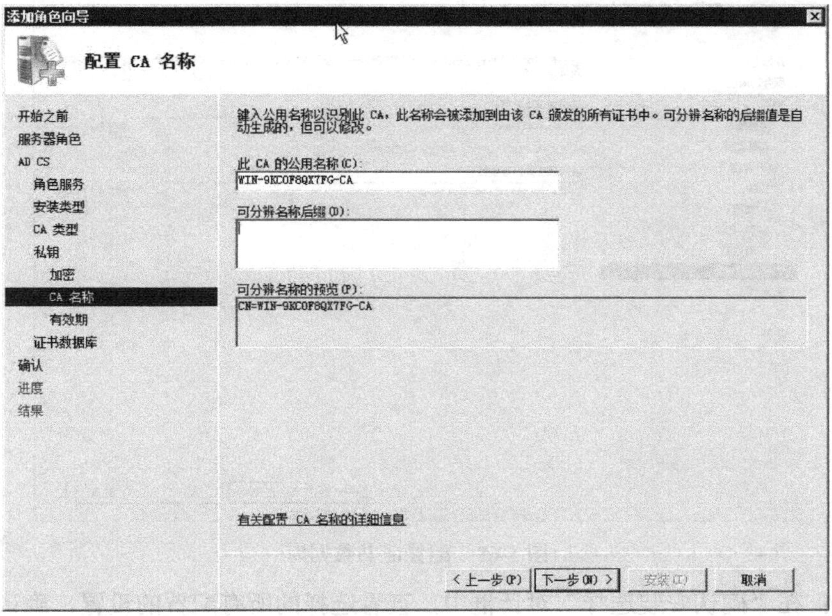

图 5-66　配置 CA 名称

步骤 8：在“设置有效期”对话框中，指定根 CA 证书有效的年数或月数，单击“下一步”按钮，如图 5-67 所示。

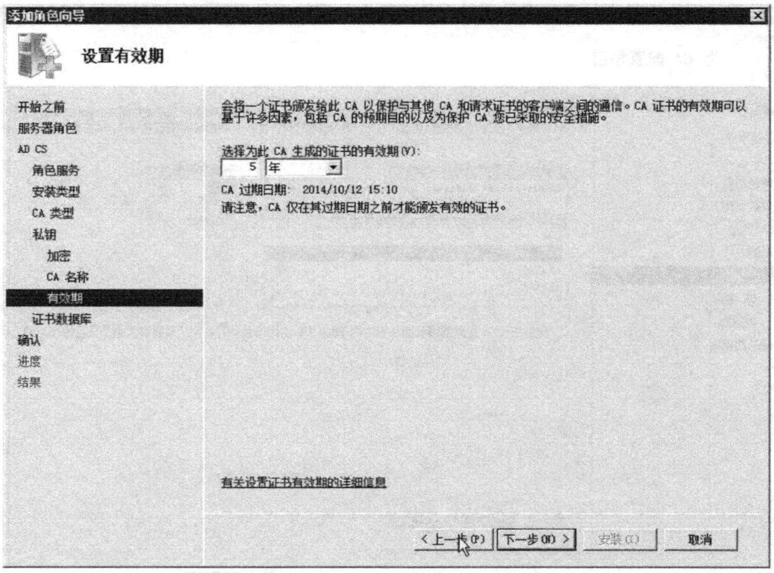

图 5-67　设置有效期

步骤 9：在“配置证书数据库”对话框中，选择证书数据库、证书数据库日志的位置，单击“下一步”按钮，如图 5-68 所示。

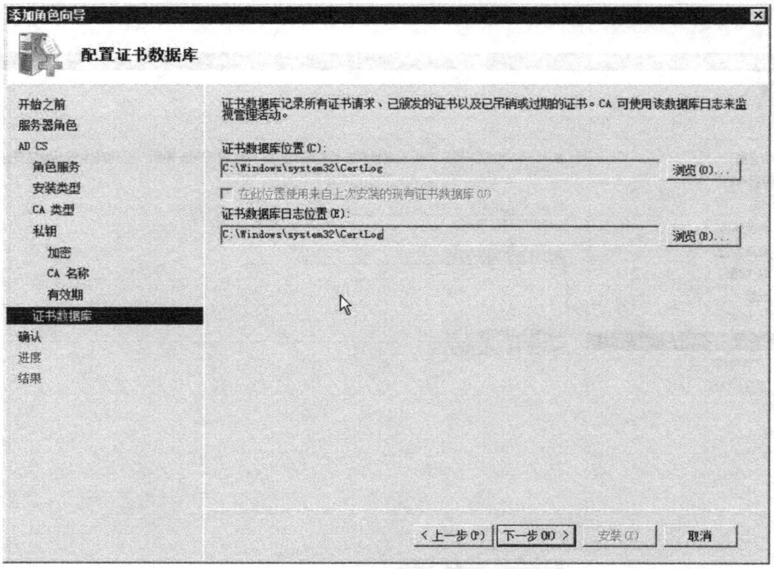

图 5-68　配置证书数据库

步骤 10：在“确认安装选择”对话框中，查看选择的所有配置的设置，确认无误后，单击“安装”按钮，等待安装过程完成，如图 5-69 所示。

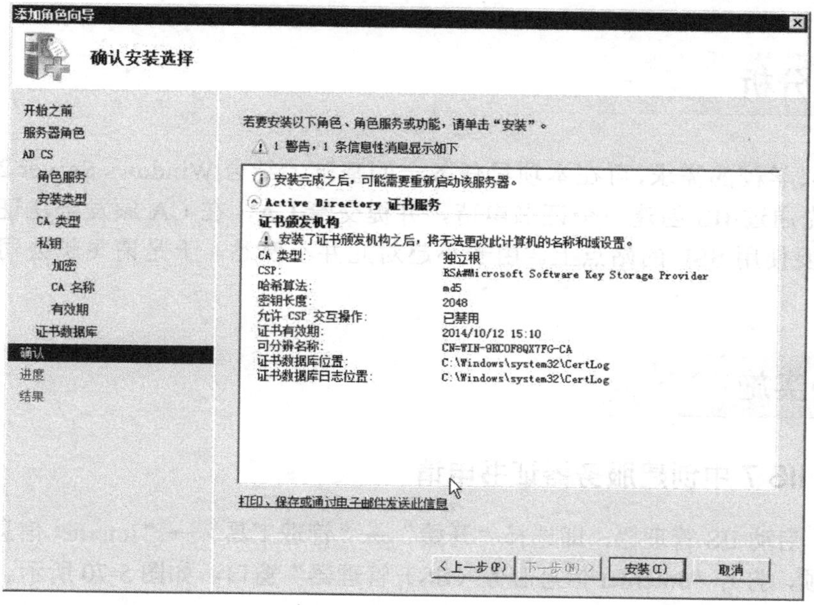

图 5-69　确认安装选择

步骤 11：完成安装后重启服务器。至此，证书颁发机构安装完毕。

任务验收

通过本任务的实施，学会申请证书。

评价内容	评价标准
申请证书	根据上述操作过程，了解证书的申请过程

拓展练习

根据本任务的实施，了解证书的申请过程。

任务二　IIS 7 服务器证书配置

任务描述

新兴学校希望用户在通过浏览器访问学校的 Web 站点时，安装必要的证书并只能使用 https://域名方式访问站点。

任务分析

针对新兴学校的需求，可在本项目任务一的基础上结合 Windows Server 2008 中的 IIS 7 来实现。先通过 IIS 创建一个证书申请，并提交给 CA，在 CA 颁发合法证书后，将证书绑定到需要使用 SSL 的站点上。由于小赵对此并不熟悉，于是请飞越公司的工程师来帮忙。

任务实施

一、在 IIS 7 中创建服务器证书申请

步骤 1：启动 IIS 管理器，即选择“开始”→“管理工具”→“Internet 信息服务（IIS）管理器”选项，打开“Internet 信息服务（IIS）管理器”窗口，如图 5-70 所示。

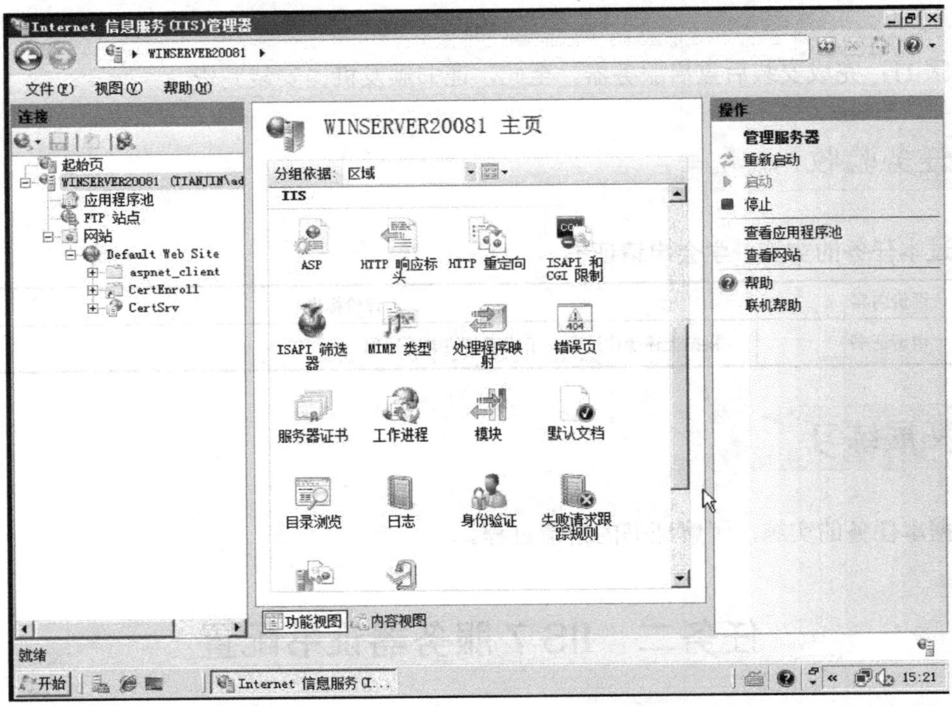

图 5-70 “Internet 信息服务（IIS）管理器”窗口

步骤 2：单击“服务器证书”图标，如图 5-71 所示。

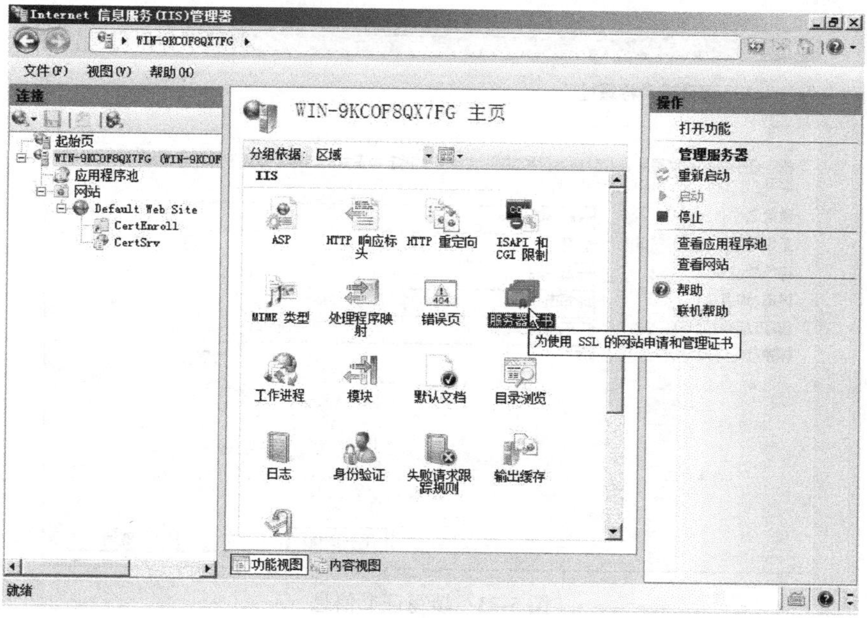

图 5-71 服务器证书

步骤 3：在右侧窗格中单击“创建域证书”超链接，如图 5-72 所示。

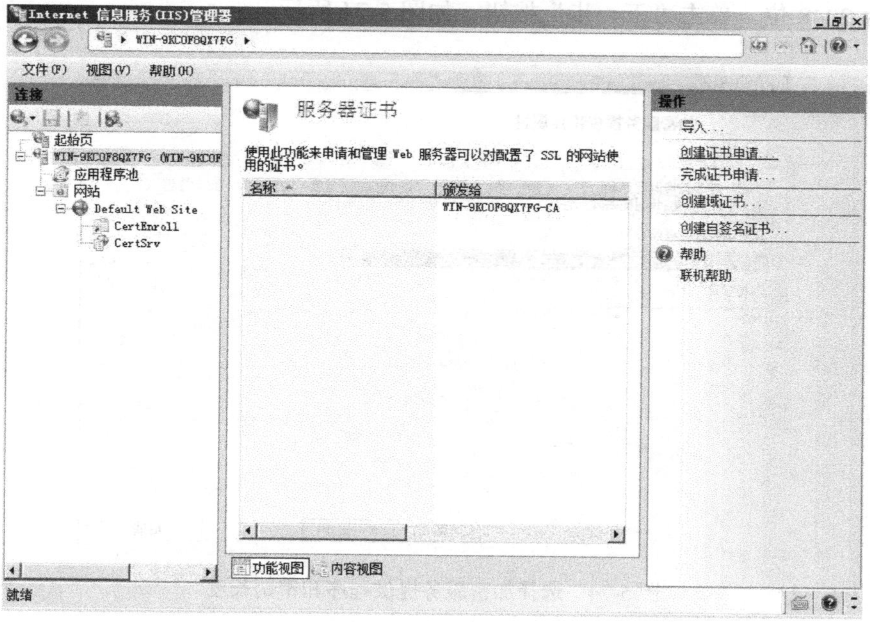

图 5-72 创建域证书

步骤 4：弹出“申请证书”对话框，输入证书请求信息，在“通用名称”文本框中输入完整的域名（包含主机名），企业名称可以使用中文，国家代码一般用 CN，如图 5-73 所示。

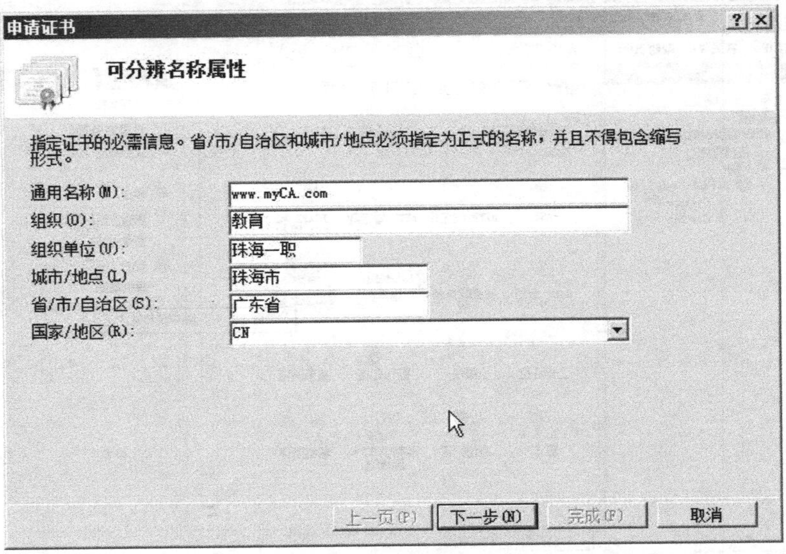

图 5-73　填写证书信息

步骤 5：选择加密服务提供程序和密钥长度，加密服务提供程序选择默认的“Microsoft RSA SChannel Cryptographic Provider”，加密长度一般为 1024 位，如果申请 EV 证书，则密钥长度至少为 2048 位。单击“下一步”按钮，如图 5-74 所示。

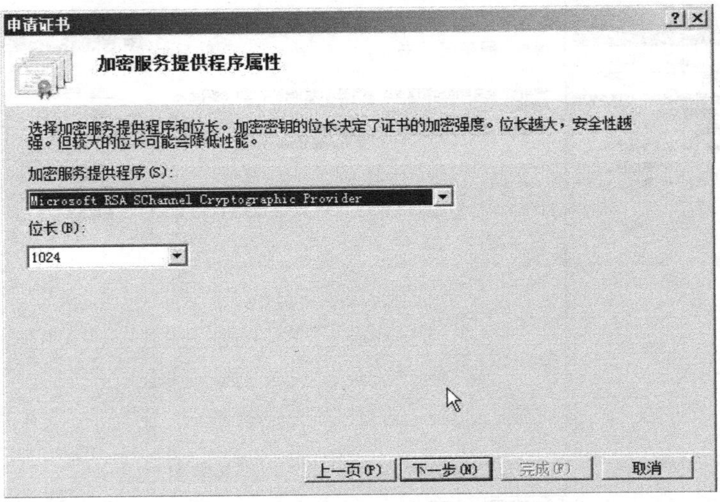

图 5-74　选择加密服务提供程序和密钥长度

步骤 6：输入证书的文件名，单击“完成”按钮，如图 5-75 所示。

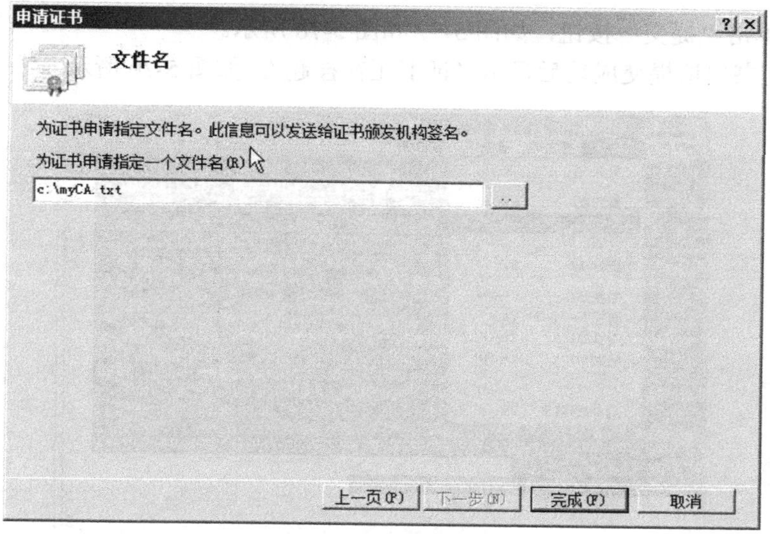

图 5-75　指定证书的文件名

二、向 CA 提交申请

步骤 1：在 IE 中输入 http://www.myCA.com/certsrv，访问 CA 颁发机构，单击“申请证书”按钮，单击“高级证书申请”按钮，选择“使用 Base 64 编码的 CMC 或 PKCS #10 文件提交一个证书申请，或使用 Base 64 编码的 PKCS #7 文件续订证书申请”，打开如图 5-76 所示的窗口。

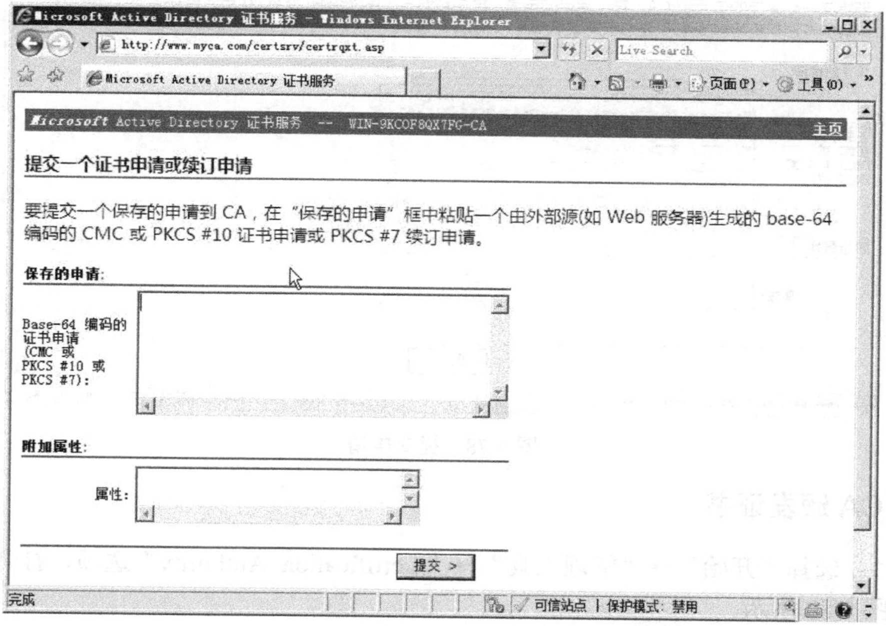

图 5-76　保存证书申请

步骤 2：复制证书（即 c:\myCA.txt）中的内容，将其粘贴到图 5-76 所示的“保存的申请”

文本框中，并单击“提交”按钮，如图 5-77 和图 5-78 所示。

步骤 3：证书申请提交成功后显示“证书正在挂起”，如图 5-79 所示。

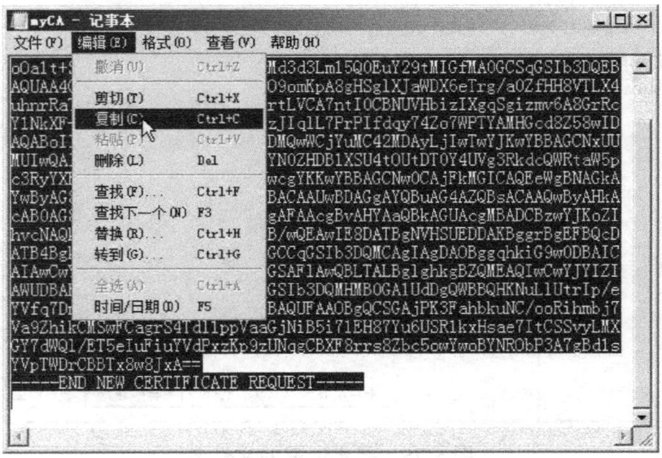

图 5-77　复制证书文件的内容

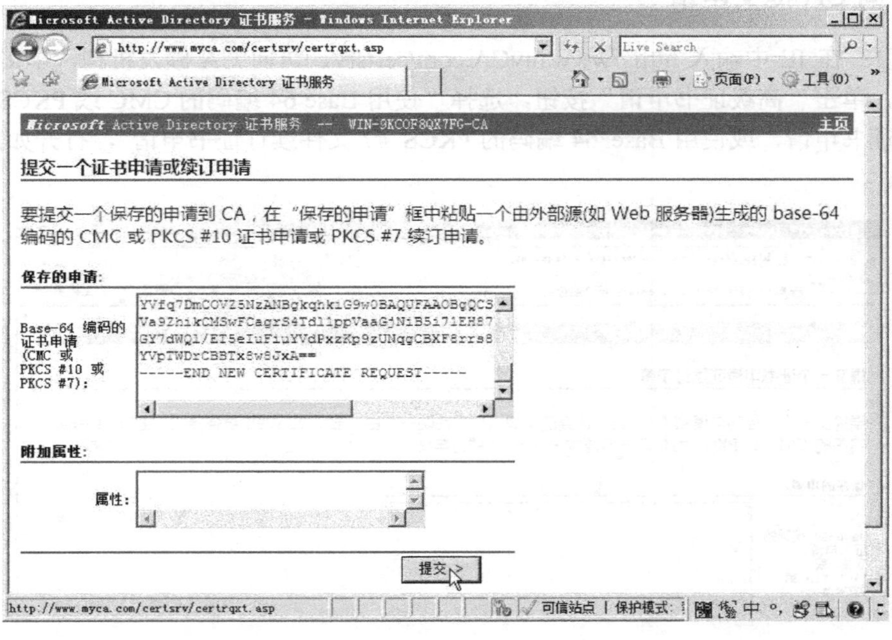

图 5-78　提交申请

三、CA 颁发证书

步骤 1：选择“开始”→“管理工具”→“Certification Authority”选项，打开证书颁发机构，如图 5-80 所示。

步骤 2：在证书颁发机构“挂起的申请”中右击相应的证书申请，在弹出的快捷菜单中选择“所有任务”→“颁发”选项，完成证书颁发，如图 5-81 所示。

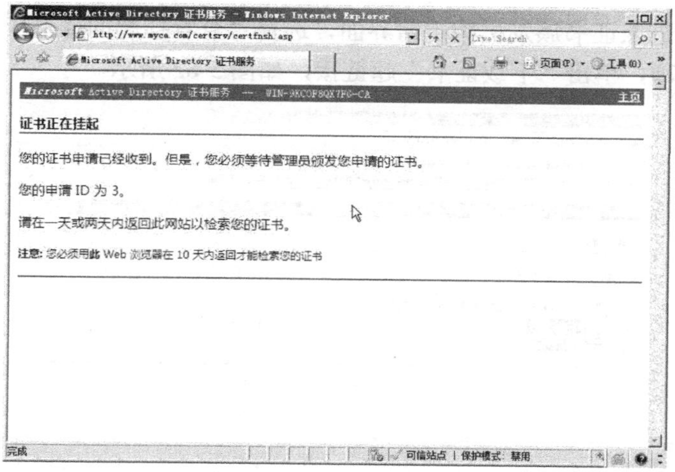

图 5-79　证书正在挂起

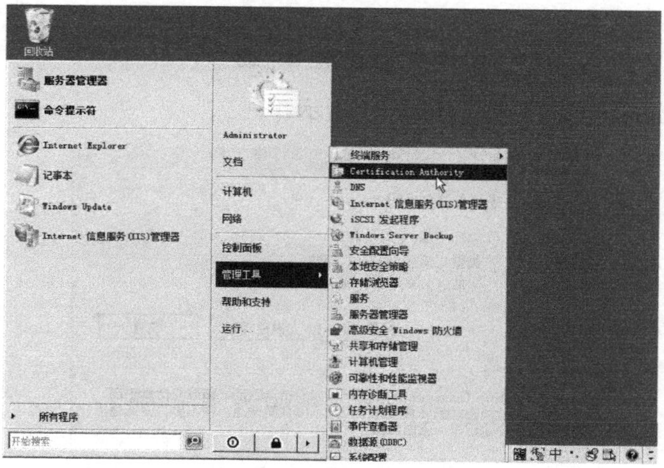

图 5-80　选择“Certification Authority”选项

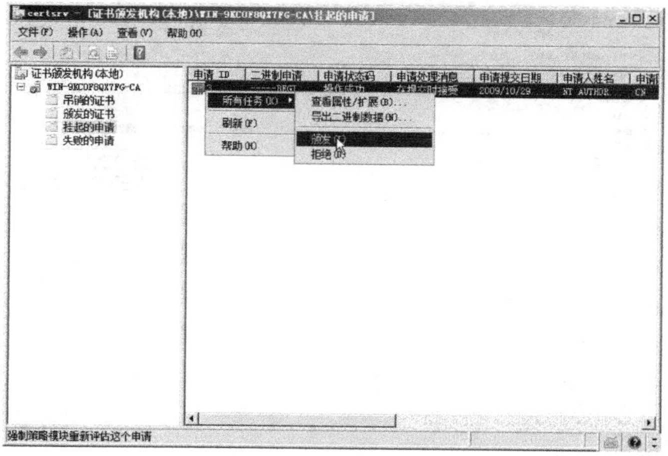

图 5-81　颁发证书

步骤 3：重新进入证书颁发机构申请界面，选择“查看挂起的证书申请的状态”→“保存申请的证书”选项，单击“下载证书”超链接，如图 5-82 所示。

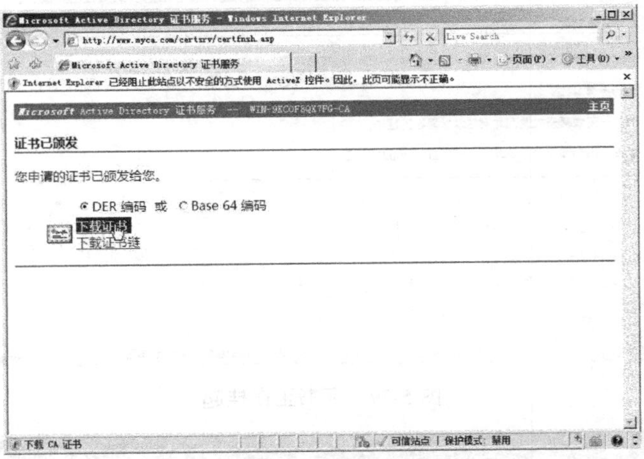

图 5-82　证书下载

步骤 4：保存证书，如图 5-83 和图 5-84 所示。

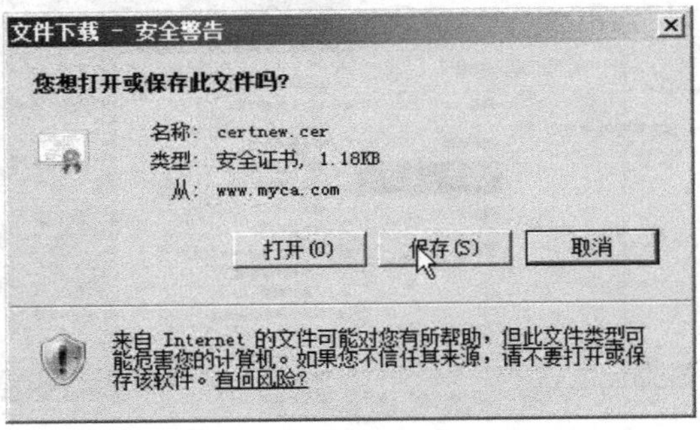

图 5-83　保存证书

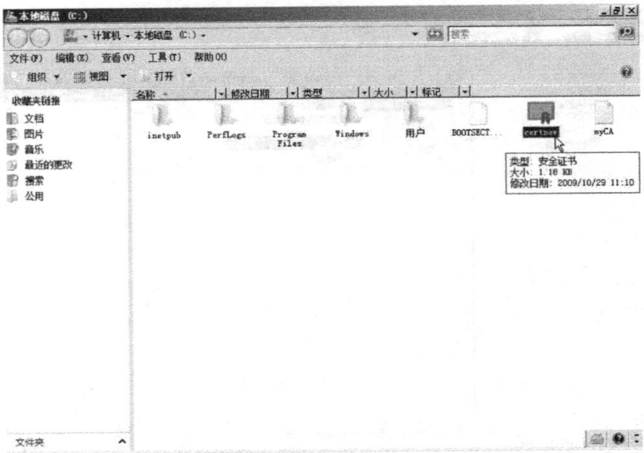

图 5-84　保存在本地硬盘中的证书

四、完成申请

步骤 1：在图 5-85 所示的窗口中，单击“完成证书申请”超链接。

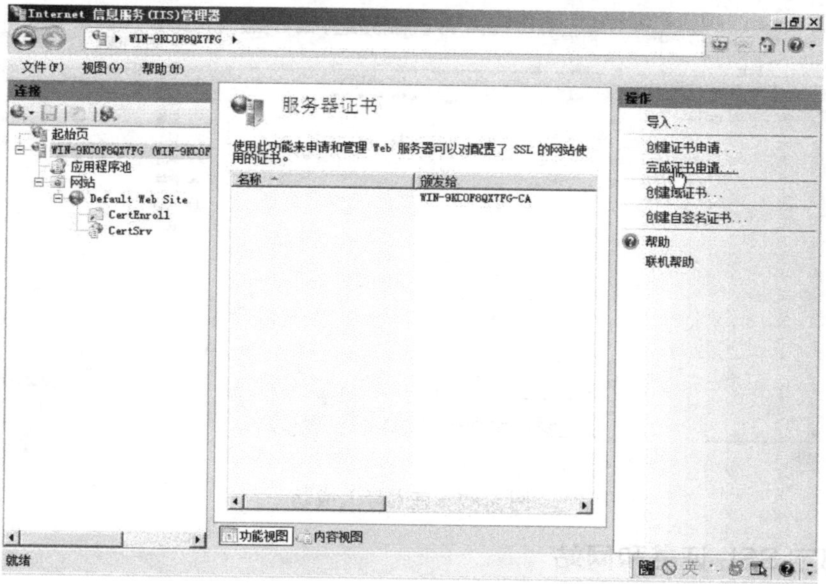

图 5-85　完成证书申请

步骤 2：弹出“完成证书申请”对话框，输入 CA 颁发的证书文件（刚才保存好的文件 server.cer），如图 5-86 所示。

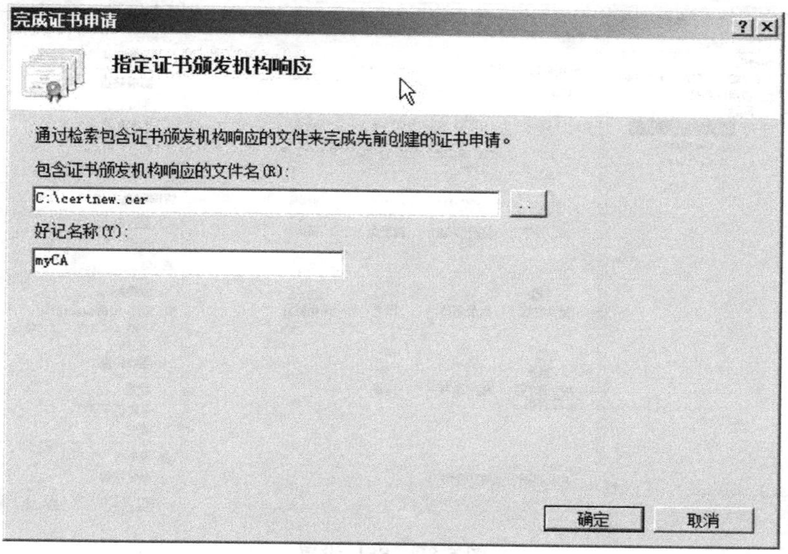

图 5-86　指定证书颁发机构响应

步骤 3：证书导入成功，如图 5-87 所示。

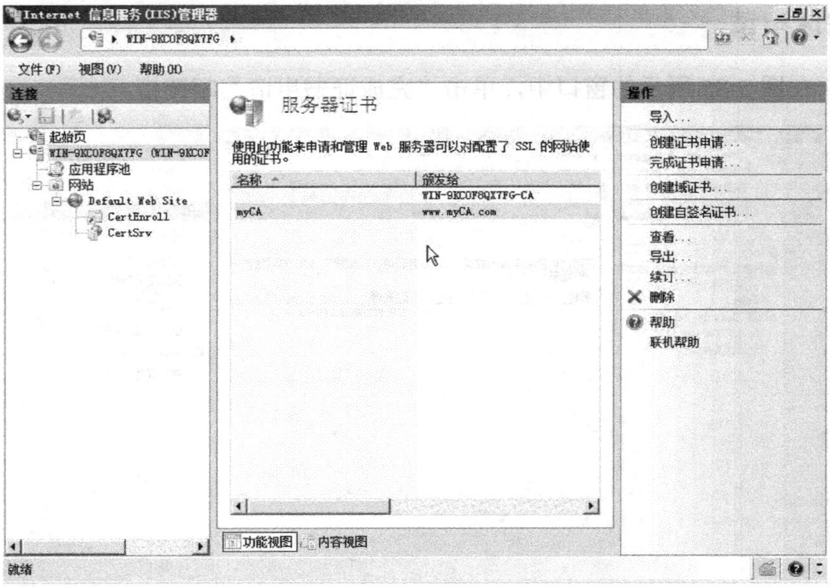

图 5-87　证书导入成功

五、绑定 SSL 证书和网站

步骤 1：选择需要使用证书的网站，单击“SSL 设置”图标，如图 5-88 所示。

图 5-88　SSL 设置

步骤 2：弹出“网站绑定”对话框，单击“添加”按钮，弹出“添加网站绑定”对话框，添加一个新的绑定，如图 5-89 所示。

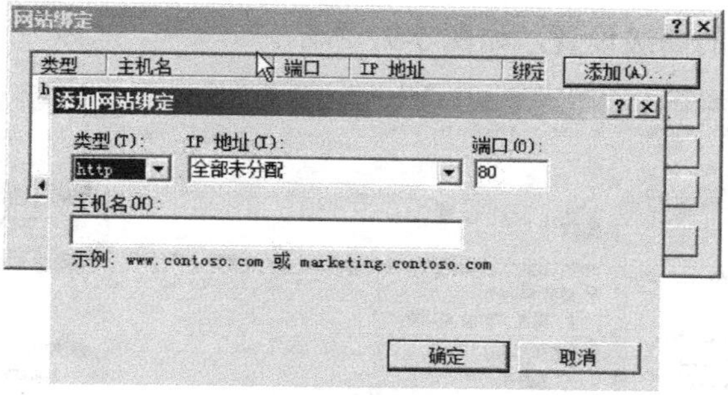

图 5-89　添加网站绑定（一）

步骤 3：将类型改为“https”，端口改为“443”，选择刚才导入的 SSL 证书，单击“确定”按钮，SSL 证书即可安装完成，如图 5-90 所示。

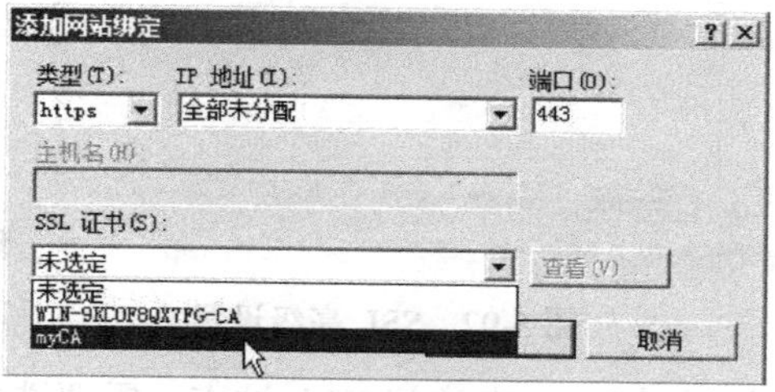

图 5-90　添加网站绑定（二）

六、设置 SSL 参数及验证

步骤 1：启动 IIS 管理器，选中“Default Web Site”节点，双击“SSL 设置”图标，如图 5-91 所示。

图 5-91　双击“SSL 设置”图标

步骤 2：显示 SSL 的高级设置，如图 5-92 所示。

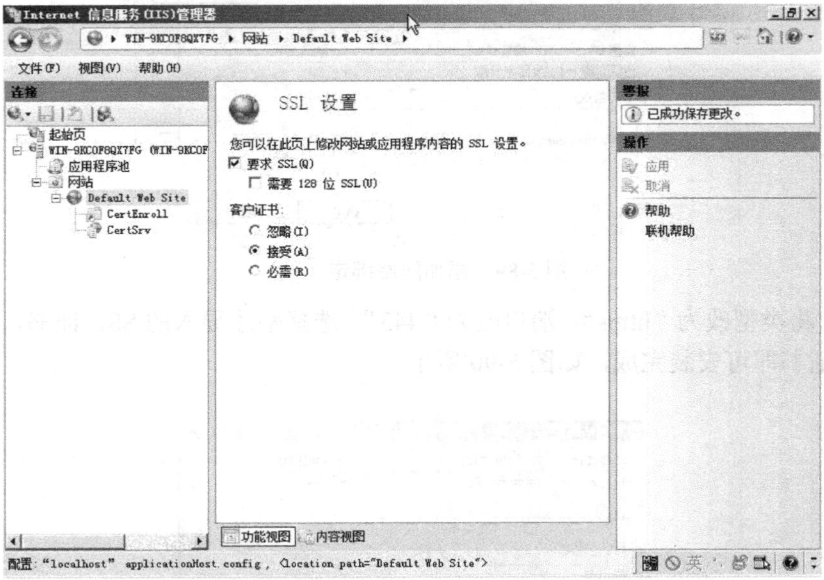

图 5-92　SSL 高级设置

步骤 3：为了使用户只能通过 https 来访问 Web 站点，需要选中“要求 SSL”复选框。在客户端访问网址 https://www.myCA.com 时，将进入网站的相应页面，如图 5-93 所示。

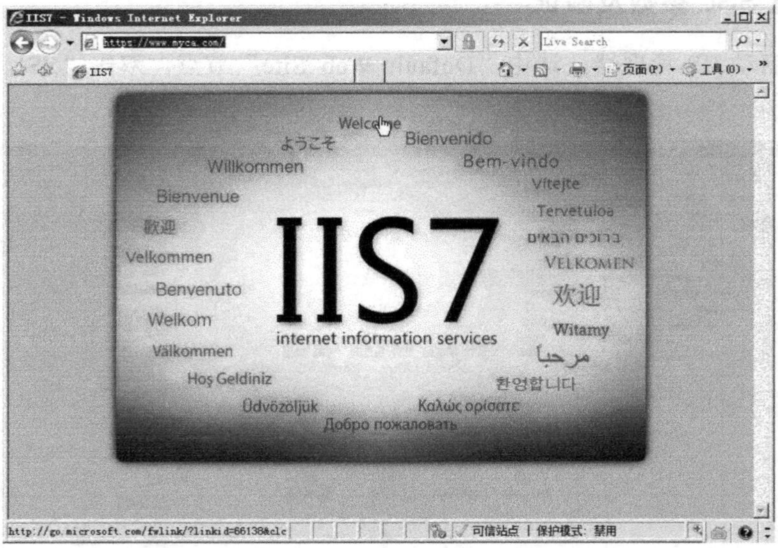

图 5-93　正确访问站点

步骤 4：此时，若用户通过 HTTP 访问，或当客户端试图访问 http://www.myCA.com 时，将会提示访问错误，错误信息如图 5-94 所示。

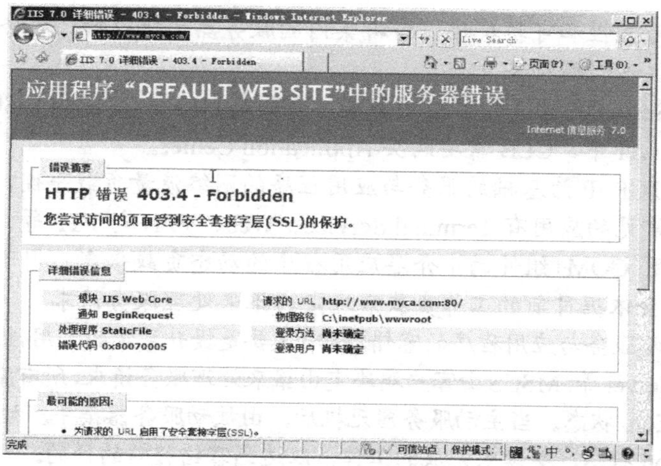

图 5-94　错误信息

任务验收

通过本任务的实施，学会为 Windows Server 2008 R2 操作系统添加 SSL 证书的方法。

评价内容	评价标准
IIS 7 服务器证书的配置	在规定时间内，为已安装 CA 服务器的 Windows Server 2008 R2 配置 IIS 7 服务器的证书

拓展练习

根据企业要求，为企业配置 SSL 协议。

项目评价

考核内容	评价标准
服务器证书管理	在规定时间内，完成 Windows Server 2008 R2 服务器证书的管理

单元知识拓展　Windows Server 2008 群集架设

知识链接

（1）群集是一组相互独立的、通过高速网络互连的计算机，它们构成了一个组，并以单一系统的模式加以管理。一个客户与群集相互作用时，群集就像一个独立的服务器。群集是指一组服务器，通过彼此的协同作业，提供一个相同的服务或应用程序，用于提升服务或应用程序的可用性、可靠性和可扩展性。当群集内的服务器死机以后，服务请求会转给其他群集内的节点，以提供不间断服务。

（2）Windows Server 支持 3 种类型的群集，分别是 NLB、CLB 和 MSCS。NLB 与 MSCS 内置于 Windows Server 中，CLB 需要购买 Application Center。

NLB：提供以 TCP/IP 为基础的服务与应用程序的网络流量负载平衡，用于提升系统的可用性和可扩展性。常见的应用有 Terminal Service、Web、VPN 与 FTP 等。

CLB：提供使用 COM+组件的中介层应用程序的动态负载平衡，用于提升系统的可用性和可扩展性。CLB 会依据目前的工作负载来决定由谁来处理服务请求。

MSCS：提供后端服务与应用程序的容错移转，主要是提升系统的可用性。常见的应用有 SQL Server 与 Exchange Server 等。MSCS 由客户端决定由谁来处理服务请求，所有服务器共享一个 share storage 来存储 session 状态。当主动服务器死机后，由被动服务器接手。被动服务器会从 share storage 中取出 session 状态，继续未完成的工作，以达到容错移转的目的。

任务描述

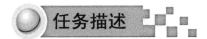

新兴学校的信息中心有 2 两台服务器，已经安装了 Windows Server 2008 R2 操作系统，信息中心准备在这两台服务器上搭建重要应用服务，需要服务器提供稳定性和可持续性服务。

任务分析

根据信息中心的需求分析可知，可以通过为 Windows Server 2008 R2 服务器搭建群集来实现上述功能。服务器安装了 Windows Server 2008 R2 操作系统，现根据需求搭建服务器群集，并实现网络负载平衡。

负载平衡网络拓扑如图 5-95 所示。

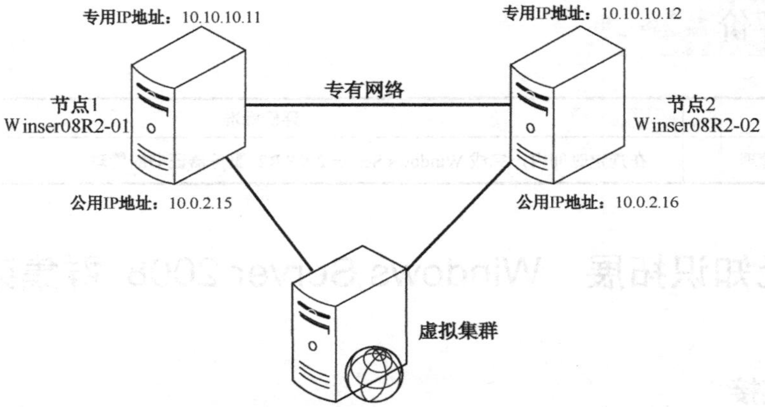

图 5-95　负载平衡网络拓扑

知识链接

为服务器安装 NLB 群集。而搭建 NLB 群集需要服务器满足以下条件。

（1）网卡：所有网卡必须与 Windows Server 2008 兼容，单网卡或多网卡均可配置该服务，推荐使用多网卡。

（2）网络模式：工作组和域环境均可完成，在 Windows Server 2008 中最多可以支持 32 个节点。

（3）交换机和路由器要求：交换机必须支持 VLAN，有些交换机和路由器有可能需要手工设置多播 MAC 地址。

（4）通信协议：绑定到群集的网络适配器只能安装 TCP/IP 协议，必须静态分配，不支持 DHCP。

（5）应用程序的要求：必须是 TCP 或 UDP 通信，而且确定当前应用程序或服务必须支持 NLB。

任务实施

步骤 1：为服务器安装 Web 服务器以便测试。安装方法可参考以前的学习单元中介绍的知识。

步骤 2：安装“网络负载平衡”功能，如图 5-96 所示。

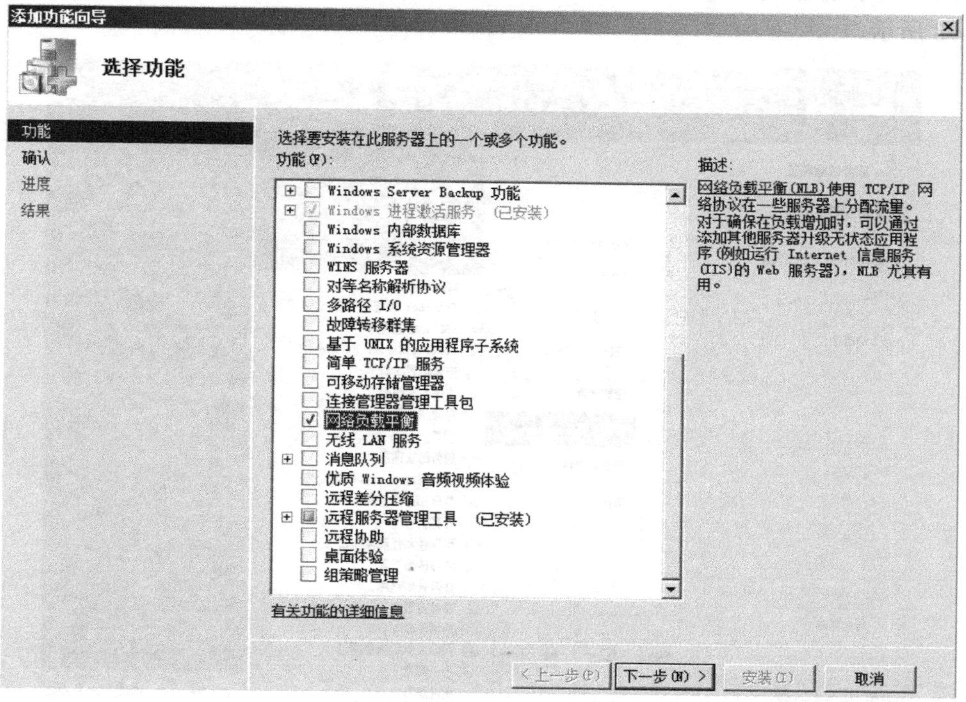

图 5-96　安装“网络负载平衡”功能

步骤 3：确认安装网络负载平衡管理工具，如图 5-97 所示。

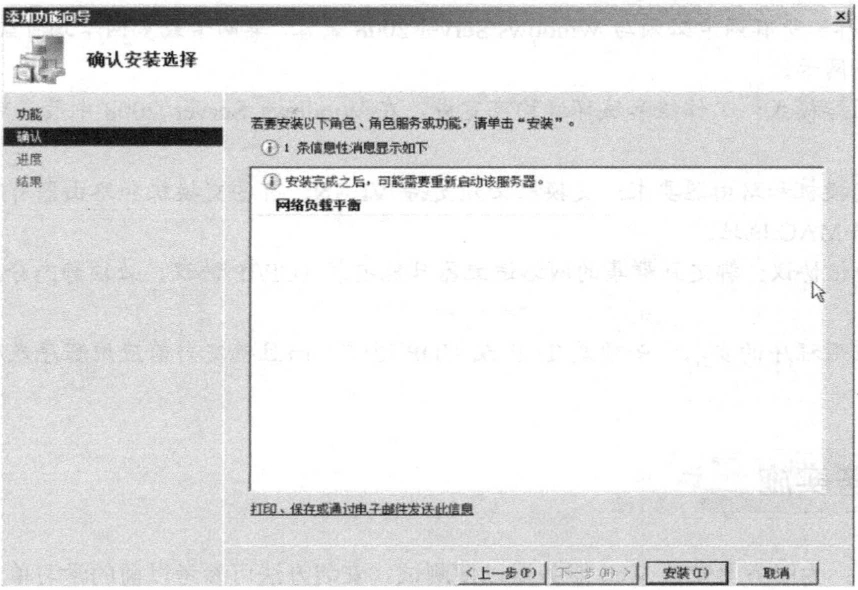

图 5-97　确认安装选择

步骤 4：安装完成后，在“开始”→“管理工具”中可以看到“网络负载平衡管理器”，如图 5-98 所示。

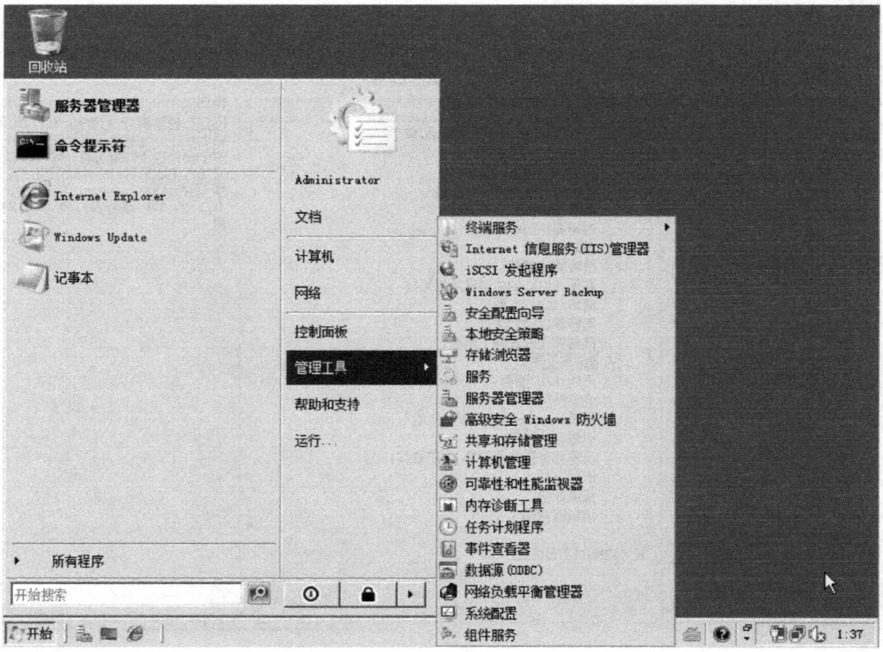

图 5-98　安装成功后的界面

步骤 5：选择“开始”→“管理工具”→“网络负载平衡管理器”选项，打开“网络负载平衡管理器”窗口，如图 5-99 所示。

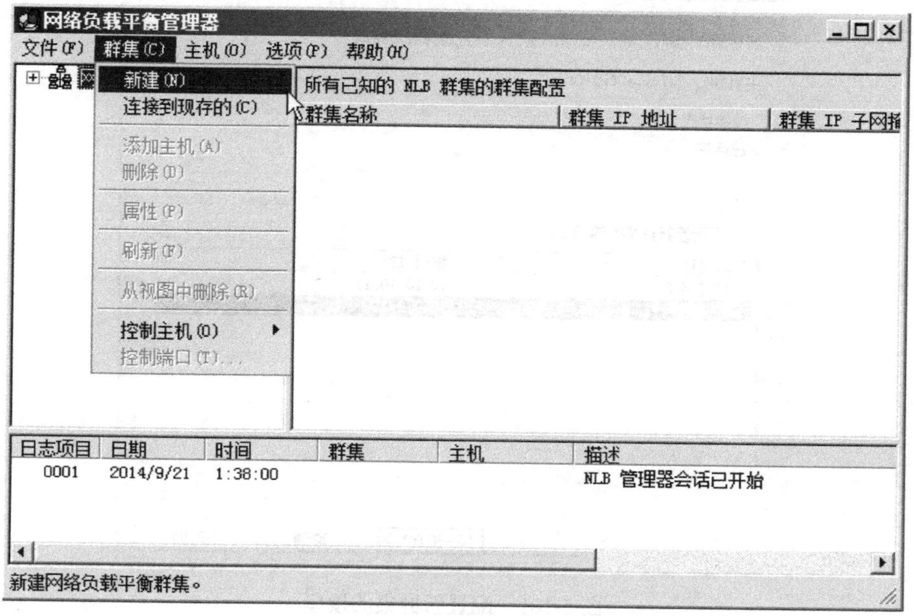

图 5-99　“网络负载平衡管理器”窗口

步骤 6：选择“群集”→“新建”选项，弹出“新群集：连接”对话框，输入当前节点 A 的主机名，也可以输入此主机的外网 IP 地址或专用 IP 地址，如图 5-100 所示。

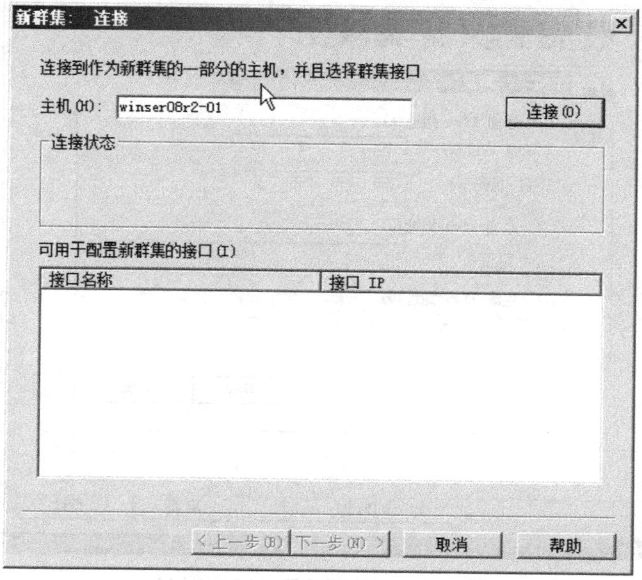

图 5-100　“新群集：连接”对话框

步骤 7：单击“连接”按钮，选择用于配置群集的网络接口。注意，要选择外网 IP 地址而不能选择专用 IP 地址。单击“下一步”按钮，如图 5-101 所示。

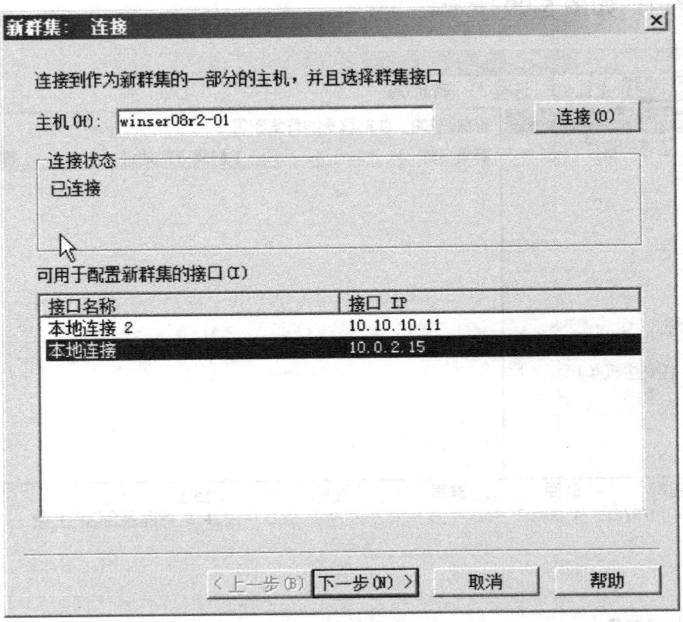

图 5-101　配置新群集的接口

步骤 8：添加群集虚拟 IP 地址，这个虚拟 IP 地址就是要访问的 IP 地址，如图 5-102 所示。

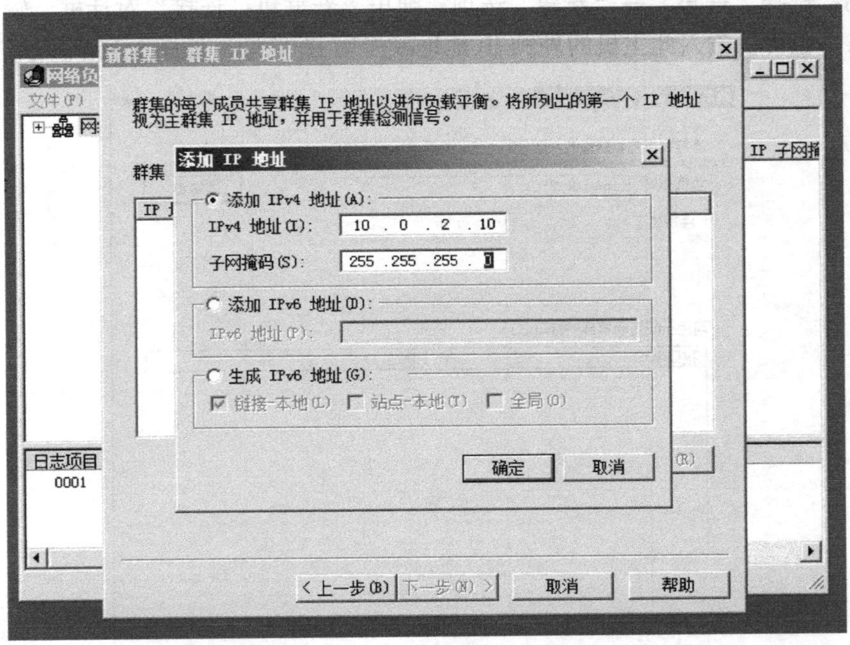

图 5-102　添加群集虚拟 IP 地址

步骤 9：设置 FQDN，选择群集操作模式（推荐使用双网卡单播模式），如图 5-103 所示。

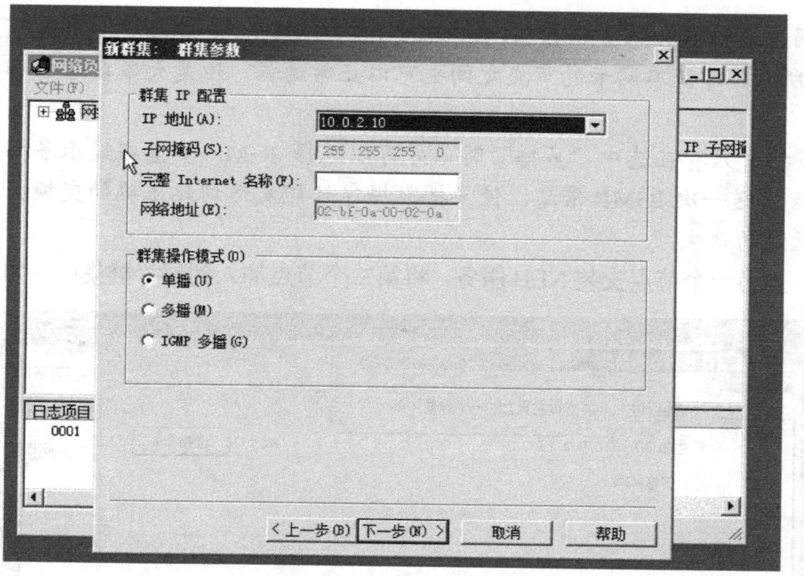

图 5-103　设置群集操作模式

步骤 10：配置端口规则，单击“确定”按钮，等待聚合完成，配置完成后如图 5-104 所示。

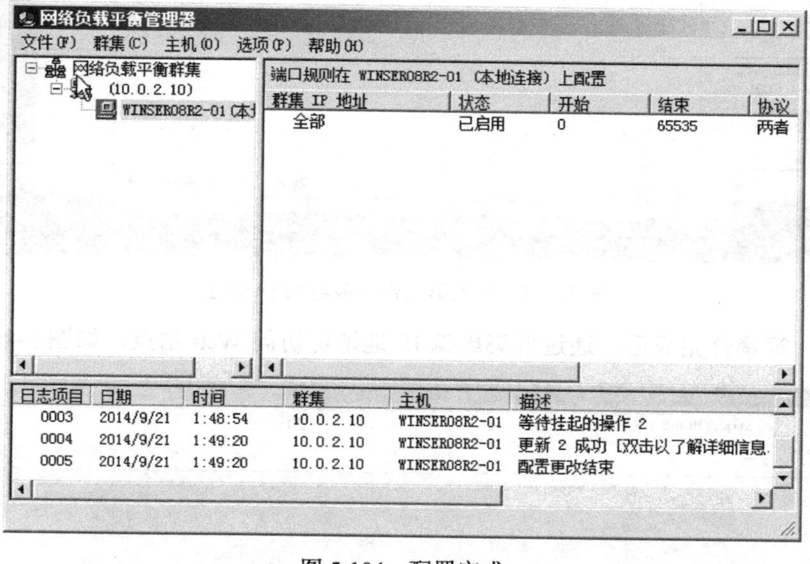

图 5-104　配置完成

知识链接

单播：单播模式是指各节点的网络适配器被重新指定了一个虚拟 MAC 地址（由 02-bf 和群集 IP 地址组成，确保了此 MAC 地址的唯一性）。由于所有绑定群集的网络适配器的 MAC 地址都相同，因此在单网卡的情况下，各节点之间是不能通信的，这也是推荐使用双网卡配置的原因之一。为了避免交换机的数据泛洪，建议结合 VLAN 使用。

多播：网络适配器在保留原有 MAC 地址不变的同时，还分配了一个各节点共享的多播 MAC 地址。所以，即使单网卡的节点之间也可以正常通信，但是大多数路由和交换机对其支持不是很好。

IGMP 多播：只有在选中“多播”时，才可以选择 IGMP 多播在继承多播的优点之外，NLB 每隔 60s 发送一次 IGMP 信息，使多播数据包只能发送到此正确的交换机端口，避免了交换机数据泛洪的产生。

步骤 11：为另一个节点安装 NLB 服务，将第二个节点加入到现存群集中，如图 5-105 所示。

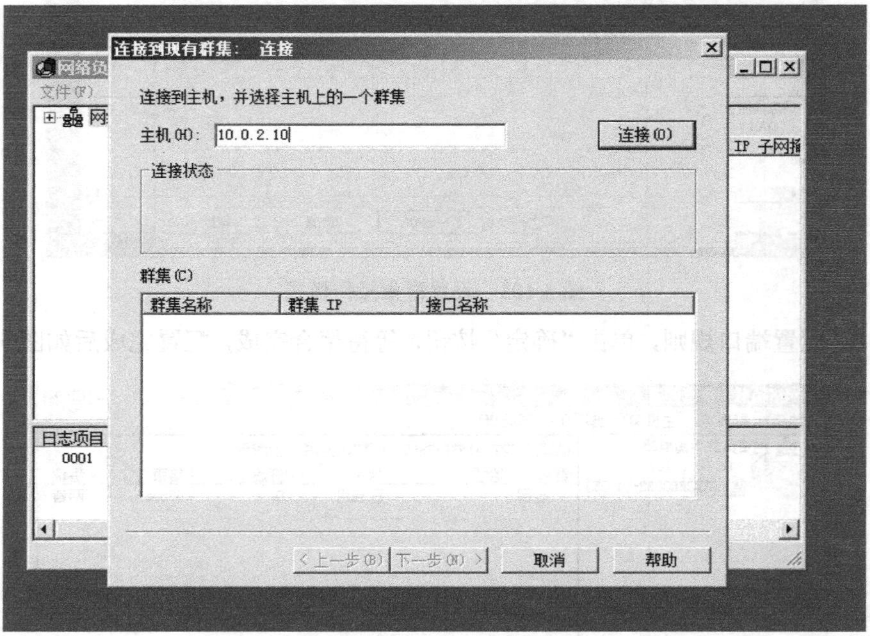

图 5-105　加入第二台服务器的 IP 地址

步骤 12：等聚合完成后，通过群集虚拟 IP 地址可访问 Web 站点，如图 5-106 所示。

图 5-106　访问 Web 站点的结果

步骤 13：断开节点 1 的网络连接后，自动切换到节点 2，如图 5-107 所示。

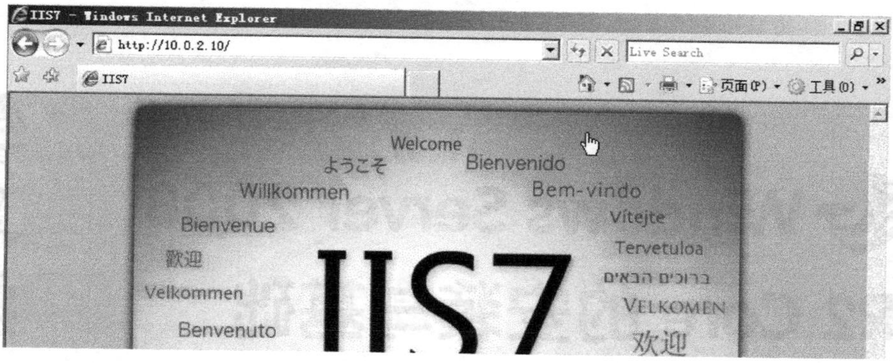

图 5-107　断开后的效果

任务验收

通过本任务的实施，学会群集网络负载平衡的架设。

评价内容	评价标准
群集的架设	在规定时间内，完成群集网络负载平衡的架设

拓展练习

根据上述操作过程，独立完成网络负载平衡的配置。

单元总结

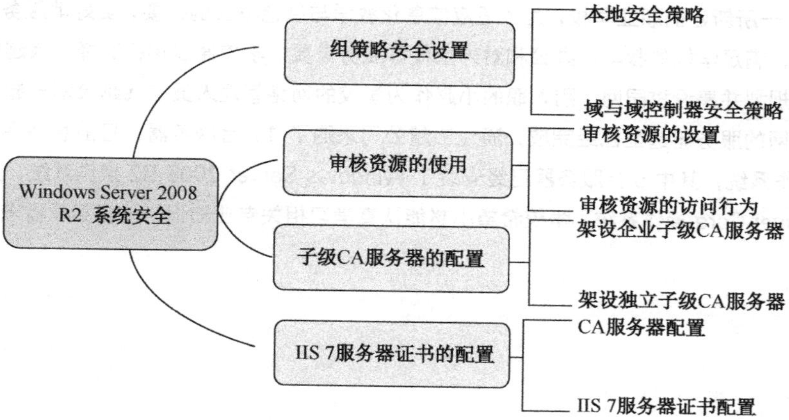

学习单元六

Windows Server 2008 R2 Core 的安装与基础服务架设

☆ 单元概要

Server Core 是一个运行在 Windows Server 2008 及其以后版本的操作系统上的服务器安装选项，Server Core 的作用是为特定的服务提供一个可执行的、功能有限的低维护服务器环境。Server Core 是为网络和文件服务基础设施开发人员、服务器管理工具和实用程序开发人员，以及 IT 规划师设计使用的。

Server Core 将能够帮助企业快速地实现 4 种服务器角色的部署，即文件服务器、DHCP 服务器、DNS 服务器和域控制器。虽然它限制了服务器上可以扮演的角色，但是它能够有效地提高安全性并降低管理的复杂度，可以实现最大程度的稳定性。

☆ 单元情境

新兴学校是一所新建的职业学校，为了适应信息化教学与绿色办公的需要，更好地服务社会，学校准备建设数字化校园，满足学校的教学、办公和对外宣传等业务需要。学校通过招标选择了飞越公司作为系统集成商，从零开始规划并建设校园网，刚入职的小赵作为学校的网络管理人员与飞越公司一起全程参与校园网筹建项目。校园网的服务器选型已经完成，通过飞越公司采购了 11 台服务器，目前急需完成的工作就是安装 Windows 操作系统，其中 5 台服务器已经安装了 Windows Server 2008 R2 操作系统，另外 6 台计划安装 Windows Server Core 操作系统。学校希望小赵能认真学习相关专业知识，结合实际需求来分析任务，制定实现方案。

知识链接

Server Core 的益处

1．提升服务器的稳定性

Server Core 只安装那些管理 DHCP、DNS、文件服务器或者域控制器需要的功能，Server Core 上只运行很少的服务和应用。因此，与运行更多功能的服务器相比，Server Core 极大地增强了服务器的稳定性。

2．减少软件维护量

Server Core 只安装了最基本的功能，以便实现 DHCP、DNS、文件服务器和域控制器的角色，因此具备更高的可管理性，降低了软件的维护量。

3．降低被攻击风险

因为服务器上安装了有限的服务和应用，所以暴露在网络中的攻击点是有限的，攻击也就变少了。与此同时，如果在某一个应用（如 IE）中发现了漏洞，那么由于 Server 没有安装 IE 这样的应用软件，也就无需安装相关的补丁了。

4．更少的空间占有率

由于去除了不必要的驱动、应用和图形界面，Server Core 的大小只有 1GB 左右，是正常 Longhorn Server 的 1/6，并且安装完成之后，由于运行更少的应用，因此对服务器的资源占有率会降低。由于 Server Core 安装版是 Longhorn Server 的一个子集，因此只有实现这 4 种角色的文件才会被安装。例如，在 Server Core 中，不会安装 IE、.NET 框架等。

Server Core 安装版的管理也有所不同。因为不具备传统的图形界面，Server Core 需要管理员在命令行中配置系统。一旦配置完成，管理员即可在本地或者远程终端的命令行中管理该服务器。

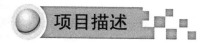

项目一 Windows Server 2008 R2 Core 操作系统的安装与配置

项目描述

新兴学校的信息中心新增了服务器，需要为其安装服务器操作系统。要求网络管理员小赵，按照要求为新增服务器安装 Windows Server 2008 R2 Core 操作系统。

项目分析

根据项目描述可知，要为新增的服务器全新安装操作系统 Windows Server 2008 R2 Core。Server Core 作为 Windows Server 2008 的一个安装选择，被用于为核心网络架构提供基础服务，所有不必要的 Windows 组件都被剔除，它也被视为 Windows Server 2008 的一大新特性。整个项目的认知与分析流程如图 6-1 所示。

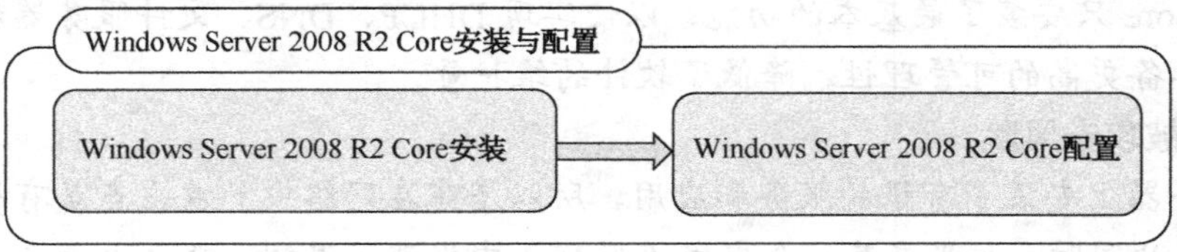

图 6-1　项目流程图

任务一　Windows Server 2008 R2 Core 安装

任务描述

新兴学校要求小赵为新增的服务器全新安装 Windows Server 2008 R2 Core 操作系统，小赵按照新兴学校的需求做了规划，配合飞越公司的工程师完成服务器系统的安装和升级。

任务分析

Windows Server 2008 R2 操作系统安装介质中包含 Server Core 的安装程序，可以使用 Windows Server 2008 R2 操作系统的光盘进行安装。由于小赵对此并不熟悉，于是请飞越公司的工程师来帮忙。

任务实施

步骤 1：启动计算机后，放入 Windows Server 2008 R2 操作系统安装光盘，选择安装的语言、输入法，单击“下一步”按钮，如图 6-2 所示。

步骤 2：单击“现在安装”按钮，如图 6-3 所示。

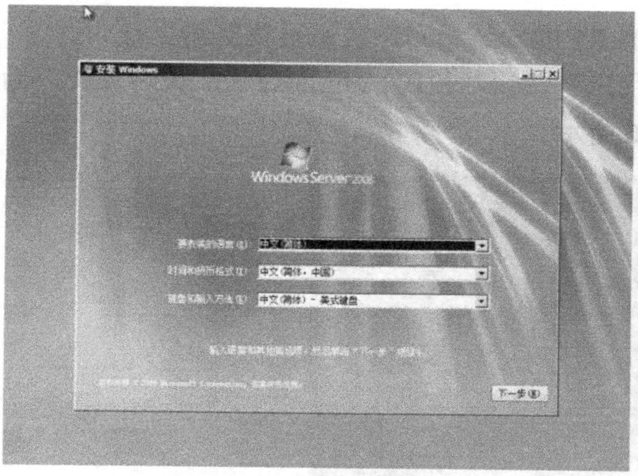

图 6-2　选择安装的语言、输入法

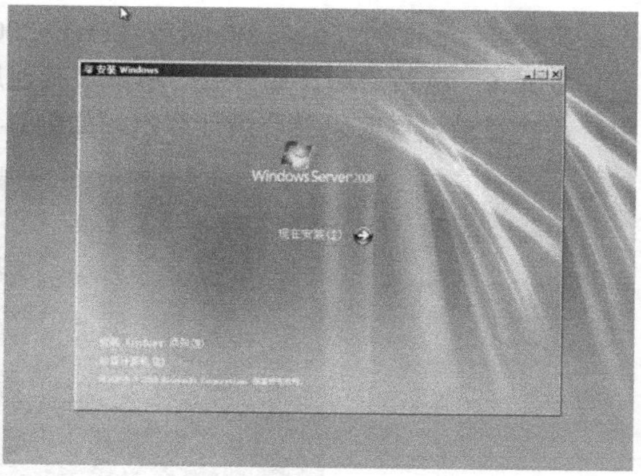

图 6-3　现在安装

步骤 3：进入安装程序启动界面，如图 6-4 所示。

步骤 4：选择“Windows Server 2008 Enterprise（服务器核心安装）”选项，单击“下一步”按钮，如图 6-5 所示。

图 6-4　安装启动界面

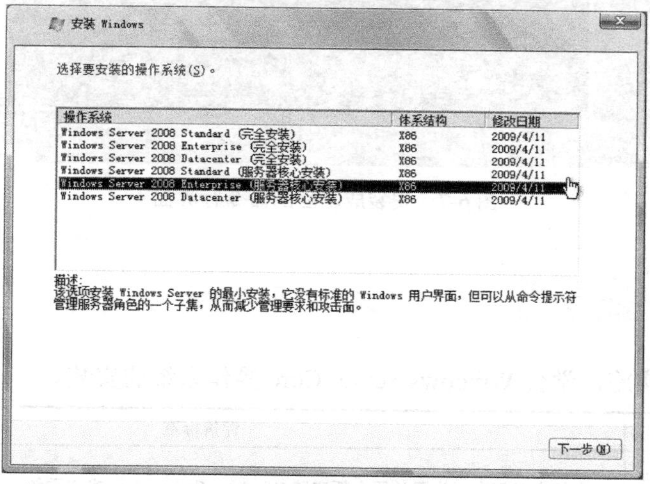

图 6-5　选择要安装的操作系统

步骤 5：后面的安装与 Windows Server 2008 R2 的安装相同，这里不再赘述。

步骤 6：重新启动计算机后，单击“其他用户”按钮，使用 Administrator 账户登录，为用户首次登录设置密码并登录计算机，如图 6-6 所示。

图 6-6　重启后的登录界面

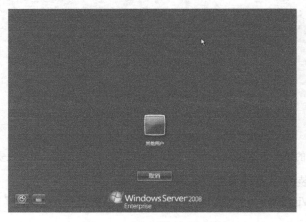

步骤 7：登录后，系统界面中只有一个命令行界面，如图 6-7 所示。

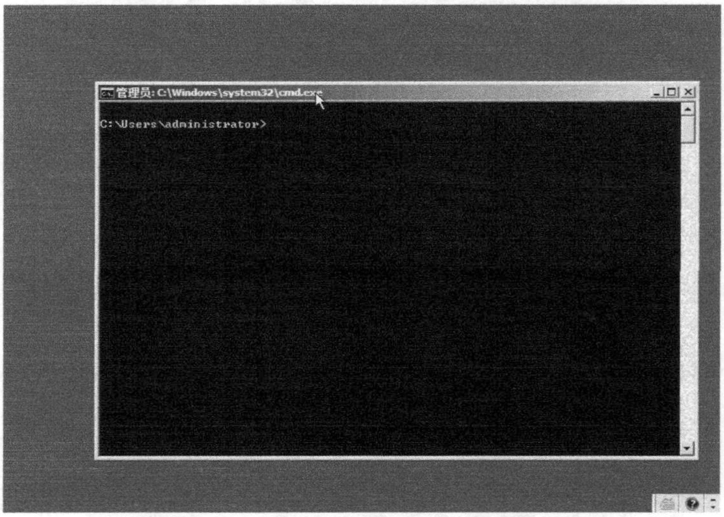

图 6-7　安装成功后的命令行界面

任务验收

通过本任务的实施，学会 Windows Server Core 操作系统的安装。

评价内容	评价标准
安装 Windows Server Core 操作系统	在规定时间内，为服务器全新安装 Windows Server Core 操作系统

拓展练习

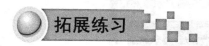

使用 Windows Server 2008 R2 操作系统的安装光盘，在 VirtualBox 4.3.6 虚拟机软件上安装的该操作系统。

任务二 Windows Server 2008 R2 Core 配置

任务描述

飞越公司根据新兴学校的要求，为校园网的服务器进行了全新安装，现在服务器操作系统全为 Windows Server 2008 R2 Core，现在需要对 Windows Server 2008 R2 Core 操作系统的基本环境进行配置。

任务分析

由于 Windows Server 2008 R2 Core 操作系统是基于命令的操作系统，因此，需要用户对 Server Core 的命令非常熟悉才能正确配置 Server Core 服务器。由于小赵对此并不熟悉，于是请飞越公司的工程师来帮忙。

知识链接

常用命令汇总：对于之前没有接触过命令行操作的用户来说，快速掌握 Server Core 的操作确实有些难度，Server Core 中提供了一个常用的命令行汇总，可以为用户提供很多便利，该汇总路径为 c:\windows\system32\cscript scregedit.wsf /cli

任务实施

步骤 1：修改计算机名称。通过 hostname 命令确定计算机的现有名称，通过 netdom renamecomputer WIN-TCP8Y94KJF8 /newname:sercore 命令修改计算机名，如图 6-8 所示。

步骤 2：查看管理员账户属性，修改管理员账户密码。输入 net user administrator 命令查看管理员账户属性；输入 net user administrator Passw0rd 命令，修改管理员账户密码为 Passw0rd，如图 6-9 所示。

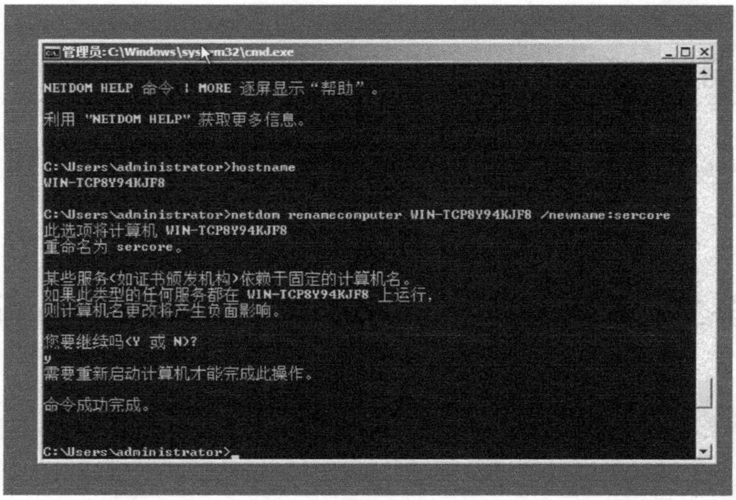

图 6-8　修改计算机名

图 6-9　修改管理员账户密码

任务验收

通过本任务的实施，学会 Windows Server 2008 R2 Core 操作系统的基本配置。

评价内容	评价标准
Windows Server 2008 R2 Core 操作系统的基本配置	在规定时间内，为安装 Windows Server 2008 R2 Core 操作系统的服务器修改计算机名称和用户密码

拓展练习

安装 Server Core 操作系统后，利用 Server Core 提供的常用命令汇总，学习 Server Core 的常用命令。

项目评价

考核内容	评价标准
Server Core 操作系统的安装与配置	与客户确认，在规定时间内，完成 Windows Server 2008 R2 Core 操作系统的安装和配置

项目二　Windows Server 2008 R2 Core 操作系统的网络配置

项目描述

新兴学校的信息中心中已经搭建了 Windows Server 2008 R2 Core 服务器，但还没有对其进行网络配置。服务器的网络配置是服务器正常运行的关键，可以说没有网络的服务器在企业中几乎没有任何作用。新兴学校要求网络管理员小赵为新增服务器安装 Windows Server Core 操作系统，并进行相关的网络配置。

项目分析

虽然 Windows Server 2008 R2 Core 没有图形界面，但其网络配置十分快捷简便。只要安装了 Windows Server R2 2008 Core，即可处于控制命令行的位置，需要创建一定数量的、基本的网络和管理配置，以使网络中的服务器变得可用，并允许该服务器进行远程管理。整个项目的认知与分析流程如图 6-10 所示。

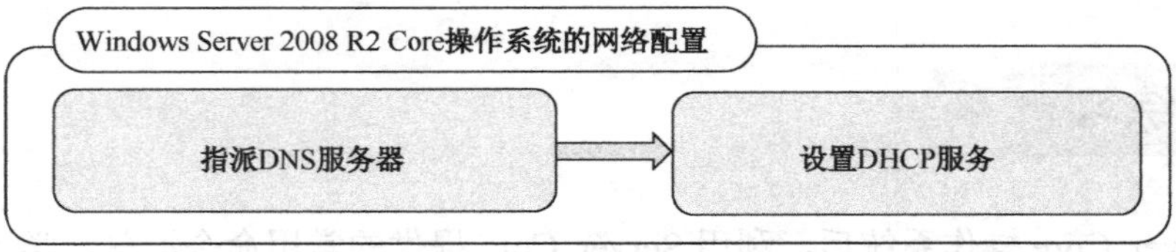

图 6-10　项目流程图

任务一　指派 DNS 服务器

任务描述

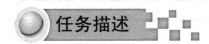

新兴学校信息中心已经为学校新增的服务器全新安装了 Windows Server 2008 R2 Core 操作系统，现需要网络管理员小赵对服务器进行网络参数的设置。

任务分析

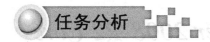

指派 Windows Server 2008 R2 Core 为 DNS 服务器，需要先了解当前网络情况，使用 netsh 命令即可实现，然后需要为 Server Core 安装 DNS 组件。由于小赵对此并不熟悉，于是请飞越公司的工程师来帮忙。

任务实施

步骤 1：使用 netsh 命令查看 IP 地址，如图 6-11 所示。

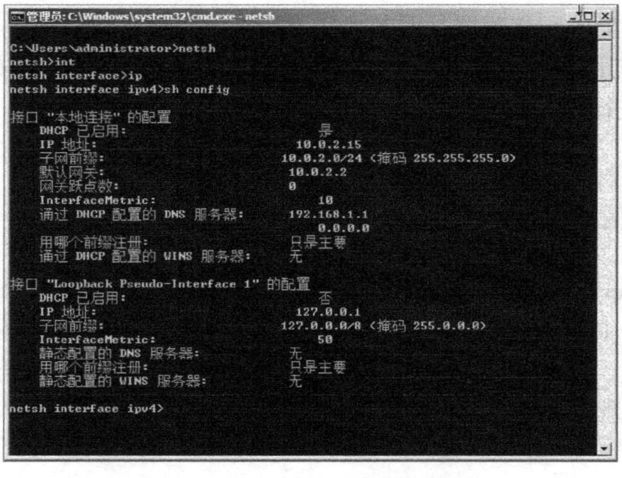

图 6-11　使用 netsh 命令查看 IP 地址

步骤 2：使用 show interface 命令查看网卡 ID，如图 6-12 所示。

图 6-12　查看网卡 ID

步骤 3：修改网卡 IP 地址，并配置 DNS，如图 6-13 所示。

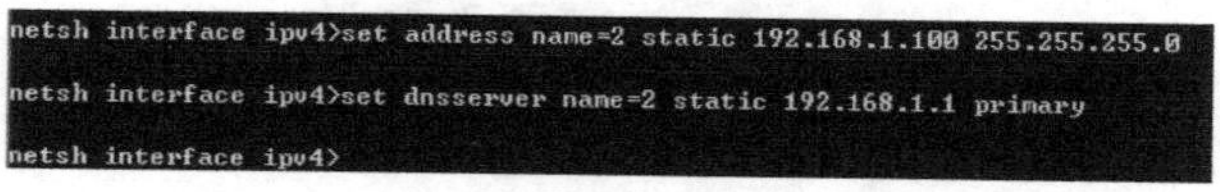

图 6-13　修改 IP 地址并配置 DNS

步骤 4：查看已安装和未安装的角色（oclist | find "DNS"），如图 6-14 所示。

图 6-14　查看角色安装情况

步骤 5：安装 DNS 服务器角色，如图 6-15 所示。

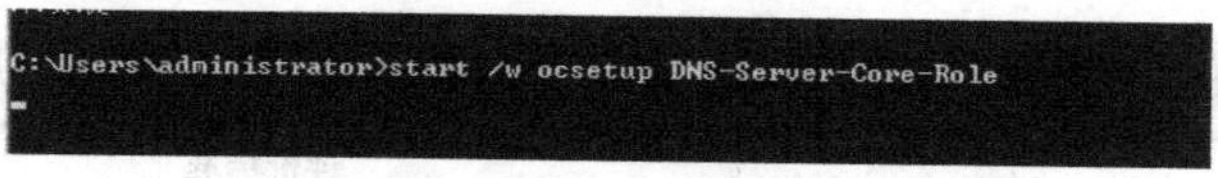

图 6-15　安装 DNS 服务器角色

步骤 6：查看 DNS 服务器安装状态，如图 6-16 所示。

图 6-16　查看 DNS 服务器安装状态

步骤 7：通过远程 MMC 管理，在主 DNS 服务器中进行设置，如图 6-17 所示。

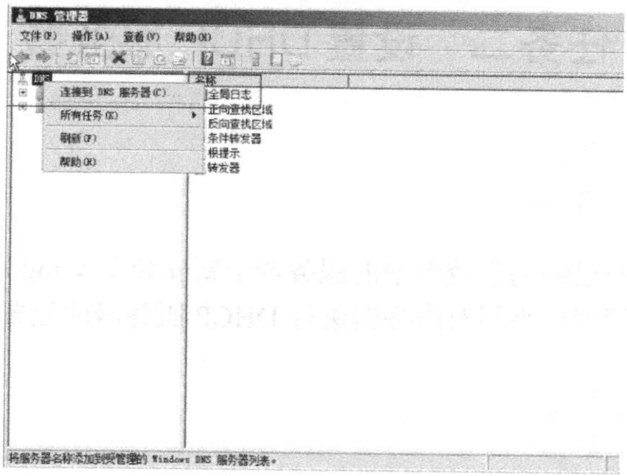

图 6-17　远程管理 DNS

步骤 8：输入 Server Core 服务器的 IP 地址，并单击“确定”按钮，如图 6-18 所示。

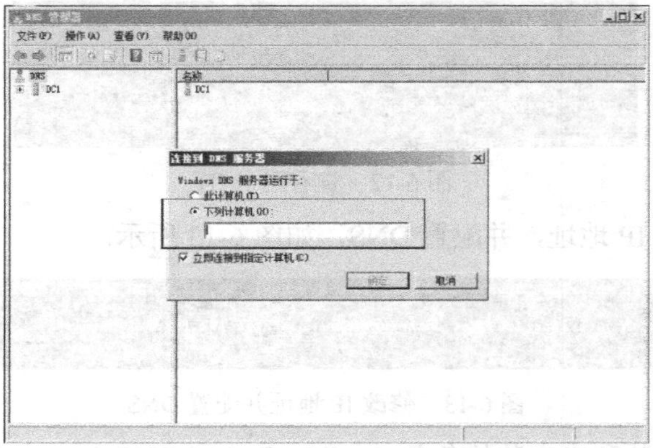

图 6-18　连接 DNS

步骤 9：连接成功，即成功地将 Server Core 配置为 DNS 服务器。

任务验收

通过本任务的实施，学会 Windows Server Core 服务器中如何 DNS 服务器进行配置。

评价内容	评价标准
Server Core DNS 服务器的配置	在规定时间内，完成 Server Core DNS 服务器的配置

拓展练习

在 VirtualBox 4.3.6 虚拟机软件上，正确配置 Server Core 的 DNS 服务器。

任务二　设置 DHCP 服务器

任务描述

新兴学校的信息中心已经为学校新增的服务器全新安装了 Windows Server 2008 R2 Core 操作系统，现需要网络管理员小赵对服务器进行 DHCP 服务器的配置。

任务分析

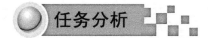

在 Sever Core 中使用命令行安装 DHCP 服务器时，既不会创建作用域，又不会启动 DHCP

服务，可以使用 Ocsetup 命令来安装 DHCP 服务器。由于小赵对此并不熟悉，于是请飞越公司的工程师来帮忙。

任务实施

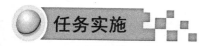

步骤 1：查看 DHCP 服务器是否安装，可以使用 oclist | find"DHCPServerCore"命令并按 Enter 键来查看，如图 6-19 所示。

```
C:\Users\administrator>oclist | find "DHCPServerCore"
    已安装:DHCPServerCore

C:\Users\administrator>
```

图 6-19 查看 DHCP 服务器是否安装

步骤 2：安装完成 DHCP 服务器后，默认是禁用的，需要手动启用。启动 DHCP 服务器可以使用 sc start 或 net start 命令，如图 6-20 所示。

输入 sc config DHCPServer start= auto，可更改 DHCP 服务为自动启动。

输入 sc start dhcpserver，启动 DHCP 服务。

```
C:\Users\administrator>sc config DHCPServer start= auto
[SC] ChangeServiceConfig 成功

C:\Users\administrator>sc start dhcpserver
```

图 6-20 启动 DHCP 服务

步骤 3：在 DHCP 的配置模式下进行操作，配置作用域。输入如图 6-21 所示的命令，即可进入相关作用域的配置模式。

```
C:\Users\administrator>netsh
netsh>dhcp
netsh dhcp>server
```

图 6-21 进入作用域的配置模式

步骤 4：默认情况下，作用域添加完成后，系统不会自动分配 IP 地址段，需要手动指定，然后指定该 IP 地址段中的地址范围，如图 6-22 所示。

```
netsh dhcp server>add scope 192.168.1.0 255.255.255.0 coolpen

命令成功完成。
netsh dhcp server>show scope

==============================================================================
 作用域地址     - 子网掩码       - 状态          - 作用域名称          - 注释
==============================================================================

 192.168.1.0    - 255.255.255.0  -活动           -coolpen              -


 作用域总的数目: 1
命令成功完成。
netsh dhcp server>scope 192.168.1.0

将当前作用域上下文改变到 192.168.1.0 作用域。
netsh dhcp server scope>add iprange 192.168.1.100 192.168.1.200

命令成功完成。
netsh dhcp server scope>
```

图 6-22 指定 IP 地址范围

至此，即可已成功配置 DHCP 服务器。

任务验收

通过本任务的实施，学会 Windows Server 2008 R2 Core DHCP 服务器的配置方法。

评价内容	评价标准
Windows Server R2 2008 Core DHCP 服务器的配置	在规定时间内，完成 Windows Server 2008 R2 Core DHCP 服务器的配置

拓展练习

在 VirtualBox 4.3.6 虚拟机软件上，安装 Server Core 操作系统后，正确配置 Windows Server 2008 R2 Core DHCP 服务器。

项目评价

考核内容	评价标准
Server Core 操作系统的网络配置	与客户确认，在规定时间内，完成 Windows Server 2008 R2 Core 操作系统的 DNS 和 DHCP 服务器的配置

单元知识拓展　部署只读域控制器

任务描述

新兴学校的信息中心已经为学校新增的服务器全新安装了 Windows Server 2008 R2 Core 操作系统，现需要网络管理员小赵对服务器进行 RODC（只读域控制器）的配置。

任务分析

RODC 是 Windows Server 2008 操作系统中的一种新型域控制器。借助于 RODC，组织可以在无法保证物理安全性的位置上轻松部署域控制器。RODC 承载了 Active Directory 域服务数据库的只读分区。由于小赵对此并不熟悉，于是请飞越公司的工程师来帮忙。

知识链接

RODC

在 Windows Server 2008 发布之前，如果用户必须通过广域网对域控制器进行身份验证，则没有合适的替代方案。在许多情况下，这不是一个有效的解决方案。分支机构通常不能为可写域控制器提供所需的物理安全性。此外，当分支机构连接到中心站点时，其网络带宽状况通常较差。这可能会增加登录所需的时间，还可能妨碍用户对网络资源的访问。

任务实施

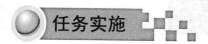

步骤 1：执行命令"netdom join rodc /domain:test.com /userd:administrator /password:Passw0rd"，将 Server Core 加入现有活动目录域，如图 6-23 所示。

图 6-23　将 Server Core 加入现有活动目录域

步骤 2：登录到现有的域控制器中，查看 Server Core 是否正常加入域，如图 6-24 所示。

步骤 3：待 Server Core 加入域并成功重启之后，登录系统，在命令行中输入 notepad 命令，打开记事本编辑器，输入如图 6-25 所示的内容，创建只读域控制器的应答安装文件，将其保存为 unattend.txt。

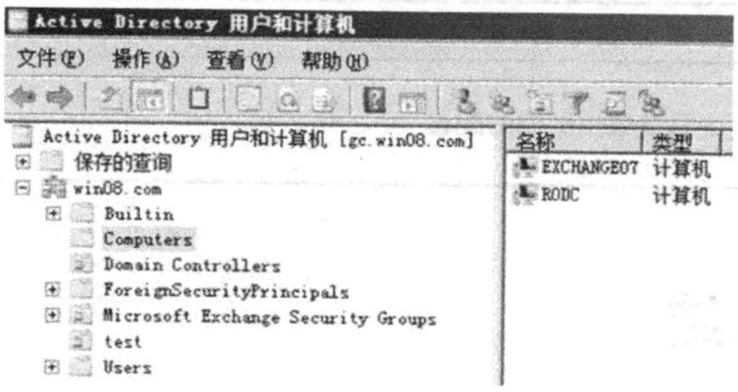

图 6-24　查看 Server Core 是否加入域

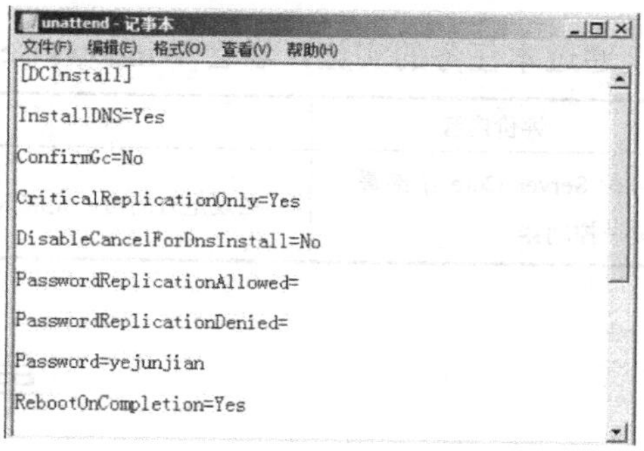

图 6-25　只读域控制器的应答安装文件

步骤 4：应答文件创建好之后，即可开始将 Server Core 提升为只读域控制器，在命令行中输入 dcpromo /unattend: " c:\unattend.txt " 命令即可开启提升过程，根据应答文件中的内容，提升成功后会自动重启计算机，如图 6-26 所示。

步骤 5：回到第一台域控制器，打开 ADUC 并查看结果，在 Domain Controllers 容器中可以看到已经增加了一个域控制器，并且它的 DC 类型为只读、DC，如图 6-26 所示。

步骤 6：经过上面的操作后，只读域控制器在 Server Core 中的部署已经完成。

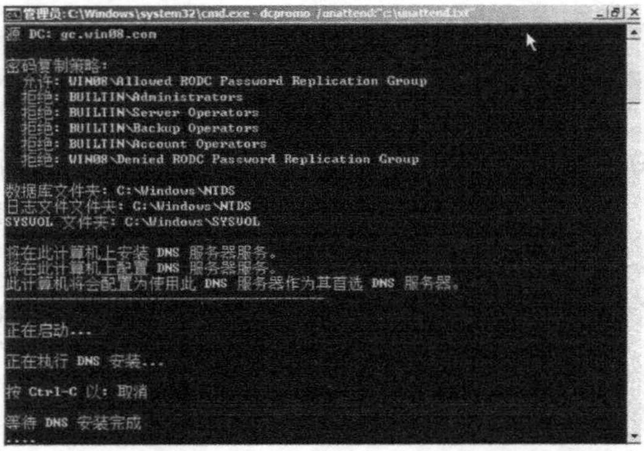

图 6-26　提升为只读域控制器

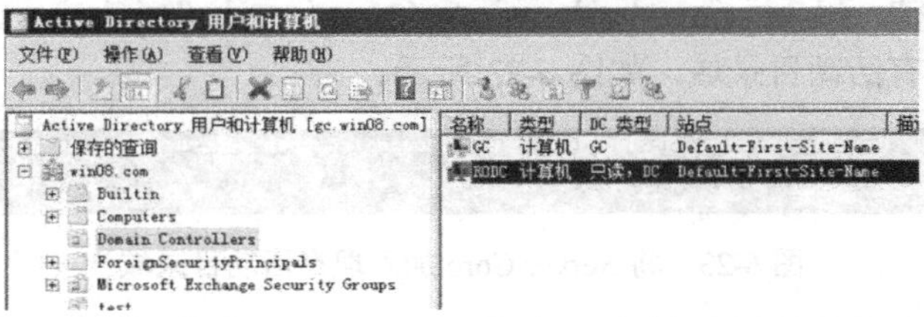

图 6-27　查看提升结果

任务验收

通过本任务的实施，学会 Windows Server 2008 R2 Core 中 DHCP 服务器的配置方法。

评价内容	评价标准
在 Server Core 中部署只读域控制器	在规定时间内，完成 Server Core 中只读域控制器的配置

单元总结

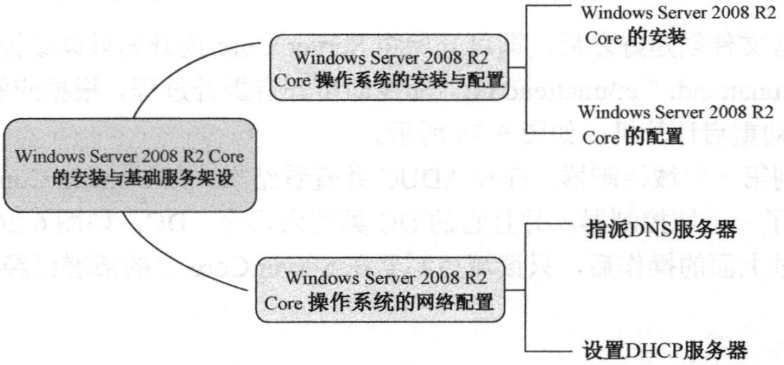